AR 交互动画与动画

U0733455

AR 交互动画识别图

AR 交互动画

低压断路器

AR 交互动画

按钮

AR 交互动画

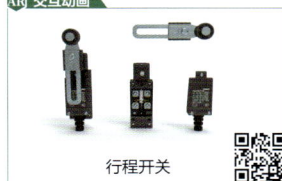

行程开关

AR 交互动画

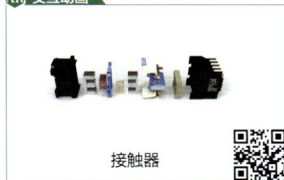

接触器

AR 交互动画

通电延时型时间继电器

AR 交互动画

断电延时型时间继电器

AR 交互动画

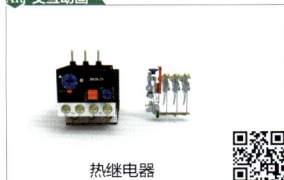

热继电器

AR 交互动画

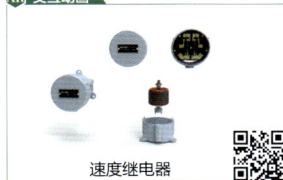

速度继电器

速度继电器的轴与电动机的轴相连接，当电动机逆时针转动时，速度继电器的转子随之转动，定子绕组切割磁场产生感应电动势和电流，此电流和永久磁铁的磁场作用产生转矩，使定子向轴的转动方向偏摆，当速度大于150r/min时，通过摆锤拨动左侧的动触点，使常闭触点断开、常开触点闭合。当电动机转速下降到100r/min以下时，转矩减小，摆锤在弹簧力的作用下恢复原位，触点也复位。

AR 交互动画操作演示·示例 1

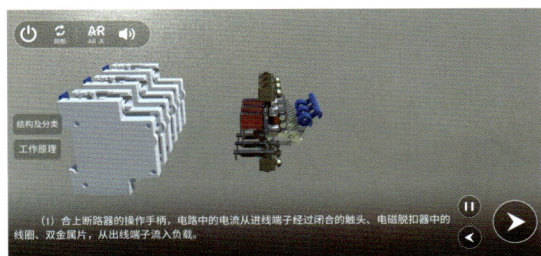

（1）合上断路器的操作手柄，电路中的电流从进线端子经过闭合的触头、电磁脱扣器中的线圈、双金属片，从出线端子流入负载。

AR 交互动画操作演示·示例 2

动画二维码

三相异步电动机点动控制电路

三相异步电动机自锁控制电路

电动机双重互锁的正反转控制电路

电动机顺序启动控制电路

电动机自动往返控制电路

电动机 Y- △ 降压启动控制电路

电动机自耦变压器降压启动控制电路

电动机反接制动控制电路

电动机能耗制动控制电路

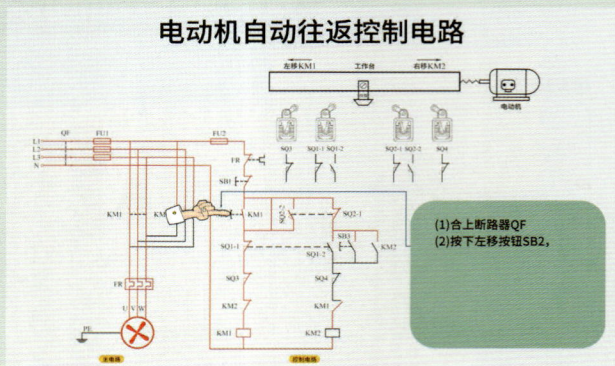

使用指南

01 / **AR 资源**

扫描二维码，下载并安装"人邮教育 AR"App。

02 / 打开 App，点击页面中的"扫描 AR 交互动画二维码"按钮，见右图。

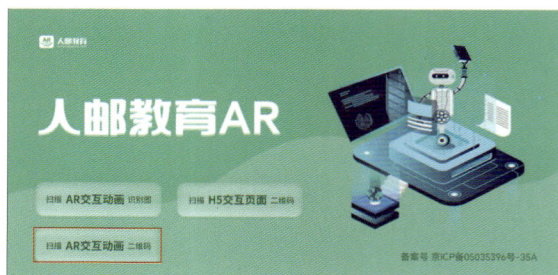

03 / 扫描书中 AR 图片，点击界面左上角的"AR 开"按钮。

职业教育电类系列教材

电机与电气控制技术

第3版┃微课版┃AR版

王磊 曾令琴 许东霞 / 主编　王瑨 朱文琦 / 副主编

ELECTRICITY

人民邮电出版社

北 京

图书在版编目（CIP）数据

电机与电气控制技术：微课版：AR版／王磊，曾令琴，许东霞主编. -- 3版. -- 北京：人民邮电出版社，2025. --（职业教育电类系列教材）. -- ISBN 978-7-115-66495-2

Ⅰ. TM3；TM921.5

中国国家版本馆 CIP 数据核字第 2025R5X513 号

内 容 提 要

本书以电气控制技术人员的岗位需求为指南，以电机和电气控制技术为研究对象，系统地介绍多种常用电机的类型及电机的电气控制技术。全书包括 7 个模块：磁路与变压器、异步电动机、直流电动机、常用特种电机、常用低压电器、电气控制电路的基本环节及典型设备的电气控制电路。本书将知识点和技能点融入各模块的教学实施中，按照学习引导、学习目标、分节理实内容、拓展阅读、应用实践、自测题的方式组织教材内容，在各模块还设置了多个工程实例及与实际密切相连的思考与问题，为教师的教学和学生的学习提供了一定的便利。

本书可作为应用型本科、职业教育本科、专科，高级技工学校电类、机械类、信息类等众多专业的教材，也可供相关电工技术、电气工程技术人员学习与参考。

◆ 主　　编　王　磊　曾令琴　许东霞
　　副主编　王　瑁　朱文琦
　　责任编辑　王丽美
　　责任印制　王　郁　焦志炜
◆ 人民邮电出版社出版发行　　北京市丰台区成寿寺路 11 号
　　邮编　100164　　电子邮件　315@ptpress.com.cn
　　网址　https://www.ptpress.com.cn
　　固安县铭成印刷有限公司印刷
◆ 开本：787×1092　1/16　　　　彩插：1
　　印张：13.75　　　　　　　　2025 年 8 月第 3 版
　　字数：321 千字　　　　　　　2025 年 9 月河北第 2 次印刷

定价：49.80 元

读者服务热线：（010）81055256　印装质量热线：（010）81055316
反盗版热线：（010）81055315

写作背景

随着人工智能、大数据和物联网等新兴技术的发展，以及人们环保意识的不断提升，电机与电气控制技术在现代社会中展现出日益重要的地位和作用，已成为推动社会运转不可或缺的关键技术之一。

科技创新及相关技术的持续进步，要求教材内容不断更新，以更好地适应新时代社会发展的需求。为贯彻落实党的二十大精神，响应新阶段教育改革与教学实践的新要求，我们对第 2 版教材进行了全面修订，推出了第 3 版。新版教材在继承原有优势的基础上，进一步强化了理论与实践的融合，提升了教材的系统性、实用性和时代性。

本书特色

本次修订在继承前版优点的基础上，围绕"理实一体化""素质导向""资源融合"等方面进行了系统更新，形成了鲜明的教材特色。

1. "理实一体化"结构呈现

本教材突破传统章节式知识传授模式，采用模块化设计，构建"理论+实践"融合的教学体系。

每个模块均设置了以下 6 个教学环节。

➢ 学习引导：概要介绍模块内容，帮助学生了解本模块的主要内容及实际应用价值，明确其学习意义。

➢ 学习目标：包括知识目标（应掌握的理论内容）、技能目标（需具备的实践能力）和素养目标（职业道德与综合素质），从多维度提出学习要求。

➢ 分节理实内容：采用"问题导向"方式展开教学，科学安排理论与实践内容：首先提出问题，引出本节需要掌握的核心知识点；随后进行知识准备，每节设置 2～6 个相关理论知识点；紧接着结合工程实例，具体分析并解决实际工程中的技术难题；最后通过"思考与问题"环节检测学生对知识的理解与掌握情况。

➢ 拓展阅读：根据"育人的根本在于立德"的理念设计，旨在提升学生的综合素质，激发学习兴趣，拓宽知识视野，促进全面发展。

➢ 应用实践：通过具体任务或项目训练，培养学生知识转化能力、实践操作能力、创新思维和团队协作精神。

➢ 模块自测题：帮助学生巩固所学内容，进行自我评估，激励学习主动性，培养自主学习能力，并提供有效的反馈机制，从而提升学习效果。

2. 数字化教学资源融合

为帮助读者更好地理解和掌握电机与电气控制技术中较为抽象的知识点与复杂的原理规律，本书配套开发了多种数字化教学资源。通过运用 AR 技术，制作了交互式 AR 资源，并结合微课视频与动画演示，构建起"纸质教材+数字资源"的新形态教材体系，为师生提供更加直观、生动、高效的学习支持。

读者可通过手机扫描书中嵌入的二维码，即时观看相关微课视频和动画内容。AR 资源的具体使用方法，请参见本书彩插中的"使用指南"。

3．立体化教学资源配套

为更好地服务教师教学与学生学习，本书提供以下资源：

➢ 电子课件；
➢ 参考教案；
➢ 教学大纲；
➢ 各模块自测题的参考答案；
➢ 各节"思考与问题"的参考答案。

以上资源可通过人邮教育社区（www.ryjiaoy.com）获取。

4．注重综合素质培养

落实"立德树人"根本任务，将职业道德、工匠精神、可持续发展理念等元素有机融入教材内容，实现专业教育与素质教育的深度融合，助力学生全面发展。

教材更新与优化

在修订过程中，编者始终坚持知识与信息的动态更新原则，确保教材内容的准确性与时效性，努力优化教学内容和组织结构，使其更贴近当前教学实际，便于教师授课和学生学习。

根据当前各高校课程学时情况，对原第 8 章内容进行了精简整合，调整为附录形式呈现。

此次修订不仅是对教材质量的提升和完善，更是对教学改革方向的积极响应。编者本着高度负责的态度，修正了第 2 版中存在的不足之处，补充了更多工程案例与应用实践内容，删减了一些使用频率较低的知识点，同时引入了新技术、新工艺和新技能，全面提升教材的权威性、科学性和实用性，进一步提高教学效果，促进教师专业发展，全面落实"立德树人"根本任务，致力于培养德智体美劳全面发展的社会主义建设者和接班人。

教学建议

在教学大纲中，编者提出了指导性的学时分配建议：理论教学环节建议安排 52 学时，实践教学环节建议安排 20 学时，总计 72 学时。各院校可根据自身教学安排灵活调整内容与学时分配。

编者致谢

本书由黄河水利职业技术大学王磊、曾令琴及广东环境保护工程职业学院许东霞担任主编，黄河水利职业技术大学王瑁和河南工业职业技术学院朱文琦担任副主编。河南化工技师学院刘雨朦及开封市城市水务集团有限公司杨海涛工程师参与了本书的修订工作，全书由曾令琴统稿。

由于编者水平有限，书中难免存在疏漏和不妥之处，敬请广大读者批评指正，以便今后不断完善。联系方式：黄河水利职业技术大学曾令琴，微信号：13837816212。

编者
2025 年 1 月

微课视频资源列表

续表

模块 3　直流电动机					
名称	二维码	页码	名称	二维码	页码
直流电动机的正反转控制		74	直流电动机的制动控制		76
直流电动机的调速控制		75	直流电动机的常见故障处理		80
模块 4　常用特种电机					
名称	二维码	页码	名称	二维码	页码
伺服电动机概述		90	直流测速发电机		96
直流伺服电动机		90	交流测速发电机		97
交流伺服电动机的结构		93	步进电动机的分类		100
交流伺服电动机的工作原理		94	步进电动机的工作原理		101
模块 5　常用低压电器					
名称	二维码	页码	名称	二维码	页码
电弧的产生和灭弧方法		115	时间继电器		133
低压开关电器		119	热继电器		135
主令电器		124	速度继电器		136
万能转换开关		127	熔断器		138
主令控制器		128	电磁阀		140
交流接触器		130	电磁离合器		142
电磁式继电器		131			
模块 6　电气控制电路的基本环节					
名称	二维码	页码	名称	二维码	页码
点动控制		147	电动机单向连续运转控制		148

续表

模块 6 电气控制电路的基本环节					
名称	二维码	页码	名称	二维码	页码
自锁与互锁控制及电动机正反转控制		149	自耦变压器降压启动控制		156
多地联锁控制		150	双速电动机变极调速的自动控制		161
顺序控制		151	电动机的制动控制		164
工作台自动往返控制		153	机床电气控制系统图阅读内容		167
Y-△降压启动控制		155	电气原理图阅读方法		167

模块 7 典型设备的电气控制电路					
名称	二维码	页码	名称	二维码	页码
典型设备电气控制电路的分析内容		178	Z3040 型摇臂钻床的主要结构和运动形式		186
典型设备电气原理图的阅读分析方法		179	Z3040 型摇臂钻床的电气原理图分析		188
M7130 型卧轴矩台平面磨床的主要结构和运动形式		181	X62W 型万能铣床的主要结构和运动形式		191
M7130 型卧轴矩台平面磨床的电气原理图分析		185	X62W 型万能铣床的电气原理图分析		194

目录

模块 1　磁路与变压器

学 习 引 导

很多电气设备，如变压器、电机、电磁铁以及电工测量仪器等，不仅涉及电路的问题，还涉及磁路的问题。因此，磁路和电路往往是密切相关的。这就要求我们在掌握了电路基本理论的基础上，深入学习和探讨磁路的基本理论，只有同时掌握了电路和磁路的基本理论，我们才能对各种电气设备进行全面的分析和有较为透彻的理解。

变压器是一种既能变换电压，又能变换电流，还能变换阻抗的重要电气设备，在电力系统和电子电路中得到了广泛的应用。本模块将在学习磁路基本理论的基础上，对变压器的基本结构及工作原理进行分析研究。

学 习 目 标

【知识目标】

通过对本模块的学习，应理解磁路中几个物理量的概念，掌握磁路欧姆定律、主磁通原理及其应用；了解变压器的基本结构；理解变压器的空载运行和有载运行，掌握变压器变换电压、变换电流和变换阻抗的作用及相关计算；熟悉几种常用变压器的特点及用途。

【技能目标】

掌握利用磁路欧姆定律和主磁通原理分析和解决工程实际问题的方法，掌握线圈参数的测试方法；具有单相变压器空载、变压器短路的实验能力；掌握变压器同极性端的测试与判别方法。

【素养目标】

在变压器的发展方面，我国自主研发的±1100kV换流变压器赶超了德国西门子公司的同类产品，创造了世界纪录。通过在线查阅资料，了解±1100kV换流变压器的相关内容，增强自主学习能力和培养自我提升习惯。

1.1 铁芯线圈、磁路

提出问题

什么是磁路？磁路与电路有什么异同之处？你了解磁路基本物理量的概念吗？磁路欧姆定律和电路欧姆定律有何异同之处？铁磁物质具有哪些磁性能？铁磁物质在工程上的用途有哪些？不变损耗和可变损耗分别指什么？你能否用磁路欧姆定律和主磁通原理分析工程实际中的问题？

铁芯线圈、磁路

知识准备

电流不仅具有热效应，还具有磁效应。

多数电气设备在工作时为满足对工作磁通量的需求，往往需要建立一个较强的磁场，磁场都是由电流产生的，因此较强磁场需要较大电流来产生。

众所周知，大电流不仅安全性差，而且对线圈的绝缘性能要求较高，工程实际中不容易实现。因此，对电气设备的设计提出"小电流、强磁场"的要求。根据此要求，工程实际中采取了在电机、电器的通电线圈中放置铁芯的方法，使之成为铁芯线圈，从而满足"小电流、强磁场"的要求。

工程中各种电机、电器、变压器的铁芯磁路都是"动电生磁""动磁生电"的具体体现。为使学习者能够较为透彻地理解电气设备的磁场工作情况，本书先介绍磁路以及磁场中的几个基本物理量。

1.1.1 磁路的基本物理量

在高中物理学中，我们了解了自然界中磁铁的周围空间和电流的周围空间存在的一种特殊物质——磁场，且磁场的强弱和方向可以分别用磁力线的疏密程度和切线方向进行定性描述。

磁路的基本物理量

在电工技术理论中，仅用磁力线定性描述磁场和磁路的情况，已经无法满足工程实际中对电气设备磁路问题的定量分析需求。为此，本节引入能够定量反映磁场和磁路基本性质的几个物理量。

1. 磁通

对于变压器、电机、电器，为了能使小电流获得强磁场，往往把线圈套在铁芯上，使铁芯磁路具有一个人为的、集中的匀强磁场。

穿过匀强磁场工作磁通的多少可以用磁力线数量定性表征，若把穿过匀强磁场的磁力线总通过量定义为磁通 Φ，则磁通 Φ 是可定量反映电机、电器铁芯磁路中工作磁通多少的物理量。在国际单位制中，磁通 Φ 的单位是韦伯（Wb），在高斯单位制中，磁通 Φ 的单位是麦克斯韦（Mx），两者的换算关系为 $1Wb=10^8Mx$。

2. 磁感应强度

用来描述线圈铁芯介质磁场强弱和方向的物理量是磁感应强度 B。

电机、电器的铁芯内部的磁场通常可视为匀强磁场，在匀强磁场中有

$$B = \frac{\Phi}{S} \qquad (1.1)$$

由式（1.1）可知，穿过磁路截面的磁通量越多，磁感应强度就越大，因此磁感应强度又称为磁通密度。在国际单位制中，磁感应强度 B 的单位是特斯拉（T）；在高斯单位制中，磁感应强度 B 的单位是高斯（Gs），两种单位的换算关系为 $1T=10^4Gs$。

3. 磁导率

反映物质导磁性能好坏的物理量是磁导率 μ。为了便于比较各类物质的导磁性能，通常以真空中的磁导率（简称真空磁导率）μ_0 作为衡量的标准。实验测得真空磁导率

$$\mu_0 = 4\pi \times 10^{-7} \text{H/m}$$

显然，真空磁导率 μ_0 是一常量。因此，各种物质的磁导率与真空磁导率相比，其比值能够很好地反映它们的导磁性能，这个比值称为相对磁导率，用 μ_r 表示，即

$$\mu_r = \frac{\mu}{\mu_0} \qquad (1.2)$$

显然，相对磁导率 μ_r 是一个无量纲的量。

自然界中的物质根据导磁性能的不同可分为两大类：铁磁物质和非磁性物质。

非磁性物质又包括顺磁物质和逆磁物质，它们的相对磁导率均约等于 1。

铁磁物质的相对磁导率 $\mu_r \gg 1$。因此，为满足小电流获得强磁场的要求，电机、电器的铁芯无一例外都采用铁磁材料。例如：多数电器以及变压器的铁芯磁路均采用硅钢片叠压制成，就是因为硅钢不但具有 $\mu_r = 7500$ 的相对磁导率，还可以减少磁路的铁芯损失。

4. 磁场强度

变压器铁芯磁路中的工作主磁通，是由绕在铁芯柱上的线圈中的电流产生的，忽略线圈铁芯的介质附加磁场，线圈中的电流的磁场大小和方向通常由磁场强度 H 来衡量，即

$$H = \frac{B}{\mu} \qquad (1.3)$$

磁场强度 H 的单位是安/米（A/m）或安/厘米（A/cm），两者的换算关系为 $1\text{A/m}=10^{-2}\text{A/cm}$。

注意：磁感应强度 B 和磁场强度 H 都是反映磁场强弱和方向的物理量，但二者具有本质区别。磁感应强度 B 是反映线圈芯子介质附加磁场的强弱和方向的物理量，磁场强度 H 则是反映线圈中电流的磁场的物理量，基本上等于空心线圈的电流磁场，与线圈芯子的介质无关。

1.1.2　磁路欧姆定律

图 1.1 所示为交流铁芯线圈示意。电源和绕组构成铁芯线圈的电路部分，铁芯构成线圈的磁路部分。当铁芯线圈两端加上正弦交流电压 u 时，线圈电路中就会有按正弦规律变化的电流 i 通过。电流 i 通过 N 匝线圈时形成的磁动势 $F_m=IN$

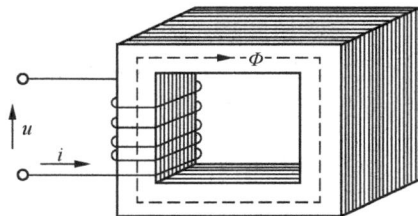

图 1.1　交流铁芯线圈示意

（I 为 i 的有效值），磁动势在铁芯中激发按正弦规律变化、沿铁芯闭合的工作磁通 Φ。

对电路与磁路进行比较：电路中流通的是电流 I，磁路中通过的是磁通 Φ；电路中的电动势 E 是激发电流的因素，磁路中的磁动势 F_m 是激发磁通的因素；电路中阻碍电流的因素是电阻 R，磁路中阻碍磁通的因素是磁阻 R_m。比照电路欧姆定律，磁路中的磁动势、磁通和磁阻三者之间的关系可表示为

$$\Phi = \frac{F_m}{R_m} = \frac{NI}{\dfrac{l}{\mu s}} \tag{1.4}$$

式（1.4）称为磁路欧姆定律。式中，磁阻 $R_m = \dfrac{l}{\mu s}$，与磁路的长度 l 成正比，与构成磁路的介质磁导率 μ、磁路截面积 s 成反比。

由于铁磁物质的相对磁导率 μ_r 通常是一个范围，所以磁阻 R_m 不是一个常数。因此，磁路欧姆定律远没有电路欧姆定律应用得那么广泛。工程实际中通常不用磁路欧姆定律来具体、定量地计算磁路参数，而大多用其来定性地分析电机、电器的磁路情况。

1.1.3 主磁通原理

设铁芯线圈中通入的电流为正弦交流电，正弦交流电必然在铁芯磁路中产生交变的磁通，交变的磁通穿过线圈时则必然产生电磁感应现象，其感应电压

$$u_L = N \frac{\mathrm{d}\Phi}{\mathrm{d}t}$$

式中，N 为线圈的匝数。正弦交流电产生的工作主磁通也是按正弦规律变化的，即 $\Phi = \Phi_m \sin \omega t$，则上式又可写作

$$u_L = N \frac{\mathrm{d}\Phi_m \sin \omega t}{\mathrm{d}t}$$

忽略线圈上的铜损耗，线圈两端所加电压的有效值 U 与线圈中的自感电压有效值 U_L（即 $U_{Lm}/\sqrt{2}$）近似相等，有

$$U \approx \frac{U_{Lm}}{\sqrt{2}} = \frac{2\pi f N \Phi_m}{\sqrt{2}} \approx 4.44 f N \Phi_m \tag{1.5}$$

式（1.5）是主磁通原理表达式。

主磁通原理：对交流铁芯线圈而言，只要外加电压有效值 U 与电源频率 f 一定，铁芯中的工作主磁通最大值 Φ_m 将始终保持不变。

主磁通原理是分析交流铁芯线圈磁路的重要依据。由主磁通原理可知，电机、电器在正常工作时，由于外加电压和电源频率不变，无论负载如何改变，主磁通 Φ 基本保持不变，因此铁损耗基本不变，所以通常把铁损耗称为不变损耗。电机、电器中线圈上的铜损耗由于与线圈中电流的平方成正比，所以负载变动时电流变动，铜损耗随之变化，故常把铜损耗称为可变损耗。

工程实例

【应用磁路欧姆定律分析机械故障】

　　案例：一个交流电磁铁，因出现机械故障，通电后衔铁不能吸合，结果把线圈烧坏，试分析其原因。

　　分析：衔铁不能吸合，造成磁路中始终存在一个气隙，气隙虽小，但气隙磁阻 R_m 却远大于衔铁正常吸合时磁路的磁阻。由主磁通原理可知，线圈两端电压有效值 U 及电源频率 f 不变时，铁芯磁路中工作主磁通的最大值 Φ_m 基本保持不变。又由磁路欧姆定律可知，磁路中工作主磁通不变，意味着磁动势 NI 和磁阻 R_m 两者的比值不能变。衔铁不能吸合时磁阻增大，磁动势 NI 必须相应增大。由于线圈匝数 N 在制造时就确定了，因此，必须增大电流以产生足够的磁动势 NI，才能保持 Φ_m 基本不变。

　　结论：交流电磁铁的衔铁被卡住不能吸合时，磁阻的大大增加会造成励磁电流骤增，通常会超出正常值很多倍，结果导致线圈过热而烧坏。

思考与问题

　　1. 磁通 Φ、磁导率 μ、磁感应强度 B 和磁场强度 H 分别表征了磁路的哪些特征？这些描述磁场的物理量在单位上有何不同？其中 B 和 H 的概念有何不同？

　　2. 根据物质导磁性能的不同，自然界中的物质可分为哪几类？它们在相对磁导率上的区别是什么？铁磁物质具有哪些磁性能？

　　3. 电机、电器的铁芯通常做成闭合的，为什么？如果铁芯回路中存在间隙，对电机、电器有何影响？

1.2　单相变压器的基本结构和工作原理

提出问题

　　变压器属于什么性质的电器？你理解和掌握变压器的结构及原理吗？变压器的变换电压作用如何理解？你理解变压器的变换电流作用吗？变压器阻抗变换的作用是什么？你对变压器的外特性与性能指标有多少了解？

知识准备

　　变压器是一种静止的电气设备，在电能的经济传输、灵活分配和安全使用中发挥了极其重要的作用。变压器工作时依据电磁感应原理，根据需要可以将一种交流电压、电流等级变换成同频率的另一种交流电压、电流等级。

　　电力系统中传输的电能都是由发电机产生的三相交流电，因此在传输电能的过程中必须使用三相电力变压器对发电机产生的电压升高后进行远距离传输，传输的过程中还需利用降压变压器把电压降低；一些特殊场合，如交流弧焊机、实验室调压器等，需要使用不同的特殊变压器；而对于日常办公设备以及生活中的收音机、充电器等，因为使用的是单相交流电，所以需要应用单相变压器。

1.2.1 单相变压器的基本结构

图 1.2（a）所示为简单双绕组单相变压器的原理，其电路图形符号如图 1.2（b）所示。

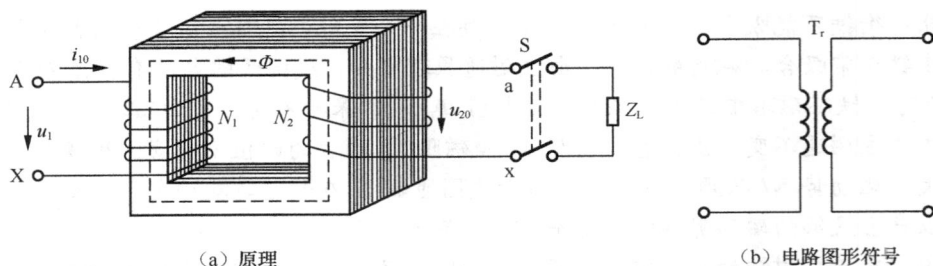

（a）原理 （b）电路图形符号

图 1.2 简单双绕组单相变压器原理及电路图形符号

单相变压器的容量一般都比较小，主要由铁芯和绕组（又称线圈）两部分组成。变压器的绕组与绕组之间、绕组与铁芯之间均相互绝缘。

1. 变压器铁芯

铁芯构成变压器的磁路部分，其作用是利用磁耦合关系实现能量的传递，并作为变压器的机械骨架。变压器的铁芯由铁芯柱和铁轭两部分组成，铁芯柱上套装变压器绕组，铁轭起连接铁芯柱使磁路闭合的作用。对铁芯的要求是导磁性能要好，磁滞损耗及涡流损耗要尽量小，因此各类变压器用的铁芯材料都是软磁性材料：电力系统中为减小铁芯中的磁滞损耗和涡流损耗，常用 0.35～0.5mm 厚的硅钢片叠压制成变压器铁芯；电子工程中音频电路的变压器铁芯一般采用坡莫合金制作，高频电路中的变压器则广泛使用铁氧体铁芯。

单相变压器根据铁芯结构形式可分为芯式变压器和壳式变压器两大类。芯式变压器是在两侧的铁芯柱上放置绕组，形成绕组包围铁芯的形式，如图 1.3（a）所示。壳式变压器则是在中间的铁芯柱上放置绕组，形成铁芯包围绕组的形式，如图 1.3（b）所示。

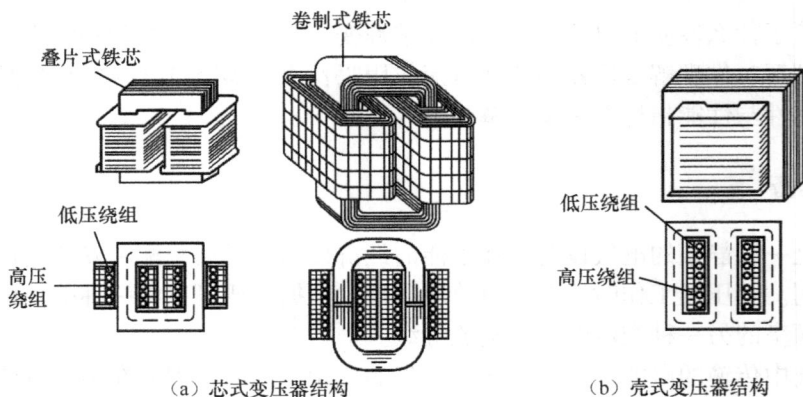

（a）芯式变压器结构 （b）壳式变压器结构

图 1.3 单相变压器的铁芯结构形式

变压器铁芯根据制作工艺可分为叠片式铁芯和卷制式铁芯两种，如图 1.3（a）所示。芯式变压器及壳式变压器的叠片式铁芯的制作顺序是：先将硅钢片冲剪成图 1.4 所示的形状，再将

一片片硅钢片按其接口交错地插入事先绕好并经过绝缘处理的绕组中，最后用夹件将铁芯夹紧。为了减小铁芯磁路的磁阻以减小铁芯损耗，装配铁芯时，接缝处的气隙应越小越好。

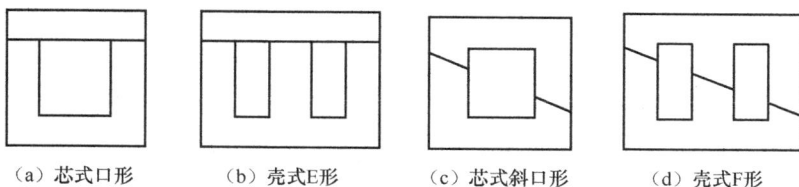

（a）芯式口形　　　（b）壳式E形　　　（c）芯式斜口形　　　（d）壳式F形

图 1.4　单相变压器铁芯形状

2. 变压器绕组

变压器的绕组构成其电路部分。电力变压器的绕组通常用绝缘的扁铜线或扁铝线绕制而成，小型变压器的绕组一般用漆包线绕制而成。按高压绕组和低压绕组的相互位置和形状不同，单相变压器绕组可分为同心式和交叠式两种，如图 1.5 所示。

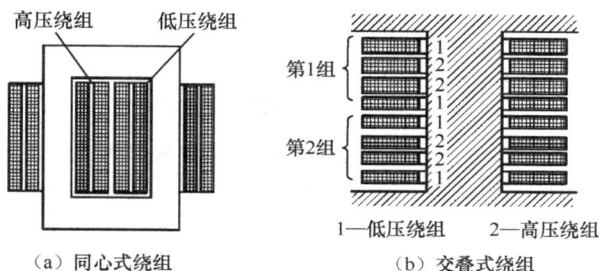

（a）同心式绕组　　　　　　　　（b）交叠式绕组

图 1.5　单相变压器绕组形式

变压器电路部分的作用是接收和输出电能，通过电磁感应实现电能的转换。与电源相接的绕组称为一次侧（或原边、原绕组），单相变压器的原边首、尾端通常用 A、X 表示；与负载相接的绕组称为二次侧（或副边、副绕组），常用 a、x 表示。原边各量一般采用下标"1"，副边各量采用下标"2"。

1.2.2　单相变压器的工作原理

1. 单相变压器的空载运行

单相变压器一次侧接交流电源，二次侧开路的运行状态称为空载。单相变压器的空载运行如图 1.2（a）所示。当变压器一次侧所接电源电压和频率不变时，根据主磁通原理可知，变压器铁芯中通过的工作主磁通 Φ 应基本保持为一个常量。

由变压器铁芯的高导磁性可知，产生工作主磁通 Φ 仅需很小的励磁电流 i_{10}。单相变压器空载运行时的励磁电流值通常仅为变压器额定电流的 3%～8%。

单相变压器铁芯中交变的工作主磁通 Φ，穿过其一次侧时产生自感电压 u_{L1}，其有效值为

$$U_{L1} \approx 4.44 f N_1 \Phi_m$$

由于单相变压器中的损耗很小，通常可认为电源电压 $U_1 \approx U_{L1}$。铁芯中的工作主磁通

变压器的工作原理

7

Φ 穿过二次侧时将在二次侧产生互感电压 U_{M2}，互感电压的有效值为

$$U_{M2} \approx 4.44 f N_2 \Phi_m$$

由于二次侧开路，其电流等于零，因此空载时二次侧不存在损耗，二次侧空载电压 $U_{20} = U_{M2}$。

这样，我们就可得到单相变压器空载情况下一次侧、二次侧电压的比值

$$\frac{U_1}{U_{20}} \approx \frac{U_{L1}}{U_{M2}} = \frac{4.44 f N_1 \Phi_m}{4.44 f N_2 \Phi_m} = \frac{N_1}{N_2} = k \tag{1.6}$$

式中，k 是变压器的变压比，简称变比。显然，变压器一次侧、二次侧电压之比等于其一次侧、二次侧的匝数之比。当 $k>1$ 时变压器为降压变压器，当 $k<1$ 时变压器为升压变压器。

【例 1.1】 一台额定容量 $S_N=600\text{kV·A}$ 的单相变压器，接在 $U_1=10\text{kV}$ 的交流电源上，空载运行时它的二次侧电压 $U_{20}=400\text{V}$，试求变比 k 的值；若已知 $N_2=32$，求 N_1 的值。

【解】 根据式（1.6）可得

$$k \approx \frac{U_1}{U_{20}} = \frac{10000}{400} = 25$$

$$N_1 = kN_2 = 25 \times 32 = 800（匝）$$

【例 1.2】 一台额定电压为 35kV 的单相变压器接在工频（50Hz）交流电源上，已知二次侧空载电压 $U_{20}=6.6\text{kV}$，铁芯截面积为 1120cm^2，若选取铁芯中的磁感应强度 $B_m=1.5\text{T}$，求变压器的变比及一次侧、二次侧匝数 N_1 和 N_2。

【解】 根据式（1.6）可得

$$k \approx \frac{U_1}{U_{20}} = \frac{35}{6.6} \approx 5.3$$

铁芯中的工作主磁通最大值

$$\Phi_m = B_m S = 1.5 \times 1120 \times 10^{-4} = 0.168（\text{Wb}）$$

一次侧、二次侧匝数分别为

$$N_1 = \frac{U_1}{4.44 f \Phi_m} = \frac{35000}{4.44 \times 50 \times 0.168} \approx 938（匝）$$

$$N_2 = \frac{N_1}{k} \approx \frac{938}{5.3} \approx 177（匝）$$

2. 单相变压器的负载运行

图 1.6 所示为单相变压器的负载运行原理。单相变压器在负载运行状态下，二次侧感应电压 u_2 将在负载回路中激发电流 i_2。由于 i_2 的大小和相位主要取决于负载的大小和性质，因此常把 i_2 称为负载电流。

负载电流通过二次侧时建立磁动势 $\dot{I}_2 N_2$，$\dot{I}_2 N_2$ 作用于变压器磁路并试图改变工作主磁通 Φ_m。但是 U_1 和电源频率

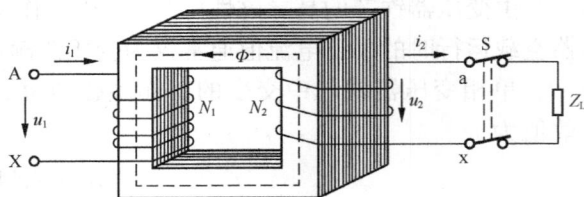

图 1.6 单相变压器的负载运行原理

f 并没有发生变化，因此变压器铁芯中的工作主磁通 Φ_m 应保持原值不变。这时，一次侧磁动势将由空载时的 $\dot{I}_{10}N_1$ 相应增大至 $\dot{I}_1N_1$，其增大的部分恰好与二次侧磁动势 $\dot{I}_2N_2$ 的影响相抵消，即

$$\dot{I}_1N_1 + \dot{I}_2N_2 = \dot{I}_{10}N_1 \tag{1.7}$$

上述磁动势平衡方程中，$\dot{I}_{10}$ 由于很小往往可忽略不计，这时式（1.7）可改写为

$$\dot{I}_1N_1 + \dot{I}_2N_2 \approx 0$$

或

$$\dot{I}_1N_1 \approx -\dot{I}_2N_2 \tag{1.8}$$

由式（1.8）可推导出变压器负载运行时的一次侧、二次侧电流有效值的关系为

$$\frac{I_1}{I_2} \approx \frac{N_2}{N_1} = \frac{1}{k} \tag{1.9}$$

变压器二次侧的电流是由负载阻抗决定的，一次侧的电流又取决于二次侧的电流。因此，变压器一次侧的电流取决于负载。当负载需要的功率增大（或减小）时，即 I_2U_2 增大（或减小）时，I_1U_1 随之增大（或减小）。换句话说，就是变压器一次侧通过磁耦合将功率传送给负载，并能自动适应负载对功率的需求。

变压器在能量传递过程中损耗很小，可认为其输入、输出功率基本相等，即

$$U_1I_1 \approx U_2I_2 \tag{1.10}$$

可见，变压器改变电压的同时也改变了电流。

3．单相变压器的阻抗变换作用

仍以图 1.6 为分析对象。图中 $Z_L = U_2/I_2$，一次侧输入等效阻抗 $Z_1 = U_1/I_1$。把前面的变压器电压、电流变换关系代入一次侧输入等效阻抗公式中可得

$$Z_1 = \frac{U_1}{I_1} = \frac{U_2k}{I_2/k} = k^2\frac{U_2}{I_2} = k^2 Z_L \tag{1.11}$$

式中，Z_L 称为变压器二次侧阻抗；Z_1 为归结到变压器一次侧电路后的折算值，也称为二次侧对一次侧的反映阻抗。显然，通过改变变压器的变比，可以达到阻抗变换的目的。

电子技术中常采用变压器的阻抗变换功能，来满足电路中负载获得最大输出功率的要求。例如，收音机、扩音机的扬声器阻抗值通常为几欧或十几欧，而功率输出级常常要求负载阻抗为几十欧或几百欧。这时，为使负载获得最大输出功率，就需要在电子设备功率输出级和负载之间接入一个输出变压器，并适当选择输出变压器的变比，以满足阻抗匹配的条件，使负载获得最大输出功率。

1.2.3　变压器的外特性及性能指标

要正确、合理地使用变压器，就必须了解变压器在运行时的外特性及性能指标。

变压器的外特性
及性能指标

1. 变压器的外特性

变压器接入负载后，随着负载电流 i_2 的增加，二次侧绕组的阻抗压降也增加，使二次侧输出电压 u_2 随着负载电流的变化而变化。另一方面，当一次侧电流 i_1 随 i_2 的增加而增加时，一次侧绕组的阻抗压降也增加。由于电源电压 u_1 不变，则一次侧、二次侧感应电压 u_1 和 u_{20} 都将有所下降，当然也会导致二次侧输出电压 u_2 下降。变压器的外特性就是描述输出电压 u_2 随负载电流 i_2 变化关系的特征，即 $u_2=f(i_2)$。若把两者之间的对应关系用曲线表示出来，我们就可得到图 1.7 所示的变压器外特性曲线。

当负载为纯电阻时，功率因数 $\cos\varphi_2=1$，u_2 随 i_2 的增大略有减小；当功率因数 $\cos\varphi_2=0.8$，负载为感性负载时，u_2 减小的程度随 i_2 的增大而加大；当功率因数 $\cos(-\varphi_2)=0.8$，负载为容性负载时，u_2 随 i_2 的增大而增大。由此可见，负载的功率因数对变压器外特性的影响很大。

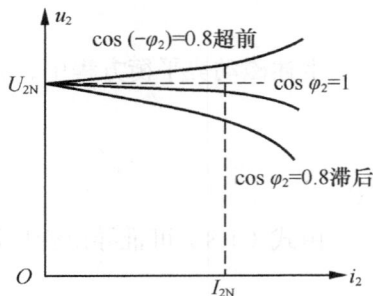

图 1.7 变压器外特性曲线

2. 电压调整率

变压器外特性变化的程度，可以用电压调整率 $\Delta U\%$ 表示。电压调整率的定义为，变压器由空载到满载（额定电流为 I_{2N}，额定电压为 U_{2N}）时，二次侧输出电压 u_2 的变化程度，即

$$\Delta U\% = \frac{U_{20} - U_{2N}}{U_{20}} \times 100\% \tag{1.12}$$

电压调整率是变压器运行时输出电压的稳定性指标，是变压器的主要性能指标之一。一般变压器的漏阻抗很小，故电压调整率不大，为 2%~3%。若负载的功率因数过小，会使电压调整率大幅度增大，此时负载电流的波动必将引起供电电压较大的波动，给负载运行带来不良的影响。因此，当电压波动超过用电的允许范围时，必须进行调整。增大电路的功率因数，也能起到减小电压调整率的作用。

3. 变压器的损耗和效率

在能量传递的过程中，变压器内部将产生损耗。变压器内部的损耗包括铜损耗和铁损耗两部分，即 $\Delta P = \Delta P_{Cu} + \Delta P_{Fe}$。在电源电压有效值 U_1 和频率 f 不变的情况下，无论是空载还是满载，变压器的铁损耗 ΔP_{Fe} 几乎是一个固定值，从而印证了铁损耗 ΔP_{Fe} 为不变损耗；而变压器的铜损耗 $\Delta P_{Cu}=I_1^2 R_1 + I_2^2 R_2$，与一次侧、二次侧电流的平方成正比，即铜损耗 ΔP_{Cu} 随负载的大小变化而变化，又印证了铜损耗 ΔP_{Cu} 是可变损耗。

变压器的效率是指变压器输出功率 P_2 与输入功率 P_1 的比值，通常用百分数表示，即

$$\eta = \frac{P_2}{P_1} \times 100\% = \frac{P_2}{P_2 + \Delta P_{Cu} + \Delta P_{Fe}} \times 100\% \tag{1.13}$$

变压器没有旋转部分，内部损耗也较小，故效率较高。控制装置中的小型电源变压器效率通常在 80% 以上，而电力变压器的效率一般在 95% 以上。

实践证明：变压器的负载为满负载的 70% 左右时，其效率可达最大值，而并非运行在额定负载时效率最大。因此，实际情况中要根据负载情况采用最好的运行方式。譬如控制

变压器运行的台数、投入适当容量的变压器等，使变压器能够在高效率情况下运行。

💡 **工程实例**

【应用变压器的阻抗变换分析扬声器改装方案】

案例：某收音机输出变压器的一次侧匝数 N_1=600，二次侧匝数 N_2=30，原接有阻抗为 16Ω 的扬声器，现要改装成 4Ω 的扬声器，分析二次侧匝数应改为多少。

分析：接 Z_L=16Ω 的扬声器时，已达到阻抗匹配的条件，原来的变比

$$k=N_1/N_2=600/30=20$$

则

$$Z_1=k^2Z_L=20^2\times16=6400（Ω）$$

改装成 Z'_L=4Ω 的扬声器后，根据式（1.11）可得

$$k'^2=6400/4=1600$$

$$k'=40$$

显然，改装后的输出变压器变比为 40，因一次侧匝数不变，所以二次侧匝数为 600/40=15。

结论：二次侧匝数应改为 15 匝。

📚 **思考与问题**

1. 欲制作一个 220V/110V 的小型变压器，能否一次侧绕 2 匝，二次侧绕 1 匝？为什么？

2. 已知变压器一次侧额定电压为工频交流 220V，为使铁芯不饱和，规定铁芯中工作磁通的最大值不能超过 0.001Wb，则变压器铁芯的一次侧至少应绕多少匝？

3. 一个交流电磁铁，额定值为工频 220V，现不慎接在了 220V 的直流电源上，会不会烧坏？为什么？若接于 220V、50Hz 的交流电源上又如何？

4. 变压器能否变换直流电压？为什么？若不慎将一台额定电压为 110V/36V 的小容量变压器的一次侧接到 110V 的直流电源上，二次侧会产生什么情况？一次侧会产生什么情况？

5. 变压器运行中有哪些基本损耗？可变损耗指的是什么？不变损耗又是指什么？

1.3　三相电力变压器

🔧 **提出问题**

三相电力变压器在电力系统中起什么作用？其结构与单相变压器有什么区别？你理解和掌握电力变压器并联运行的条件吗？其中必须具备哪一个条件？你对三相电力变压器台数的选择以及容量的确定掌握多少？

三相电力变压器

📚 **知识准备**

现代电力系统普遍采用三相制，而三相电力变压器（简称电力变压器）是电力系统中的重要设备，主要用于改变交流电的电压、电流以及电力传输。通过改变电能的电压和电流，

电力能够高效、安全、可靠地从发电厂输送到各个用户，满足各种领域的电力需求。

1.3.1　三相电力变压器的结构

电力变压器可以由 3 台相同的单相变压器组成，称为三相变压器组或电力变压器组，也可以把 3 个铁芯柱用铁轭连在一起，构成一台三相芯式变压器。电力变压器的主要结构有磁路系统和电路系统。

1. 电力变压器的磁路系统

电力变压器由 3 台容量相同的单相变压器组成时，根据需要将一次侧绕组及二次侧绕组分别接成星形（Y）或三角形（△）。图 1.8 所示为一次侧、二次侧绕组均用 Y 连接方式的电力变压器组的磁路系统。显然，电力变压器组各相之间只有电的联系。由于各相主磁通均沿各自的磁路闭合，因此各相之间相互独立、彼此无关而没有磁的联系。

图 1.8　一次侧、二次侧绕组均用 Y 连接方式的电力变压器组的磁路系统

电力变压器的另一种结构形式是把 3 台单相变压器合成一个三铁芯柱的结构形式，称为三相芯式变压器，如图 1.9（a）所示。

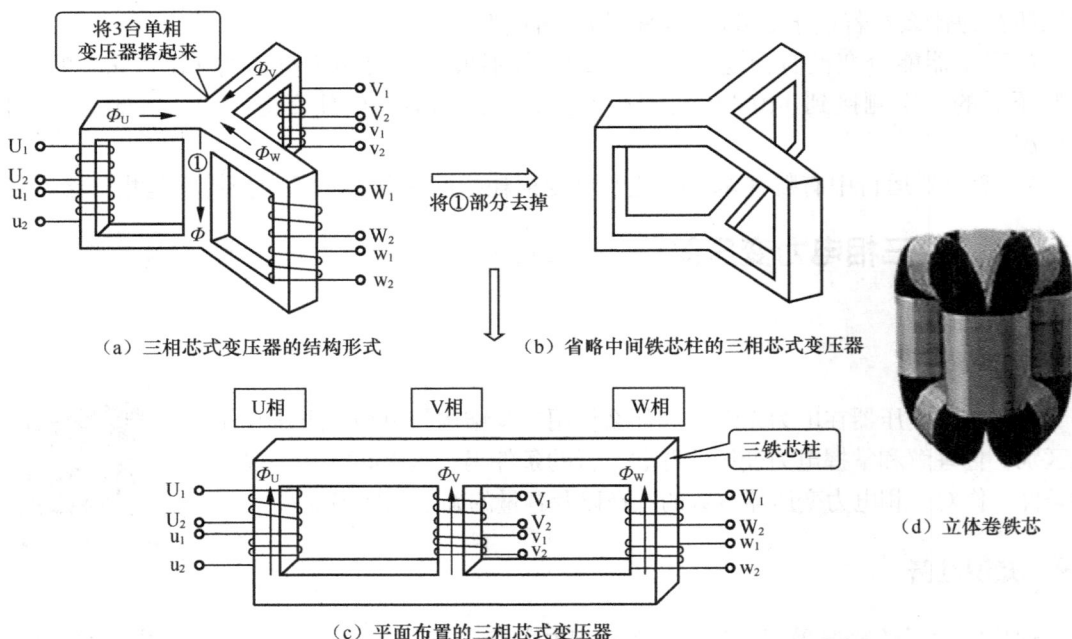

（a）三相芯式变压器的结构形式

（b）省略中间铁芯柱的三相芯式变压器

（c）平面布置的三相芯式变压器

（d）立体卷铁芯

图 1.9　三相芯式变压器的磁路系统

由于三相绕组接入对称的三相交流电源时，三相绕组中产生的主磁通也是对称的，且三相磁通之和等于零，即中间铁芯柱的磁通为零，因此中间铁芯柱可以省略，成为图 1.9（b）所示形式。实际中为了简化变压器铁芯的剪切及叠装工艺，均采用将 U、V、W 这 3 个铁芯柱置于同一个平面上的结构形式，如图 1.9（c）所示。

近年来电力变压器出现了较为先进的立体卷铁芯，如图 1.9（d）所示。三维立体卷铁芯层间没有接缝，磁通方向与硅钢片晶体取向完全一致，没有接缝处磁通密度畸变的现象，具有电流小、空载损耗小、噪声低、结构紧凑、占地面积小等优点。

2. 电力变压器的电路系统

绕组是电力变压器的电路部分，常用绝缘铜线或铝线绕制而成。在变压器工作时，工作电压高的绕组称为高压绕组，工作电压低的绕组称为低压绕组。

电力变压器按绕组数目可分为双绕组变压器和三绕组变压器。在一相铁芯上套一个一次侧绕组和一个二次侧绕组的变压器称为双绕组变压器。5600kV·A 大容量的变压器有时在一个铁芯上绕 3 个绕组，用以连接 3 种不同的电压。例如，在 220kV、110kV 和 35kV 的电力系统中就常采用三绕组变压器。

电力变压器中无论是一次侧绕组还是二次侧绕组，均有 Y 和 △ 两种连接方式。

星形连接是把三相绕组的尾端 U_2、V_2、W_2（或 u_2、v_2、w_2）连接在一起，而把它们的首端 U_1、V_1、W_1（或 u_1、v_1、w_1）分别用导线引出，如图 1.10（a）所示。

三角形连接是把一相绕组的尾端和另一相绕组的首端连在一起，顺次连成一个闭合回路，然后从首端 U_1、V_1、W_1（或 u_1、v_1、w_1）用导线引出，如图 1.10（b）及图 1.10（c）所示。其中图 1.10（b）的三相绕组按 U_2W_1、W_2V_1、V_2U_1 的次序连接，称为逆序（逆时针）△连接；而图 1.10（c）的三相绕组按 U_2V_1、V_2W_1、W_2U_1 的次序连接，称为顺序（顺时针）△连接。

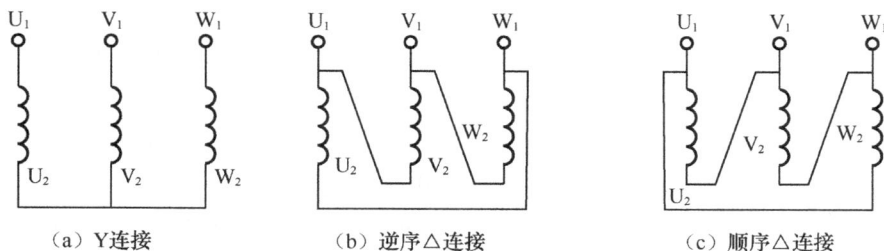

（a）Y连接　　　（b）逆序△连接　　　（c）顺序△连接

图 1.10　电力变压器三相绕组连接方法

电力变压器高、低压绕组用星形连接和三角形连接时，在旧的国家标准中分别用 Y 和 △ 表示。新的国家标准规定：高压绕组星形连接用 Y 表示，三角形连接用 D 表示，中性线用 N 表示；低压绕组星形连接用 y 表示，三角形连接用 d 表示，中性线用 n 表示；0 表示一次侧、二次侧绕组的电压间的相角差为 0。为表明连接形式，对绕组的首端和尾端的标志进行规定，如表 1.1 所示。

表 1.1 　　　　　　　　　　　　　电力变压器绕组首端和尾端的标志

绕组名称	首　端			尾　端			中性点
高压绕组	U_1	V_1	W_1	U_2	V_2	W_2	N
低压绕组	u_1	v_1	w_1	u_2	v_2	w_2	n
中压绕组	U_{1m}	V_{1m}	W_{1m}	U_{2m}	V_{2m}	W_{2m}	N_m

电力变压器一次侧、二次侧绕组不同接法的组合形式有：Y，y；YN，d；Y，d；Y，yn；D，y；D，d 等。不同形式的组合，各有优缺点。对于高压绕组来说，接成 Y 最为有利，因为它的相电压约为线电压的 67%，当中性点引出接地时，绕组对地的绝缘要求降低了。大电流的低压绕组，采用三角形连接时导线截面积仅为星形连接时的 67%，便于绕制。所以，大容量的变压器通常采用"Y，d"或"YN，d"连接。容量不太大而且需要中性线的变压器，广泛采用"Y，yn"连接，以适应照明与动力混合负载需要两种电压的需求。

1.3.2　三相电力变压器的连接组别

学习电力变压器的连接组别，可以帮助电力工程技术人员更深入了解电力系统的运行原理，提高系统设计和运行水平，更好地理解和应用变压器。另外，不同的连接组别需要采取不同的维护方法和措施。因此，学习电力变压器的连接组别是电气工程技术人员的任务。

三相电力变压器的连接组别是指电力变压器的绕组之间的连接方式，常见的三相电力变压器连接组别有以下几种。

（1）Y-连接组别：电力变压器每相绕组的一端连接在一起形成一个共点，另一端分别连接到系统的相线上。在 Y-连接组别中，线电压是相电压的 1.732 倍。

（2）△-连接组别：电力变压器三相绕组的首尾端依次相连形成一个闭合的三角形回路，3 个首尾连接点分别向外引出连接到系统的相线上。在△-连接组别中，相电压等于线电压。

（3）Y/△-连接组别：电力变压器的高压侧采用 Y 连接，低压侧采用△连接。在 Y/△-连接组别中，可以实现高压侧与低压侧之间的电压变换。

（4）△/Y-连接组别：电力变压器的高压侧采用△连接，低压侧采用 Y 连接。在△/Y-连接组别中，可以实现低压侧与高压侧之间的电压变换。

三相电力变压器绕组的不同引线端具有不同的标识，还可以用一种特别规定的符号来表示，即时钟表示法。所谓时钟表示法，就是把高压侧和低压侧的电压相量分别视为时钟的长针（分针）和短针（时针），针头为首端，把长针固定在 12 点的位置上，再看短针所指的位置，以短针所指示的钟点数作为变压器的连接组别标号。

虽然三相电力变压器可以有 12 个不同的连接组别，但为了使用和制造上的方便，国家标准规定只生产下列 5 种连接组别的电力变压器：Y，d11；Y，yn0；YN，d11；YN，y0；Y，y0。其中前 3 种较常用，其主要用途有以下几点。

（1）图 1.11 所示连接组别标号是 Y，d11（y/d-11）。这种连接组别通常用于低压侧电压高于 400V、高压侧电压为 35kV 及以下的输配电系统中。

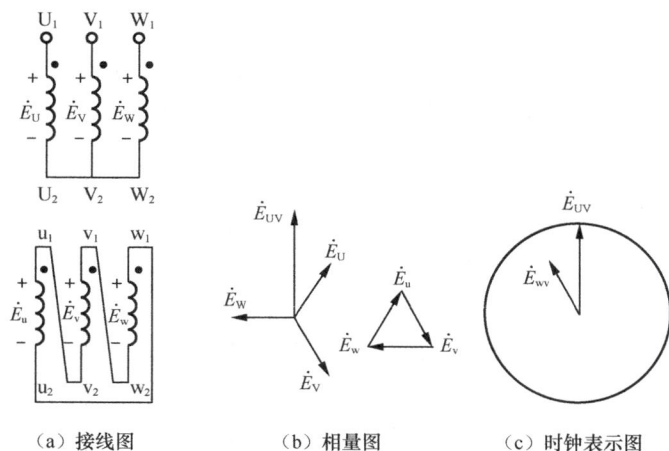

（a）接线图　　　（b）相量图　　　（c）时钟表示图

图 1.11　三相电力变压器的"Y，d11"连接组别

（2）Y，yn0（Y/y0-12）：这种连接组别一般用在低压侧电压为 400V/230V 的配电变压器中，供电给动力和照明混合负载。三相动力负载用 400V 线电压，单相照明负载用 230V 相电压。yn0 表示星形连接的中心点引至变压器箱壳的外面再与"地"相接。"Y，yn0"连接组别如图 1.12 所示。

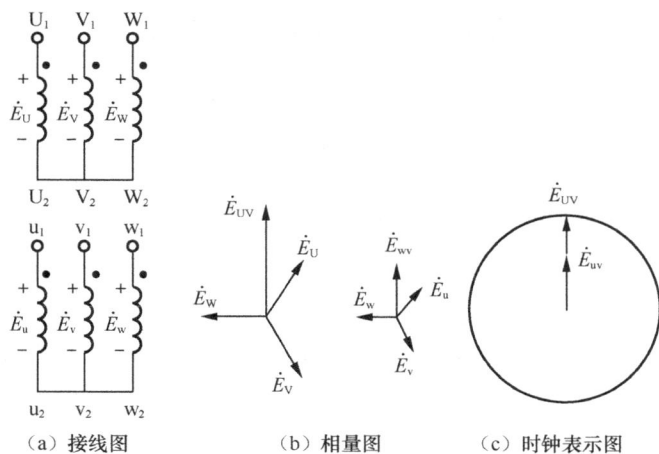

（a）接线图　　　（b）相量图　　　（c）时钟表示图

图 1.12　三相电力变压器"Y，yn0"连接组别

（3）YN，d11（y0/d-11）：这种连接组别常用在高压侧需要中心点接地的输电系统中，例如 110kV 及 220kV 等超高压系统中。此外，也可以用在低压侧电压高于 400V、高压侧电压为 35kV 及以下的输配电系统中。

1.3.3　三相电力变压器的并联运行

两台或多台电力变压器的一次侧、二次侧绕组分别接在公共母线上，同时向负载供电的运行方式称为电力变压器的并联运行。

1. 三相电力变压器并联运行的目的

电力系统中，常常采用变压器的并联运行方式，目的是提高供电的可靠性和变压器运行的经济性。并联运行时还可根据负荷大小随时调整并联运行的电力变压器台数，以提高运行效率。例如，某工厂变电所采用两台变压器并联运行时，如果其中一台变压器发生故障或处于检修时，只要将其从电网中切除，另一台变压器仍能正常供电，从而提高了供电的可靠性。

2. 三相电力变压器并联运行的条件

变压器并联运行是一种常见的运行方式，为了确保并联运行的变压器在空载时并联回路没有环流，负载运行时各变压器负荷分配与容量成正比，并联运行的变压器必须满足以下条件。

（1）并联各变压器的连接组别标号相同：不同连接组别标号的变压器绝不能并联运行。因为并联变压器的连接组别标号不同，就会在并联运行的回路中产生环流，而且此环流通常是额定电流的几倍，这么大的电流将使变压器很快烧坏。

（2）并联各变压器的变比相同：若将变比不同的变压器并联运行，二次侧电压将不平衡，空载时就会因电压差而出现环流，变比相差越大，环流也越大，从而影响变压器容量的合理分配，因此并联运行的变压器，其变比差值不允许超过 $\pm 0.5\%$。

（3）并联各变压器的短路电压相等：如果并联运行的变压器短路电压不同，由于负载电流与短路电压成反比，易造成负荷分配不合理，因此，短路电流差值不允许超过 $\pm 10\%$。

除满足上述 3 个条件外，还要满足并联运行的变压器单台容量之比不应超过 3:1。过大的容量差异可能导致负荷分配不合理，一台变压器过载而另一台变压器未充分利用，从而降低整体效率。

总之，为了确保变压器的安全和稳定运行，我们需要注意并满足上述条件。在实施变压器并联运行时，必须严格遵守这些条件，从而确保电力系统正常、高效地运行。

1.3.4　三相电力变压器的铭牌和配件

变压器铭牌作为变压器身份的证明和重要技术信息记录物件，对变压器的使用、维护、检修和管理具有重要意义。而电力变压器的配件，如冷却装置、保护装置、控制装置等，工程技术人员只有对它们有充分的了解，才能根据具体需求选择合适的配件，正确进行变压器设计和选型。

1. 电力变压器的铭牌

变压器铭牌是用于标识变压器信息的重要组成部分。为使变压器安全、经济、合理地运行，同时让用户对变压器的性能有所了解，制造厂家对每一台变压器都安装了一块铭牌，铭牌承载着变压器的重要信息，关系到变压器的安全运行和正常使用。用户只有理解铭牌上各种数据的含义，才能正确地使用变压器。

根据相关标准规定，变压器铭牌应当至少包含的信息有：型号（规格）、额定电压、额定频率、额定容量（额定功率）、变压器绕组的连接组别标号、空载电流、空载损耗、阻抗电压、负载损耗、温升、冷却方式、绝缘水平和质量等。

① 电力变压器型号。电力变压器型号包含的内容如图 1.13 所示。

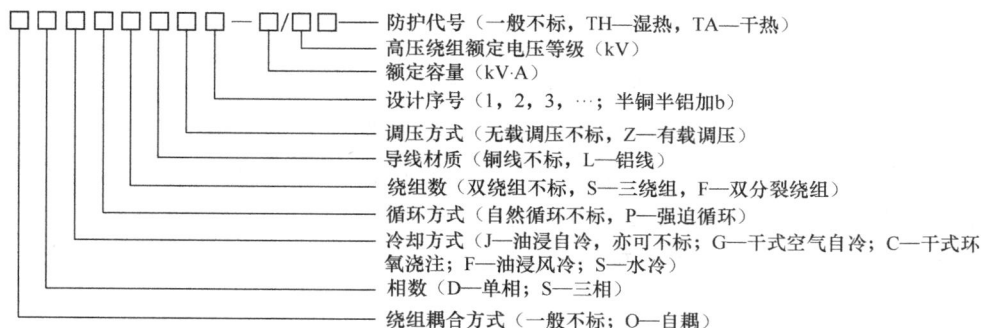

图 1.13 电力变压器型号表示方法示意图

在电力变压器型号中，左数第 1 位表示绕组的耦合方式，O 代表自耦变压器，其他类型省略不标；左数第 2 位为相数，若为 S 表示三相，若为 D 表示单相；左数第 3 位表示电力变压器的冷却方式，J 表示油浸自冷式，也可不标，G 表示干式空气自冷式，C 表示干式环氧浇注式，还有 F 表示油浸风冷式，S 表示水冷式；左数第 4 位表示电力变压器的循环方式，如果是自然循环可以不标，如果是 P 表示为强迫循环；左数第 5 位表示电力变压器的绕组数，通常双绕组可以不标，S 表示三绕组，F 表示双分裂绕组；左数第 6 位表示电力变压器的导线材质，通常铜线不标，为 L 时表示电力变压器绕组为铝线；左数第 7 位表示电力变压器的调压方式，如果是无载调压可以不标，如果标 Z 表明为有载调压；左数第 8 位表示电力变压器的性能水平代号（也称设计序号），即电力变压器为几型，其中 1 表示 1 型、2 表示 2 型、7 表示 7 型、11 表示 11 型，如果电力变压器为半铜半铝加 b；斜杠前一位表示电力变压器的额定容量，单位是 kV·A；斜杠后 1 位表示电力变压器高压绕组额定电压等级，单位是 kV；最后一位表示电力变压器的防护代号，一般不标，但如果标有 TH 表示湿热，标有 TA 表示干热。

例如型号为 S7-16000 的电力变压器表示是三相油浸自冷自然循环双绕组铜线无载调压 7 型电力变压器；型号为 SFSZ8-31500/110 的电力变压器则为三相油浸风冷自然循环三绕组铜线有载调压 8 型电力变压器；型号为 ODSPSLZ9-1200000/220 的电力变压器则是自耦单相水冷强迫循环三绕组铝线有载调压 9 型电力变压器。

② 额定电压：变压器的一个重要作用就是改变电压，因此额定电压是重要数据之一。电力变压器一次侧的额定电压均指线电压，且与所连接的输变电线路电压相符合，我国输变线路电压等级为 0.38kV、3kV、6kV、10kV、15kV、35kV、63kV、110kV、220kV、330kV、500kV、750kV、1000kV。电力变压器铭牌数据中的低压是低压侧额定电压 U_{2N}，指变压器在空载时，高压侧加上额定电压后，二次侧绕组两端的电压值。

③ 额定频率：电力变压器制定频率时所设计的运行频率称为额定频率，我国大部分地区定为 50Hz，有的国家则定为 60Hz。

④ 额定容量：电力变压器的主要作用是传输电能，额定容量是指变压器在额定工作状态下，二次侧绕组的视在功率，其单位为 kV·A。

单相电力变压器的额定容量为

$$S_N = U_{2N}I_{2N} = U_{1N}I_{1N}$$

三相电力变压器的额定容量为

$$S_N = \sqrt{3}U_{2N}I_{2N} = \sqrt{3}U_{1N}I_{1N}$$

⑤ 绕组连接组别标号：连接组别标号指三相变压器一、二次侧绕组的连接方式。

【例 1.3】 某油浸自冷式电力变压器，已知额定容量 S_N=560kV·A，U_{1N}/U_{2N}=10000V/400V，试求高压绕组、低压绕组的额定电流 I_{1N}、I_{2N} 各为多少。

【解】 根据三相变压器额定容量公式可得

$$I_{1N} = \frac{S_N}{\sqrt{3}U_{1N}} = \frac{560 \times 10^3}{\sqrt{3} \times 10000} \approx 32.33 \text{（A）}$$

$$I_{2N} = \frac{S_N}{\sqrt{3}U_{2N}} = \frac{560 \times 10^3}{\sqrt{3} \times 400} \approx 808.29 \text{（A）}$$

⑥ 空载电流、空载损耗：空载电流是指当电力变压器二次侧绕组开路、一次侧绕组施加额定频率的额定电压时，一次侧绕组中所流通的电流；空载电流的有功分量是损耗电流，所汲取的有功功率称为空载损耗。

⑦ 阻抗电压、负载损耗：阻抗电压是指双绕组电力变压器二次侧绕组短接，一次侧绕组通过额定电流而施加的电压；负载损耗则是指电力变压器的二次侧绕组短接、一次侧绕组通过额定电流时所汲取的有功功率。

⑧ 温升：对于空气冷却方式的电力变压器温升，是指测量部分的温度与冷却空气温度之差；对于水冷却方式的电力变压器则是指测量部分的温度与冷却器入口处水温之差。

⑨ 冷却方式：电力变压器的冷却方式由冷却介质及循环种类来标志，分为干式自冷风冷式、强迫油循环风冷式、强迫油循环水冷式、水浸循环冷却式和真空冷却式。

⑩ 绝缘水平：电力变压器的绝缘水平也称绝缘强度，是与保护水平及其他绝缘部分相配合的水平，即为耐受的电压值，由设备的最高电压决定。

⑪ 质量：同容量的电力变压器，电压高者质量偏大，三绕组电力变压器比双绕组的电力变压器质量偏大。电力变压器的油质量占总质量的 25%～35%，电压高而容量大时油质量比例还会偏大些。按照规格的不同，电力变压器的外形尺寸可以在相当大的范围内变化，但是同一系列的产品外形变化是有规律的。

除此之外，电力变压器铭牌上还会标示变压器的制造日期、标准号或代号等。

2．电力变压器的配件

电力变压器主要组成部分是铁芯和绕组，除此之外，还有其他配件，如油箱、储油柜、波纹片、分接开关、绝缘套管等。电力变压器实物如图 1.14 所示。

（a）输电升压变压器 　　　（b）配电降压变压器

图 1.14 电力变压器实物

（1）油箱

油浸式电力变压器的外壳就是油箱，它起着机械支撑、冷却散热和保护的作用。电力变压器的器身放在充满了绝缘性能良好的变压器油的油箱内，纯净的变压器油对铁芯和绕组起绝缘和散热作用。

（2）储油柜

储油柜又称为油枕，是安装在油箱上面的圆筒形容器，如图1.14（a）左上方所示。当变压器油的体积随着油温变化膨胀或缩小时，储油柜起着储油及补油的作用，以保证油箱内充满变压器油。储油柜侧面装有一个油位计，通过油位计可以监视油位的变化。

（3）波纹片

波纹片由一种特殊的碳钢材料制成，是连接油箱的散热管片（道），如图1.14（b）前方所示。因其散热面积较大、散热效果好，又是热胀冷缩系数较大的材料，具有热胀冷缩的作用，因此可取代储油柜。目前2000kV·A及以下10kV/0.4kV的油浸式电力变压器均采用波纹片式的，储油柜式已很少生产。

（4）分接开关

电力变压器运行时，为使输出电压控制在允许的变化范围内，通过分接开关改变一次绕组的匝数，可以达到调节输出电压的目的。分接开关目前广泛采用"油中切换，电阻过渡"埋入型，即把切换开关埋入变压器油箱内的电阻式有载分接开关。过渡电路采用电阻限流，分接开关具有体积小、用料少等优点。分接开关的输出电压调节范围通常是额定电压的2%、±5%或10%。

（5）绝缘套管

变压器的各侧绕组引出线必须采用绝缘套管，以便于变压器带电的引出线穿过油箱盖时，通过绝缘套管，与接地的油箱绝缘。绝缘套管有纯瓷、充油和电容等不同形式。

除上述部分外，电力变压器还有吸湿器、防爆管、散热器、气体继电器、温度计、吊装环、人孔支架等配件。

1.3.5 三相电力变压器台数的选择、容量的确定及过负荷能力

学习三相电力变压器台数的选择、容量的确定及过负荷能力，对于电力系统工程师在规划、设计以及运行管理电力系统时均至关重要，合理选择变压器的数量和容量，能够确保电力供应的可靠性、经济性和安全性。合理评估变压器的负荷能力可以避免变压器过载，减少设备损坏和故障风险。

1. 变压器台数的选择

在选择电力变压器时，应选用低损耗节能型变压器，如S10系列或S11系列。对于安装在室内的电力变压器，通常选择干式变压器；如果变压器安装在多尘或有腐蚀性气体的场所，一般需选密闭型变压器或防腐型变压器。台数的选择原则如下。

（1）满足用电负荷对可靠性的要求。在有一、二级负荷的变电所中，宜选择两台主变压器，当在技术经济上比较合理时，主变压器也可选择多于两台。三级负荷一般选择一台主变压器，如果负荷较大，也可选择两台主变压器。

（2）负荷变化较大时，采用经济运行方式的变电所，可考虑采用两台主变压器。

（3）降压变电所与系统相连的主变压器一般不超过两台。

（4）在选择变电所主变压器台数时，还应适当考虑负荷的发展，留有扩建增容的余地。

2. 变压器容量的确定

（1）单台变压器容量的确定。单台变压器的额定容量 S_N 应能满足全部用电设备的计算负荷 S_e，留有余量，并考虑变压器的经济运行，即

$$S_N = (1.15 \sim 1.4) S_e \tag{1.14}$$

（2）两台主变压器容量的确定。装有两台主变压器时，每台主变压器的额定容量 S_N 应同时满足以下两个条件。

① 当任意一台变压器单独运行时，应满足总计算负荷的 60%～70% 的要求，即

$$S_N \geqslant (0.6 \sim 0.7) S_e \tag{1.15}$$

② 任意一台变压器单独运行时，应能满足一、二级负荷总容量的需求，即

$$S_N \geqslant S_{Ie} + S_{IIe} \tag{1.16}$$

（3）考虑负荷发展，留有一定的容量余量。通常变压器容量的确定与工厂主接线方案相对应，因此在设计主接线方案时，同时要考虑到用电单位对变压器容量的要求。单台主变压器的容量选择一般不宜大于 1250kV·A；对装在楼上的电力变压器，单台容量不宜大于 630kV·A；工厂车间变电所中，单台变压器容量不宜超过 1000kV·A；对居住小区的变电站，单台油浸式变压器容量不宜大于 630kV·A。另外，还要考虑负荷的发展，留有安装主变压器的余地。

3. 电力变压器的过负荷能力

变压器为满足某种运行需要而在某些时间内允许超过其额定容量运行的能力称为过负荷能力。变压器的过负荷通常可分为正常过负荷和事故过负荷两种。

（1）变压器的正常过负荷。电力变压器运行时的负荷是经常变化的，日常负荷曲线的峰谷差可能很大。根据等值老化原则，电力变压器可以在一小段时间内允许超过额定负荷运行。

变压器的正常过负荷能力，是以不牺牲变压器正常寿命为原则来制定的，还规定过负荷期间负荷和各部分温度不得超过规定的最高限值。我国的限值为：绕组最热点温度不得超过 140℃，自然循环变压器负荷不得超过额定负荷的 1.3 倍，强迫油循环变压器负荷不得超过额定负荷的 1.2 倍。

（2）变压器的事故过负荷。事故过负荷又称为短时急救过负荷。当电力系统发生事故时，保证不间断供电是首要任务，加速变压器绝缘老化是次要的。所以，事故过负荷和正常过负荷不同，它是以牺牲变压器寿命为代价的。事故过负荷时，绝缘老化率允许比正常过负荷时高得多，即允许较大的过负荷，但我国规定绕组最热点的温度仍不得超过 140℃。

考虑到夏季变压器的典型负荷曲线，其最高负荷低于变压器的额定容量时，每低 1℃ 可允许过负荷 1%，但以过负荷 15% 为限。正常过负荷容量最高不得超过额定容量的 20%。

对油浸式电力变压器事故过负荷运行时间允许值的规定如表 1.2 和表 1.3 所示。

表 1.2　　　　油浸式自然循环冷却电力变压器事故过负荷运行时间允许值（h：min）

过负荷倍数	环境温度/℃				
	0	10	20	30	40
1.1	24：00	24：00	24：00	19：00	7：00
1.2	24：00	24：00	13：00	5：50	2：45
1.3	23：00	10：00	5：30	3：00	1：30
1.4	8：30	5：10	3：10	1：45	0：55
1.5	4：45	3：00	2：00	1：10	0：35
1.6	3：00	2：05	1：20	0：45	0：18
1.7	2：05	1：25	0：55	0：25	0：09
1.8	1：30	1：00	0：30	0：13	0：06
1.9	1：00	0：35	0：180	0：09	0：05
2.0	0：40	0：22	0：11	0：06	＋

注：表中"＋"表示不允许运行。

表 1.3　　　　油浸式强迫油循环冷却电力变压器事故过负荷运行时间允许值（h：min）

过负荷倍数	环境温度/℃				
	0	10	20	30	40
1.1	24：00	24：00	24：00	19：00	7：00
1.2	24：00	24：00	13：00	5：50	2：45
1.3	23：00	10：00	5：30	3：00	1：30
1.4	8：30	5：10	3：10	1：45	0：55
1.5	4：45	3：00	2：00	1：10	0：35
1.6	3：00	2：05	1：20	0：45	0：18
1.7	2：05	1：25	0：55	0：25	0：09

1.3.6　变压器的发展前景

随着我国对可再生能源越来越重视和支持，以及风电和太阳能发电的快速增长，对适用新能源接入的变压器和升级现有变压器以提高再生能源发电效率的需求正在不断增加。

另外，随着城市化进程的不断推进，大规模建设和改造城市电网全面铺开，为提高电网的可靠性、稳定性和效率，必定促使变压器技术的创新和升级，以适应更复杂的智能化电网运营。

电力变压器是电力输送的关键设备，在未来几年将面临发展机遇和挑战，其中节能环保成为主流，符合国际环保标准的电力变压器将更受市场欢迎。因此，降低电力变压器的损耗，推广节能型变压器产品是变压器的发展趋势。

1.　节能型干式变压器

节能型干式变压器是一种具有高效节能特性的变压器，相比传统的油浸式变压器，具有高效节能、环保无污染、安全可靠、易于安装和维护以及适用范围广泛等众多优点及明显优势，因此是未来电力系统中重要的节能设备之一。

节能型干式变压器的诞生，是人类材料科学进步的一次大的"飞跃"，它能降低变压器三分之一以上的成本，改变只能依靠绝缘油来保护变压器的电网格局。

节能型干式变压器不采用常规的绝缘铜绕组，而是采用聚合物绝缘的圆导体电缆绕组。这样可使变压器的磁场均匀分布，电缆表面与地等电位，安装时无须套管，电缆可直接通向数千米外的终端。

目前，节能型干式变压器的发展确实取得了长足进步，节能型干式变压器的电压等级已达到 145kV，容量在 10～200MV·A 之间，广泛用于高层建筑、机场、码头等机械设备场所和用于局部照明。此外，车载式节能型干式变压器的使用，解决了野外建筑工程携带笨重柴油发电机的问题。

新型节能型干式变压器作为一种先进、高效、安全的电力设备，在全球范围内得到了广泛应用，例如在美国、德国、日本等发达国家，新型节能型干式变压器已经占据市场的相当大份额，成套变电站中，新型节能型干式变压器已经占80%～90%甚至更多。

我国电力工业始终处于跨越发展状态，因此新型节能型干式变压器的使用也处于世界前沿。

2. 非晶变压器

非晶变压器是一种利用非晶合金作为磁芯材料的变压器，非晶合金是一种微晶固态材料，具有较高的磁导率和较低磁滞回线特性。由于非晶合金的特殊性质，非晶变压器具有低损耗、高效率、小体积、轻质量等优点。实验证明，非晶变压器和传统的硅钢变压器相比，可把空载损耗降低至只有传统变压器损耗的1/8。

如果配电变压器全部采用非晶变压器，按 10kV 级配电变压器年需求量 5×10^7kV·A 计算，那么一年就可节电 1×10^{10}kW·h 以上。同时，还可带来少向大气排放温室气体的良好环保效应，减轻对环境的直接污染。因此，国家在城乡电力网系统发展与改造中，若能大量推广采用三相非晶铁芯配电变压器产品，必会获得节能与环保两方面的效益。

非晶变压器一般以 2000kV·A 以下的中小容量为主，大容量的多数是 3000～4000kV·A，而日本非晶变压器公司生产的 5000kV·A 的非晶变压器已经投入使用，据称这台非晶变压器是同类产品中容量较大的。

5000kV·A 非晶变压器的投入使用，将进一步推动非晶变压器的广泛应用。

目前，非晶变压器已经在航空航天、高铁以及新能源等特殊领域中得到了广泛应用，随着材料科学和电力电子技术的不断发展，非晶变压器的应用前景正在拓展和深化。

3. 超导变压器

超导变压器是公认最有可能取代常规变压器的高新技术产品。

超导变压器是利用超导材料（通常是液氮冷却下的高温超导体）制成的变压器。与传统变压器相比，超导变压器具有更高的能源传输效率和更小的能量损耗。由于超导体在低温下电阻几乎为零，因此超导变压器可以在更高的电流密度下运行，实现更高的功率密度和更小的体积。此外，超导变压器还具有自冷却、自稳定等特点，可以提高电网的稳定性和可靠性。

超导变压器在一些需要高效能量传输和节能环保的领域具有广阔的应用前景，如大容量电力传输、新能源接入、工业生产等。随着超导技术的不断发展和成熟，超导变压器有望在电力系统中发挥重要作用，推动电力行业向更加高效、清洁和可持续的方向发展。

传统的变压器绕组中的铜损耗，占变压器满负荷运行时总损耗的绝大部分，采用高温超导绕组可以大大降低这部分损耗；另外，与普通变压器容量相同的情况下，超导变压器的体积仅为普通变压器体积的 40%～60%，并可直接安装在需增容的现有变电站内，从而节省大量基建经费；超导变压器可用液氮代替油料，消除火灾隐患；超导线材的使用大大提高了导电容量，并实现了冷却装置的小型化、轻型化；超导变压器的变电效率高达99.4%，因此，超导变压器具有体积小、效率高、无环境污染和无火灾隐患等突出优点，并具有故障限流功能。

超导变压器是根据城市地下变电站、高层建筑及工厂等用电大户的需求而设计的。目前，美国超导公司、德国西门子公司以及日本九州电力公司等均开发出用于配电的高温超导变压器，且产品已投入运行。

工程实例

【确定车间变电站主变压器台数及单台变压器容量】

案例： 某车间 10kV/0.4kV 变电站总计算负荷为 1350kV·A，其中一、二级负荷量为680kV·A，试确定主变压器台数和单台变压器容量。

分析： 由于车间变电站具有一、二级负荷，所以应选用两台变压器。根据式（1.15）和式（1.16）可知，任意一台变压器单独运行时均要满足60%~70%的总负荷量，即

$$S_N \geq (0.6~0.7) \times 1350 = 810~945 (kV·A)$$

结论： 一般车间变电站主变压器在运行时不允许过负荷，所以应选用两台容量均为1000kV·A 的电力变压器，且任意一台变压器均应满足 $S_N \geq S_{1e} + S_{IIe} \geq 630kV·A$，另外主变压器的具体型号可为 S9-1000/10。

思考与问题

1. 电力变压器主要由哪些部分组成？变压器在供配电技术中起什么作用？
2. 变压器并联运行的条件有哪些？其中哪些应严格遵守？
3. 单台变压器容量确定的主要依据是什么？两台主变压器的容量又应如何确定？

1.4　其他常用变压器

提出问题

自耦变压器和普通双绕组变压器有何不同？对电焊变压器有什么特殊要求？仪用互感器包括哪些？仪用互感器在使用中需注意哪些事项？

知识准备

实际工程技术中，除前面介绍的单相变压器和三相电力变压器外，还有各种用途的特殊变压器，本节仅介绍常用的自耦变压器、电焊变压器和仪用互感器。

1.4.1　自耦变压器

自耦变压器是一种特殊类型的变压器，具有尺寸小、成本低、电压转换比大、效率高等优点以及能控制电流的功能，有利于一些需要特定

自耦变压器

电压比的应用以及一些具有特殊的电路设计需求的应用。

电力变压器是双绕组变压器，其一次侧、二次侧绕组相互绝缘且绕在同一铁芯柱上，两绕组之间仅有磁的耦合而无电的联系。自耦变压器则不同，它只有一个绕组，一次侧绕组的一部分兼作二次侧绕组。两者之间不仅有磁的耦合，而且有电的直接联系。

自耦变压器的工作原理和普通双绕组变压器的一样，由于同一主磁通穿过两绕组，所以一次侧、二次侧电压的变比仍等于一次侧、二次侧绕组的匝数比。

实验室使用的自耦变压器通常做成可调式的。它有一个环形的铁芯，线圈绕在环形的铁芯上。转动手柄时，带动滑动触点来改变二次侧绕组的匝数，从而均匀地改变输出电压，这种可以平滑调节输出电压的自耦变压器称为调压器。图 1.15 所示为单相和三相自耦变压器外形。

自耦变压器的最大优点是可以通过转动手柄来获得所需要的各种电压，它不仅用于降压，而且输出端的电压还可以稍高于一次侧的电压。实验室中广泛使用的单相自耦变压器，输入电压为 220V，输出电压可在 0～250V 任意调节。

（a）单相　　（b）三相

图 1.15　自耦变压器外形

自耦变压器的一次侧、二次侧绕组电路直接连接在一起，因此一旦高压侧出现电气故障必然会波及低压侧，这是它的缺点。当高压绕组的绝缘损坏时，高电压会直接传到二次侧绕组，这是很不安全的。由于这个原因，接在变压器低压侧的电气设备，必须有防止过电压的措施，而且规定不准把自耦变压器作为安全电源变压器使用。此外，自耦变压器接电源之前，一定要把手柄转到零位。

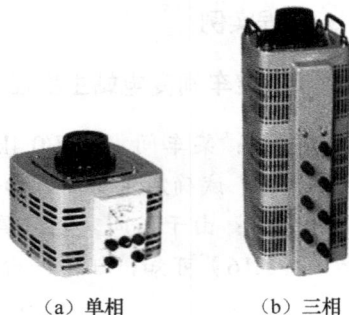

1.4.2　电焊变压器

电焊变压器是一种专门用于供应焊接电流的变压器。电焊变压器在多个行业和领域中都有重要的应用，为各类焊接工作提供了可靠的电流，帮助实现高质量的焊接工艺。

图 1.16 所示为交流电焊机原理，其在生产实际中应用很广泛，它实质上是一种特殊的降压变压器，也称为电焊变压器或弧焊变压器。电弧焊靠电弧放电产生的热量来融化焊条和金属以达到焊接金属的目的。为保证焊接质量和电弧燃烧的稳定性，对电焊变压器要求如下。

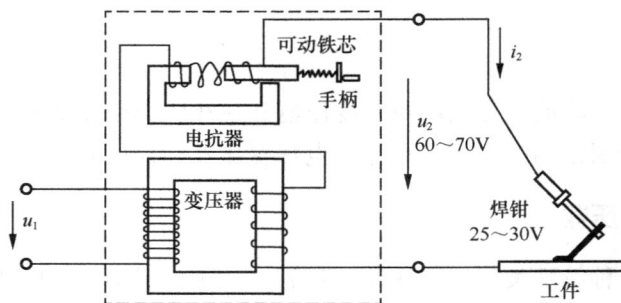

图 1.16　交流电焊机原理

（1）具有较高的起弧电压。起弧电压应达到 60～70V，额定工作时约为 30V。

（2）起弧以后，要求电压能够迅速下降，同时在短路时（如焊条碰到工件上时，二次侧输出电压为零），二次侧电流也不要过大，一般不超过额定值的两倍。也就是说，电焊变压器要具有陡降的外特性，如图 1.17 所示。

（3）为了适应不同的焊接要求，要求电焊变压器的焊接电流能够在较大的范围内进行调节，而且工作电流要比较稳定。

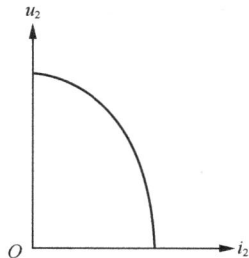

图 1.17　电焊变压器的外特性

为满足上述要求，交流电焊机的电源由一个能提供大电流的变压器和一个可调电抗器组成。当工作时，工件内有电流通过，形成电弧。电抗器起限流作用，并产生电压降，使焊钳与工件间的电压降低，形成陡降的外特性。为了维持电弧，工作电压通常为 25～30V。当电弧长度变化时，电流变化比较小，可保证焊接质量和电弧的稳定。为了满足大小不同、厚度不同的工件对焊接电流的要求，可调节电抗器可动铁芯的位置，即改变电抗器磁路中的气隙，使电抗随之改变，以调节焊接电流。电抗器的铁芯有一定的气隙，通过转动手柄可以改变气隙的大小。当气隙增大时，磁阻增大，由磁路欧姆定律可知，此时的电流增大；当气隙减小时，工作电流随之减小。由此可见，要获得不同大小的焊接电流，通过改变气隙的大小可实现。通常手工电弧焊使用的电流范围是 50～500A。

1.4.3　仪用互感器

在电力系统中，电压可高达几百兆伏特，电流可大到几万安培。如此大的电量要直接用于检测或取作继电保护装置用电是不可能的。此时，可用特种变压器将一次侧的高电压或大电流，按比例缩小为二次侧的低电压或小电流，以供测量或继电保护装置使用。这种专门用来传递电压或电流信息，以供测量或继电保护装置使用的特种变压器，称为仪用变压器，又称仪用互感器。

仪用互感器按其用途不同，可分为电压互感器和电流互感器两种，其中电压互感器用于测量高电压；电流互感器用于测量大电流。

1. 电压互感器

电压互感器实质上是一种变比较大的降压变压器，原理如图 1.18 所示。

电压互感器的一次侧绕组并联于被测电路中，二次侧绕组接电压表或其他仪表，如功率表的电压线圈。使用电压互感器时应注意以下几点。

（1）二次侧不允许短路。

（2）互感器的铁芯和二次侧绕组的一端必须可靠接地。

（3）使用时，在二次侧并接的电压线圈或电压表不宜过多，以免二次侧负载阻抗过小，导致一次侧、二次侧电流增大，使电压互感器内阻抗压降增大，影响测量的精度。

（4）通常电压互感器低压侧的额定值均设计为 100V。

2. 电流互感器

图 1.19 所示是电流互感器的原理。

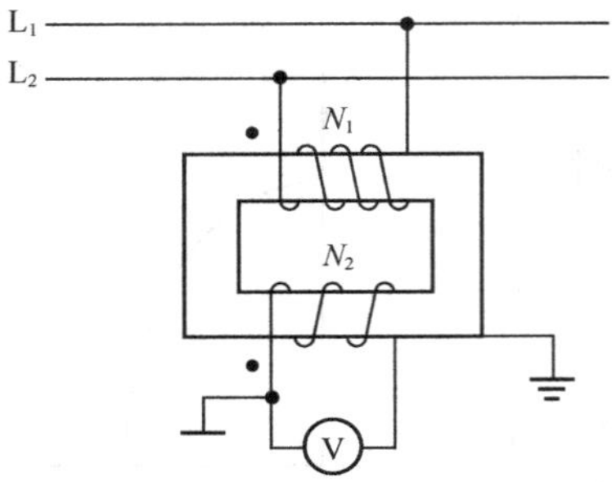

图 1.18　电压互感器原理

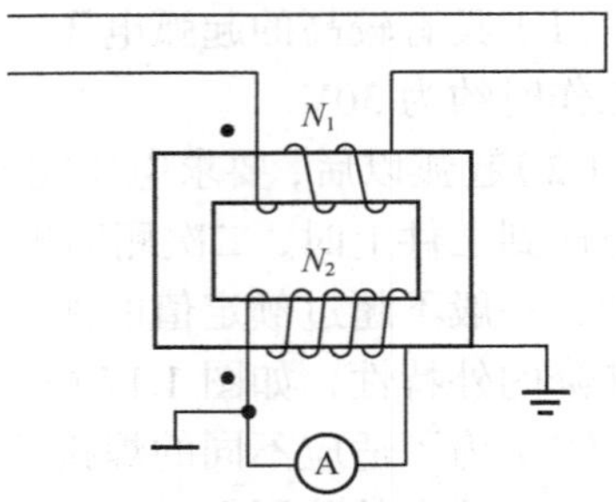

图 1.19　电流互感器原理

电流互感器的一次侧绕组是由一匝或几匝截面积较大的导线构成的，直接串联在被测电路中，流过的是被测电流。电流互感器的二次侧绕组的匝数较多，且与电流表或功率表的电流线圈构成闭合回路。由于电流表和其他仪表的电流线圈阻抗很小，因此电流互感器运行时，接近于变压器短路运行。

使用电流互感器时应注意以下几点。

（1）二次侧不允许开路。因为一旦二次侧开路，二次侧电流的去磁作用将消失，这时流过一次侧绕组的大电流便成为励磁电流。如此大的励磁电流将使电流互感器铁芯中的磁通猛增，导致铁芯过热使电流互感器绕组绝缘损坏，甚至危及人身安全。为了在更换仪表时不使电流互感器二次侧开路，通常在电流互感器的二次侧并联一个开关，在更换仪表之前，先将开关闭合，然后更换仪表。

（2）电流互感器二次侧绕组必须可靠接地，以防止由于绝缘损坏而将一次侧高压传到二次侧，避免事故发生。

（3）电流互感器二次侧所接的仪表阻抗不得大于规定值，否则，会降低电流互感器的精确度。为使测量仪表规格化，通常将电流互感器二次侧额定电流设计成标准值，一般为5A 或 1A。

💡 **工程实例**

【交流电焊机使用后的保养】

案例： 交流电焊机使用后需如何进行保养？

分析： 交流电焊机在使用后需按专业人员要求，进行下列正确保养。

1. 交流电焊机使用完毕后，断开操作电源，检查并扑灭现场火星，清理工作现场，工具放在规定的地方。

2. 保持电焊机外表面的清洁，配齐螺钉、螺母、标牌并修整护罩。

3. 清除电焊变压器内、外的灰尘，检查其温升，确保不超过规定值，还要观察接地是否良好。

4. 检查电流调节器刻度是否准确，反应是否灵敏。

5. 紧固电线接头，检查启动开关。

结论： 为保证交流电焊机的正常使用，必须按照上述几点进行保养和维护。

思考与问题

1. 自耦变压器为什么不能作为安全变压器使用？
2. 电焊变压器的外特性和普通变压器相比有何不同？
3. 电压互感器与电流互感器在使用时应注意什么？

拓展阅读

白鹤滩水电站是国家"西电东送"通道的骨干电站，是"西部大开发"战略的重要组成部分，也是至今名列世界前茅的巨型水电站。

2021 年 1 月 14 日，白鹤滩水电站 15 号 500kV 主变压器顺利通过安装完成后的高压电气实验，各项实验数据结果均优于国家标准。白鹤滩水电站主要技术指标创下 6 个世界第一：单机容量（10^6kW）世界第一、圆筒式尾水调压室规模世界第一、地下洞室群规模世界第一、300m 级高拱坝抗震参数世界第一、无压泄洪洞群规模世界第一、世界首次全坝使用低热水泥混凝土。

应用实践

变压器参数测定及绕组极性判别

一、实验目的

1. 学习单相变压器的空载、短路的实验方法。
2. 能够利用单相变压器的空载、短路实验测定单相变压器的参数。
3. 掌握变压器同极性端的测试方法。

二、实验主要设备

1. 单相小功率变压器　　　　　　　　　　1 台
2. 交流 380V/220V 电源及单相调压器　　 1 台
3. 交流电流表　　　　　　　　　　　　　1 块
4. 交流电压表、直流电压表　　　　　　　各 1 块
5. 单相功率表和数字万用表　　　　　　　各 1 块
6. 电流插箱及导线

三、实验原理及实验步骤

1. 单相变压器空载实验原理

单相变压器空载实验原理如图 1.20 所示。

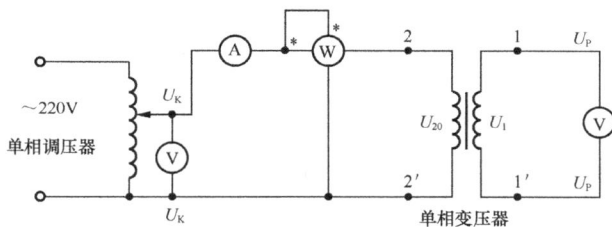

图 1.20　单相变压器空载实验原理

利用空载实验可以测试出变压器的变比：$\dfrac{U_1}{U_{20}} = k_U$。空载实验应在低压侧进行，即低压端接电源，高压端开路。

2. 空载实验步骤

（1）按图 1.20 所示连线，注意单相调压器打在零位上，经检查无误后才能闭合电源开关。

（2）用电压表观察 U_K 读数，调节单相调压器使 U_K 读数逐渐升高到变压器额定电压的 50%。

（3）读取变压器 U_{20} 和 U_1（U_P）的电压值，记录在自制的表格中，算出变压器的变比。

（4）继续升高电压至额定值的 1.2 倍，然后逐渐降低电压，把空载电压（电压表读数）、空载电流（电流表读数）及空载损耗（功率表的读数）记录下来，要求在（0.3~1.2）U_N（U_N 为额定电压）的范围内读取 6~7 组数据，记录在自制的表格中。注意：最好测出 U_N 点。

3. 单相变压器短路实验原理

单相变压器短路实验原理如图 1.21 所示。

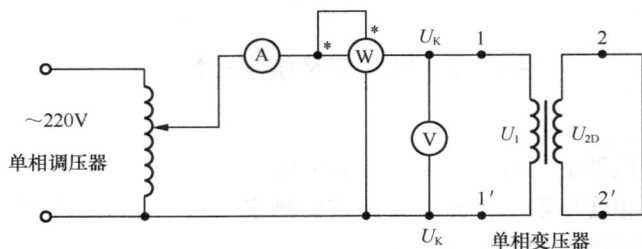

图 1.21　单相变压器短路实验原理

短路实验一般在高压侧进行，即高压端经调压器接电源，低压端直接短路。

4. 短路实验步骤

（1）为避免出现过大的短路电流，在接通电源之前，必须先将调压器调至输出电压为零的位置，然后才能合上电源开关。

（2）电压从零值开始增加，调节过程要非常缓慢，开始时稍加一个较小的电压，检查各仪表是否正常运行。

（3）各仪表正常后，逐渐缓慢地增加电压数值，并监视电流表的读数，使短路电流升高至额定值的 1.1 倍，把各表读数记录在自制的表格中。

（4）缓慢逐渐降低电压，直至电流减小至额定值的一半。在从 $1.1I_N$ 往 $0.5I_N$ 调节的过程中读取 5~6 组数据，包括额定电流 I_N 点对应的各电表数值，并记录在表格中。

（5）记录电流表（一次侧电流 I_D）、电压表（一次侧电压 U_D）及功率表的读数（$P_0 = P_{Fe} + P_{Cu}$）。

注意：①在空载实验升压过程中，要单方向调节，避免磁滞现象带来的不良影响；②不要带电作业，有问题要首先切断电源，再进行操作；③短路实验应尽快进行，否则绕组过热，绕组电阻增大，会带来测量误差。

5. 变压器绕组同极性端判别实验原理

单相变压器绕组同极性端判别实验原理如图 1.22 所示。

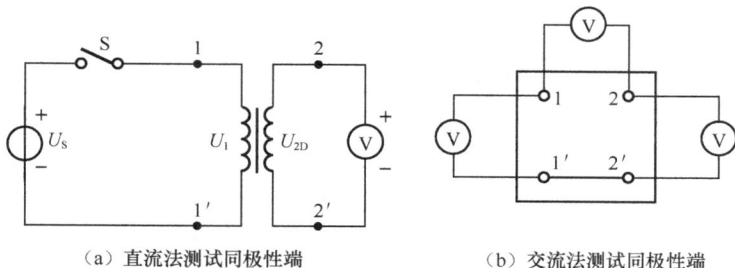

（a）直流法测试同极性端　　　　　　（b）交流法测试同极性端

图 1.22　单相变压器绕组同极性端判别实验原理

6. 变压器绕组同极性端判别实验原理及步骤

变压器的同极性端（同名端）是指通过各绕组的磁通发生变化时，在某一瞬间，各绕组上感应电动势或感应电压极性相同的端钮。根据同极性端，可以正确连接变压器绕组。变压器同极性端的测定原理及步骤如下。

（1）直流法测试同极性端。

① 按照图 1.22（a）所示接线。直流电压的数值根据实验变压器的不同而选择合适的值，一般可选择 6V 以下的数值。直流电压表置于 20V 量程，注意其极性。

② 电路连接无误后，闭合电源开关 S，在 S 闭合瞬间，一次侧电流由无到有，必然在一次侧绕组中引起感应电动势 e_{L1}，根据楞次定律判断 e_{L1} 的方向，该方向应与一次侧电压参考方向相反，即下 "−" 上 "+"；S 闭合瞬间，变化的一次侧电流的交变磁通不但穿过一次侧，同时由于磁耦合穿过二次侧，因此在二次侧也会引起一个互感电动势 e_{M2}，e_{M2} 的极性可由接在二次侧的直流电压表的偏转方向确定：当电压表正偏时，e_{M2} 的极性为上 "+" 下 "−"，即与电压表极性一致；如指针反偏，则表示 e_{M2} 的极性为上 "−" 下 "+"。

③ 将测试结果填写在自制的表格中。

（2）交流法测试同极性端。

① 按照图 1.22（b）所示接线。可在一次侧接交流电压源，电压的大小根据实验变压器的不同而选择合适的值。

② 电路原理图中 1′ 和 2′ 之间的黑色粗实线表示将变压器两侧的一对端子进行串联，可串接在两侧任意一对端子上。

③ 连接无误后接通电源。用电压表分别测量两绕组的一次侧电压、二次侧电压和总电压。若测量结果为 $U_{12}=U_{11'}+U_{2'2}$，则导线相连的一对端子为异极性端；若测量结果为 $U_{12}=U_{11'}-U_{2'2}$，则导线相连的一对端子为同极性端。

④ 将测试结果填写在自制的表格中。

四、思考题

1. 变压器进行空载实验时，连接原则有哪些？短路实验呢？

2. 用直流法和交流法测得变压器绕组的同极性端是否一致？为什么要研究变压器的同极性端？其意义如何？

3. 如何根据变压器绕组引出线的粗细区分一次侧、二次侧绕组？

模块 1 自测题

一、填空题

1. _____损耗称为不变损耗；_____损耗称为可变损耗。

2. 变压器空载电流的_____分量很小，_____分量很大，因此空载的变压器，其功率因数_____，而且是_____性的。

3. 电压互感器实质上是一个_____变压器，在运行中二次侧绕组不允许_____；电流互感器实质上是一个_____变压器，在运行中二次侧绕组不允许_____。从安全使用的角度出发，两种互感器在运行中，其_____绕组都应可靠接地。

4. 变压器是既能变换_____、变换_____，又能变换_____的电气设备。变压器在运行中，只要_____和_____不变，其工作主磁通 Φ 将基本维持不变。

5. 三相变压器的一次侧额定电压是指_____值，二次侧额定电压指_____值。

6. 变压器空载运行时，其_____很小而_____也很小，所以空载时的总损耗近似等于_____损耗。

7. 自然界的物质根据导磁性能的不同一般可分为_____物质和_____两大类。其中_____物质内部无磁畴结构，而_____物质的相对磁导率远大于1。

8. _____经过的路径称为磁路。其单位有_____和_____。

9. 发电厂向外输送电能时，应通过_____变压器将发电机的出口电压进行变换后输送；分配电能时，需通过_____变压器将输送的_____变换后供应给用户。

二、判断题

1. 变压器的损耗越大，其效率就越低。　　　　　　　　　　　　（　　　）
2. 变压器从空载到满载，铁芯中的工作主磁通和铁损耗基本不变。（　　　）
3. 变压器无论带何性质的负载，当负载电流增大时，输出电压都必降低。（　　　）
4. 电流互感器运行中二次侧不允许开路，否则会感应出高电压而造成事故。（　　　）
5. 防磁手表的外壳是用铁磁性材料制作的。　　　　　　　　　　（　　　）
6. 变压器是只能变换交流电，不能变换直流电。　　　　　　　　（　　　）
7. 自耦变压器由于一次侧、二次侧有电的联系，所以不能作为安全变压器使用。（　　　）
8. 无论何种物质，内部都存在磁畴结构。　　　　　　　　　　　（　　　）
9. 磁场强度 H 的大小不仅与励磁电流有关，还与介质的磁导率有关。（　　　）

三、单项选择题

1. 变压器若带感性负载，从轻载到满载，其输出电压将会（　　　）。
   A. 升高　　　　　　　　　　B. 降低
   C. 不变　　　　　　　　　　D. 无法判断

2. 电压互感器实际上是降压变压器，其一次侧、二次侧匝数及导线截面情况是（　　　）。
   A. 一次侧匝数多，导线截面积小　　B. 二次侧匝数多，导线截面积小

3. 自耦变压器不能作为安全电源变压器的原因是（　　　）。
   A. 公共部分电流太小　　　　B. 一次侧、二次侧有电的联系
   C. 一次侧、二次侧有磁的联系　D. 一次侧、二次侧什么联系都没有

4. 决定电流互感器一次侧电流大小的因素是（　　　）。

    A. 二次侧电流　　　　　　　　　　B. 二次侧所接负载

    C. 变流比　　　　　　　　　　　　D. 被测电路

5. 若电源电压高于额定电压，则变压器空载电流和铁损耗比原来的数值将（　　　）。

    A. 减少　　　　　　B. 增大　　　　　　C. 不变　　　　　　D. 无法判断

6. 说法错误的是（　　　）。

    A. 变压器是一种静止的电气设备　　B. 变压器可用来变换电压

    C. 变压器可用来变换阻抗　　　　　D. 变压器可用来变换频率

7. 变压器的分接开关是用来（　　　）的。

    A. 调节阻抗　　　　B. 调节相位　　　　C. 调节输出电压　　　　D. 调节输出阻抗

8. 为了提高铁芯的导磁性能、减少铁损耗，中、小型电力变压器的铁芯多采用（　　　）制成。

    A. 整块钢材

    B. 0.35mm 厚、彼此绝缘的硅钢片叠装

    C. 2mm 厚、彼此绝缘的硅钢片叠装

    D. 0.5mm 厚、彼此不绝缘的硅钢片叠装

9. 单相变压器至少由（　　　）个绕组组成。

    A. 2　　　　　　　　B. 4　　　　　　　　C. 6　　　　　　　　D. 3

10. 一台三相的连接组别标号为 Y，y0，其中 Y 表示变压器的（　　　）。

    A. 高压绕组为三角形连接　　　　　B. 高压绕组为星形连接

    C. 低压绕组为三角形连接　　　　　D. 低压绕组为星形连接

11. 电压互感器实质上是一个（　　　）。

    A. 电焊变压器　　　　　　　　　　B. 降压变压器

    C. 升压变压器　　　　　　　　　　D. 自耦变压器

四、简答题

1. 变压器的负载增加时，其一次侧绕组中电流怎样变化？铁芯中工作主磁通怎样变化？输出电压是否一定要降低？

2. 若电源电压低于变压器的额定电压，输出功率应如何适当调整？若负载不变会引起什么后果？

3. 变压器能否改变直流电压？为什么？

4. 铁磁性材料具有哪些磁性能？

5. 硬磁性材料的特点有哪些？

6. 为什么铁芯不用普通的薄钢片而用硅钢片？制作电机、电器的芯子能否用整块铁芯或不用铁芯？

7. 具有铁芯的线圈电阻为 R，加直流电压 U 时，线圈中通过的电流 I 为何值？若铁芯有气隙，当气隙增大时电流和磁通哪个改变？为什么？若线圈加的是交流电压，当气隙增大时，线圈中电流和磁路中磁通又是哪个变化？为什么？

8. 为什么电流互感器在运行时二次侧绕组不允许开路？而电压互感器在运行时二次侧绕组不允许短路？

9. 电弧焊工艺对电焊变压器有何要求？如何满足这些要求？电焊变压器的结构特点有哪些？

10. 自耦变压器的结构特点是什么？使用自耦变压器的注意事项有哪些？

五、计算题

1. 一台容量为 20kV·A 的照明变压器，它的电压为 6600V/220V，它能够正常供应 220V、40W 的白炽灯多少盏？能供给 $\cos\varphi=0.6$、电压为 220V、功率为 40W 的日光灯多少盏？

2. 已知输出变压器的变比 $k=10$，二次侧所接负载电阻为 8Ω，一次侧信号源电压为 10V，内阻 $R_0=200\Omega$，求负载上获得的功率。

模块 2 异步电动机

学 习 引 导

电动机是利用通电线圈（定子绕组）在气隙中产生旋转磁场并作用于转子导体，使闭合的转子导体形成对转轴的电磁力矩，从而带动机械运转的一种设备。按使用电源的不同，电动机可分为直流电动机和交流电动机，其中，交流电动机在电力系统中得到了广泛应用。交流电动机又分为同步电动机和异步电动机。其中，异步电动机启动、调速、正反转和制动等方面的控制具有简单方便、速度快且效率高的特点，因此广泛应用于工农业生产和自动控制系统中。

学 习 目 标

【知识目标】

了解三相异步电动机的结构，理解三相异步电动机的工作原理，熟悉三相异步电动机的铭牌数据，了解单相异步电动机的组成和工作原理，理解和掌握异步电动机的电磁转矩和机械特性，理解和掌握三相异步电动机的控制技术，了解三相异步电动机的选择原则。

【技能目标】

理解三相异步电动机的启动、调速、正反转与制动的控制方法，具有对三相异步电动机的启动、正反转进行控制的能力。

【素养目标】

科技创新始终是一个国家发展的重要力量，也始终是推动人类社会进步的重要力量。在本模块的学习过程中，学习者应通过查阅相关资料，了解和认识我国当前电动机的高效性、高可靠性以及智能化水平。

2.1 三相异步电动机的结构和工作原理

提出问题

三相异步电动机在电动机中的地位如何？你了解三相异步电动机的结构吗？你理解三

相异步电动机的工作原理吗？你对三相异步电动机的铭牌数据了解多少？三相异步电动机有什么显著特点？

📚 **知识准备**

三相异步电动机是工业中的关键设备，也是最常见的电动机类型之一，应用领域广泛。例如，工业方面的中小型轧钢设备、各种金属切削机床、轻工机械、矿山机械、通风机、压缩机等，农业方面的水泵、脱粒机、粉碎机及其他农副产品加工机械等，都是用三相异步电动机拖动的。学习三相异步电动机，主要了解和熟悉三相异步电动机的结构特点和应用领域，理解和掌握三相异步电动机的工作原理，包括转子感应、旋转磁场的产生、转矩特性等。三相异步电动机的启动、调速、正反转以及制动等控制方法也需要掌握。

总之，学习三相异步电动机是电气工程相关专业学习的重要内容，对于从事相关行业的人员来说具有重要的实际意义。

三相异步电动机的容量从几十瓦到几千千瓦，在国民经济的各行各业中应用极为广泛。三相异步电动机的缺点是功率因数低、调速性能差。

2.1.1 三相异步电动机的结构

三相异步电动机按结构可分为鼠笼型三相异步电动机和绕线型三相异步电动机，属于典型的三相对称用电设备。

图 2.1 所示为三相异步电动机结构示意。三相异步电动机主要包括定子、转子两大部分和一些辅件。

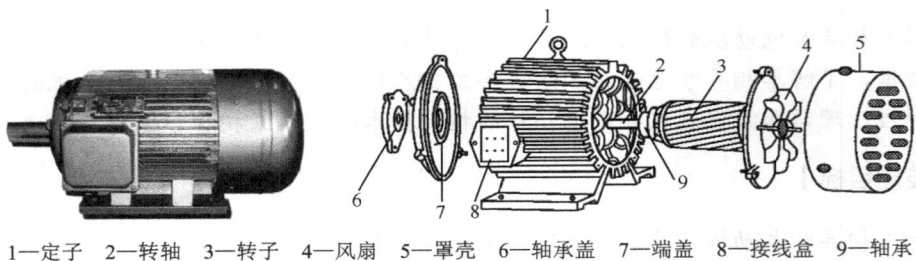

三相异步电动机的结构

1—定子　2—转轴　3—转子　4—风扇　5—罩壳　6—轴承盖　7—端盖　8—接线盒　9—轴承

图 2.1　三相异步电动机结构示意

（1）定子。异步电动机的定子由机座［见图 2.2（a）］、定子铁芯［见图 2.2（b）］、定子绕组等固定部分组成。定子铁芯是电机磁路的一部分，由 0.5mm 厚的硅钢片叠压制成。在定子铁芯硅钢片上，其内圆冲有均匀分布的槽，如图 2.2（c）所示。定子铁芯槽内对称嵌放定子绕组。定子绕组是电动机电路的一部分，三相异步电动机的三相绕组，通常由漆包线绕制而成的多个线圈按一定规则连接后对称嵌入定子铁芯槽中，根据需要可以连接成星形或三角形。三相定子绕组与电源相接的引线，由机座上的接线盒端子板引出。机座是电动机的支架，一般用铸铁或铸钢制成。

（2）转子。电动机的转子由转子铁芯、转子绕组和转轴共 3 部分组成。转子铁芯也是由 0.5mm 厚的硅钢片叠压制成的，在转子铁芯硅钢片的外圆上冲有均匀分布的槽，用来嵌放转子绕组，如图 2.3（a）所示。转子铁芯固定在转轴上。

鼠笼型异步电动机的转子绕组与定子绕组不同，在转子铁芯的槽内浇铸铝导条（或嵌放铜条），两边端部用短路环短接，形成闭合回路，如图 2.3（b）所示。转子外形单独看很像一个松鼠笼子，因此称为鼠笼型异步电动机。

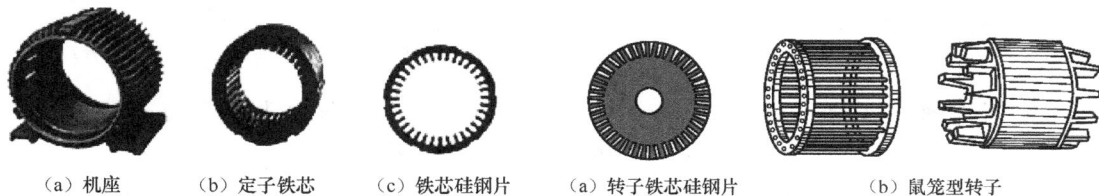

（a）机座　（b）定子铁芯　（c）铁芯硅钢片
图 2.2　电动机机座、定子铁芯及铁芯硅钢片示意

（a）转子铁芯硅钢片　（b）鼠笼型转子
图 2.3　鼠笼型转子结构示意

绕线型异步电动机的转子绕组与定子绕组相似，在转子铁芯槽内嵌放转子绕组，三相转子绕组一般采用星形连接，绕组的 3 根端线分别与装在转轴上的 3 个彼此相互绝缘的铜质滑环相连，通过一套电刷装置引出，与外电路的可调变阻器相连。绕线型转子结构示意如图 2.4 所示。

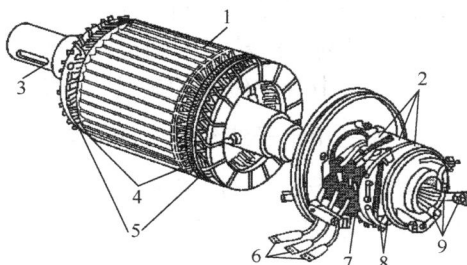

1—转子铁芯　2—滑环　3—转轴　4—三相转子绕组　5—镀锌钢丝箍　6—电刷外接线
7—刷架　8—电刷　9—转子绕组出线头

图 2.4　绕线型转子结构示意

三相异步电动机的转轴由中碳钢制成，转轴的两端由轴承支撑。通过转轴，电动机对外输出机械转矩。

2.1.2　三相异步电动机的工作原理

三相异步电动机是如何转动起来的？

1. 旋转磁场的产生

三相异步电动机若要转动起来，首先需要解决的问题就是如何产生旋转磁场。

电动机的三相定子绕组在空间的安装位置上互差 120°，当向电动机的三相定子绕组中通入图 2.5（a）所示的对称三相交流电流时，就会在定子和转子的内圆空间产生顺时针方向旋转的旋转磁场，如图 2.5（b）所示。

根据电流的波形来观察 $t=0$、$t=T/3$、$t=2T/3$、$t=T$ 等几个时刻产生的旋转磁场。

规定：定子绕组中电流为正值时，由首端流入、尾端流出；电流为负值时，由尾端流入、首端流出，电流产生的磁场方向遵循右手螺旋定则。

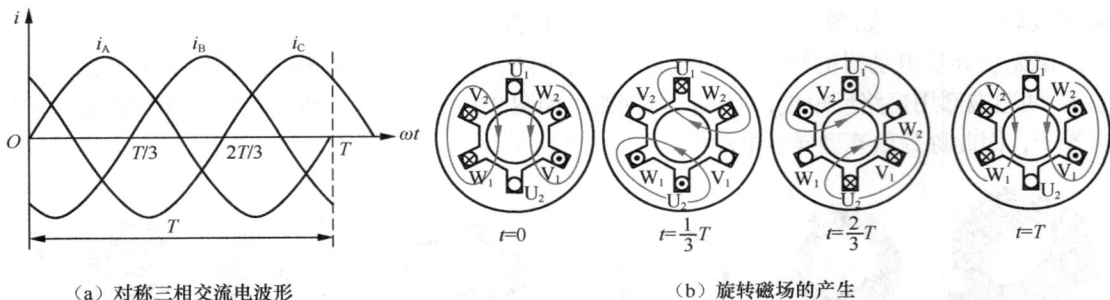

（a）对称三相交流电波形 （b）旋转磁场的产生

图 2.5 对称三相交流电的波形和它产生的旋转磁场

在 $t=0$ 时刻，定子相邻两个绕组中电流的流向一致，它们的合成磁场用右手螺旋定则可判断出为图 2.5（b）所示箭头方向，气隙磁场的方向为上 N 下 S；在 $t=T/3$ 时刻，定子相邻两个绕组中电流的流向仍一致，它们的合成磁场用右手螺旋定则可判断出为图 2.5（b）所示箭头方向，此时气隙磁场沿转子内圆空间顺时针旋转了 120°；在 $t=2T/3$ 时刻，定子相邻两个绕组中电流的流向仍一致，它们的合成磁场用右手螺旋定则可判断出为图 2.5（b）所示箭头方向，气隙磁场沿转子内圆空间又顺时针旋转了 120°；在 $t=T$ 时刻，定子相邻两个绕组中电流的流向仍一致，它们的合成磁场用右手螺旋定则可判断出为图 2.5（b）所示箭头方向，此时气隙磁场相比 $t=0$ 时刻，沿转子内圆空间顺时针旋转了一周。

由图 2.5 可看出，三相定子绕组中合成磁场的旋转方向是由三相定子绕组中电流变化的顺序决定的。上例是在电动机的三相定子绕组 U、V、W 中通入三相正序电流（$i_A \to i_B \to i_C$），旋转磁场按顺时针方向旋转，若通入三相逆序电流，旋转磁场则沿逆时针方向旋转。

实际应用中，若要改变异步电动机的旋转方向，只需改变通入异步电动机三相定子绕组中电流的相序即可。

三相异步电动机旋转磁场的磁极对数用 p 表示，图 2.5 所示为一对磁极时旋转磁场的转动情况。显然，$p=1$ 时，电流每变化一周，旋转磁场在空间也旋转一周。工频情况下，旋转磁场的转速通常以每分多少转（r/min）来计，即

$$n_0 = \frac{60 f_1}{p} \tag{2.1}$$

式中，f_1 为电源频率；n_0 为旋转磁场的转速，也称为同步转速。一对磁极的三相异步电动机同步转速为 3000r/min。

对于一台实体三相异步电动机，磁极对数在制造完成时就已确定好了，因此工频情况下不同磁极对数的三相异步电动机同步转速也是确定的：$p=2$ 时，$n_0=1500$r/min；$p=3$ 时，$n_0=1000$r/min；$p=4$ 时，$n_0=750$r/min；等等。

2. 三相异步电动机的转动原理

三相异步电动机的定子绕组中通入对称三相交流电，在定子、转子之间的气隙中就会产生一个转速为 $60f/p$、转向与电流的相序一致的旋转磁场；固定不动的转子绕组与气隙旋转磁场相切割，从而在转子绕组中产生感应电动势（用右手发电机定则判断）；由于转子绕组自身闭合，感应电动势在转子绕组中生成感应电流而成为载流导体；载流的转子绕组处在旋转磁场中，必定会受到电磁力的作用（用左手电动机定则判断）；不同磁极下的一对

电磁力偶对转轴形成电磁转矩，于是电动机顺着旋转磁场的方向旋转起来，如图 2.6 所示。

图 2.6　异步电动机转动原理

从异步电动机的转动原理可知，转子之所以能够沿着定子旋转磁场的方向转动，首先就是因为定子旋转磁场和转子转速之间存在转差速度 $\Delta n=n_0-n\neq 0$，即旋转磁场的同步转速 n_0 与异步电动机转子的转速 n 不同步。假如 $n=n_0$，即两者同步了，则转子与定子旋转磁场之间的转差速度 $n_0-n=0$，旋转磁场和转子绕组之间的相对切割运动终止，转子绕组不切割旋转磁场，不会产生感应电动势和感应电流，因此不会形成电磁转矩，转子也无法维持正常的转动了。

因此，$n_0>n$ 是异步电动机旋转的必要条件。异步电动机也由此得名。

注意：三相异步电动机定子、转子之间气隙的大小，是决定电动机运行性能的一个重要因素。气隙过大使励磁电流增大，功率因数降低，效率降低；气隙过小，机械加工安装困难，同时在轴承磨损后易使转子和定子相碰。所以异步电动机的气隙一般为 0.2～1.0mm，大型异步电动机的气隙为 1.0～1.5mm，不得过大或过小。

异步电动机的转差速度 Δn 与同步转速 n_0 之比称为转差率，用 s 表示，即

$$s=\frac{n_0-n}{n_0} \tag{2.2}$$

异步电动机的转差率 s 是分析其运行情况的一个极其重要的概念和参量，转差率 s 与电动机的转速、电流等有着密切的关系，转子电路中的各量（感应电动势、感应电流、频率、感抗以及转子电路的功率因数等）均随转差率的变化而变化。由式（2.2）可知，当异步电动机空载运行时，由于异步电动机轴上未接负载，所以异步电动机的转速 n 从 0 迅速增大至近同步转速 n_0，转差率 s 达到最小。显然，异步电动机的转差率随异步电动机转速 n 的升高而减小。但是，在异步电动机刚刚启动一瞬间或发生堵转（$n=0$）时，转差率 $s=1$ 达到最大，旋转磁场和转子导体的相对切割速度达到最大，此时转子、定子中的电流也达到最大，通常为额定值的 4～7 倍。由于异步电动机均具有短时过载能力，因此启动瞬间的过电流现象并不会造成异步电动机的损坏；可一旦发生堵转现象，持续增大的电流将造成异步电动机的烧损事故。

【例 2.1】　有一台三相异步电动机，其额定转速为 975r/min。试求工频情况下电动机的额定转差率及电动机的磁极对数。

【解】　由于电动机的额定转速接近同步转速，所以可得此电动机的同步转速为 1000r/min，磁极对数 $p=3$。额定转差率

$$s_N=\frac{n_0-n}{n_0}=\frac{1000-975}{1000}=0.025$$

2.1.3　三相异步电动机的铭牌数据

若要经济合理地使用三相异步电动机，须先看懂铭牌。现以图 2.7

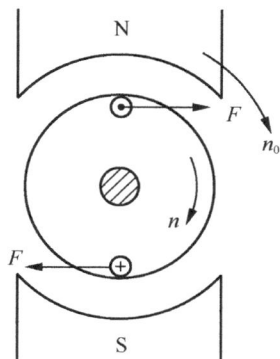

三相异步电动机的
铭牌数据

所示的 Y132M-4 型电动机铭牌为例，介绍铭牌上各个数据的含义。

```
          三相异步电动机
型号   Y132M-4      标准编号           频率   50Hz
功率   7.5kW        电流   15.4A       接法   △
电压   380V         绝缘等级  B        工作方式  连续
转速   1440r/min    工作制  S1
效率   87%
功率因数  0.85
          年     月     编号        ××电机厂
```

图 2.7 三相异步电动机的铭牌数据

1. 型号

为满足不同工作环境及用途的需要，电动机被制成不同系列，每种系列用各种型号表示。其中，Y 表示三相异步电动机（YR 表示绕线型异步电动机，YB 表示防爆型异步电动机，YQ 表示高启动转矩的异步电动机）；132 表示电动机的中心高度为 132mm；M 代表中机座（L 表示长机座，S 表示短机座）；4 表示电动机的磁极数，即此电动机为 4 极电动机。

小型 Y、Y-L 系列鼠笼型异步电动机是取代 JO 系列的新产品，封闭自扇冷式。Y 系列定子绕组采用铜线，Y-L 系列定子绕组采用铝线。电动机功率是 0.55～90kW。同样功率的电动机，Y 系列比 JO 系列体积小、质量轻、效率高。

2. 接法

图 2.8 所示为三相异步电动机定子绕组的接法。根据需要，电动机三相绕组可接成星形［见图 2.8（a）］或三角形［见图 2.8（b）］。图 2.8 中 U_1、V_1、W_1（旧标号是 D_1、D_2、D_3）表示电动机绕组的首端，U_2、V_2、W_2（旧标号是 D_4、D_5、D_6）表示电动机绕组的尾端。

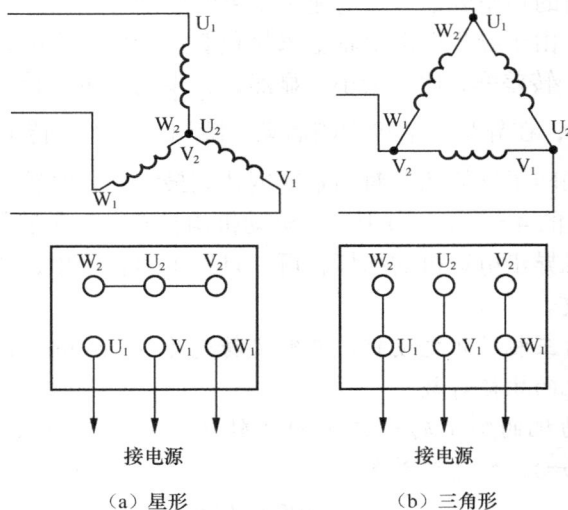

（a）星形   （b）三角形

图 2.8 三相异步电动机定子绕组的接法

3. 额定电压

铭牌上标示的电压值是指电动机在额定状态下运行时定子绕组上应加的线电压值。一般规定电动机的电压不应高于或低于额定值的 5%。

4．额定电流

铭牌上标示的电流值是指电动机在额定状态下运行时的定子绕组的线电流值，是由定子绕组的导线截面和绝缘材料的耐热能力决定的，与电动机轴上输出的额定功率相关联。轴上的机械负载增大到使电动机的定子绕组电流等于额定值时称为满载，超过额定值时称为过载。短时少量过载，电动机尚可承受，长期大量过载将影响电动机使用寿命，甚至烧坏电动机。

5．额定功率和额定效率

铭牌上标示的功率值是电动机在额定状态下运行时轴上输出的机械功率值。电动机输出的机械功率 P_2 与它输入的电功率 P_1 是不相等的。输入的电功率减掉电动机本身的铁损耗 ΔP_{Fe}、铜损耗 ΔP_{Cu} 及机械损耗 ΔP_α 后才等于 P_2。额定情况下的 $P_2=P_N$（P_N 为额定功率）。

输出的机械功率与输入的电功率之比，称为电动机的效率，即

$$\eta = \frac{P_2}{P_1} \times 100\% = \frac{P_2}{P_2 + \Delta P_{Fe} + \Delta P_{Cu} + \Delta P_\alpha} \times 100\% \qquad (2.3)$$

6．功率因数

电动机是感性负载，因此功率因数较低，在额定负载时为 0.7～0.9；在空载和轻载时更低，只有 0.2～0.3。因此异步电动机不宜运行在空载和轻载状态下，使用时必须正确选择电动机的容量，防止出现"大马拉小车"的浪费现象，并力求缩短空载的时间。

7．转速

由于生产机械对转速的要求各有差异，因此需要生产不同转速的电动机。电动机的转速与磁极对数有关，磁极对数越多的电动机转速越低。

8．极限温度与绝缘等级

电动机的绝缘等级是按其绕组所用的绝缘材料在使用时允许的极限温度来划分的。所谓极限温度，是指电动机绝缘结构最热点的最高容许温度。其技术数据见表2.1。

表2.1　　　　　　　　　　　异步电动机的极限温度与绝缘等级

绝缘等级	A	E	B	F	H
极限温度/℃	105	120	130	155	180

9．工作方式

异步电动机的工作方式即运行情况，可分为3种：连续运行、短时运行和断续运行。其中连续运行工作方式用 S_1 表示；短时运行工作方式用 S_2 表示，分为 10min、30min、60min、90min共4种；断续运行工作方式用 S_3 表示。

💡 **工程实例**

【确定三相异步电动机的额定电流和额定转差率】

　　案例：有一台 JO-62-4 型三相异步电动机，其铭牌数据为：10kW、380V、50Hz，三角形接法，$n_N=1450r/min$，$\eta=87\%$，$\cos\varphi=0.86$。试分析该电动机的额定电流和额定转差率。

　　分析：从该异步电动机的铭牌数据可知，其定子绕组采用三角形接法，所以加在电动机各相定子绕组上的电压等于电源线电压 380V，由于三相异步电动机采用对称三相负载，所

以三相绕组中通过的电流也是对称的，3 个线电流也是对称的，因此可按单相分析方法进行具体分析。首先，根据铭牌数据中的额定功率及额定效率可求得该电动机输入的电功率

$$P_1 = \frac{P_2}{\eta} = \frac{10}{0.87} \approx 11.5\,(\text{kW})$$

再由三相电功率的计算公式 $P_1 = \sqrt{3}U_1I_1\cos\varphi$ 进一步求出额定电流

$$I_N = \frac{11500}{\sqrt{3}\times380\times0.86} \approx 20.3\,(\text{A})$$

最后根据铭牌数据可知电动机为 4 极电动机，所以 $p=2$，同步转速 $n_0 = 1500\text{r/min}$，额定转差率

$$s_N = \frac{1500-1450}{1500} \approx 0.033$$

结论：该电动机额定电流约为 20.3A；额定转差率约为 0.033。

思考与问题

1. 试述鼠笼型三相异步电动机名称的由来。
2. 如何从异步电动机结构上识别出鼠笼型和绕线型？两者的工作原理相同吗？
3. 何为异步电动机的转差速度、转差率？异步电动机处在何种状态时转差率最大？最大转差率等于多少？何种状态下转差率最小？最小转差率又为多大？
4. 已知三台异步电动机的额定转速分别为 1450r/min、735r/min 和 585r/min，它们的磁极对数各为多少？额定转差率又为多少？
5. 三相异步电动机启动前有一根电源线断开，接通电源后该三相异步电动机能否转动起来？若三相异步电动机在运行过程中"缺相"，情况又如何？

2.2 异步电动机的电磁转矩和机械特性

提出问题

什么是异步电动机的电磁转矩？异步电动机的电磁转矩包括哪几个重要值？什么是异步电动机的机械特性？机械特性在分析异步电动机的实际运转情况时有何作用？

知识准备

由异步电动机的转动原理可知，驱动异步电动机的电磁转矩是由转子导体中的电流与旋转磁场每极磁通相互作用产生的，因此称为电磁转矩。

异步电动机的机械特性是指电动机运行时，其转速与电磁转矩之间的关系，即 $n=f(T)$。

2.2.1 异步电动机的电磁转矩

异步电动机的电磁转矩是它的一个重要参数。因为异步电动机的电

异步电动机的电磁转矩

磁转矩是由转子绕组中电流与旋转磁场相互作用产生的，所以电磁转矩 T 的大小与旋转磁场的主磁通 Φ 及转子电流 I_2 有关。

异步电动机的电磁关系与变压器类似，定子绕组相当于变压器的一次侧绕组，闭合状态的转子绕组相当于变压器的二次侧绕组，旋转磁场主磁通相当于变压器中的主磁通。其数学表达式也与变压器的数学表达式相似，旋转磁场每极下的工作主磁通为

$$\Phi \approx \frac{U_1}{4.44 k_1 f_1 N_1} \tag{2.4}$$

式中，U_1 是定子绕组相电压；k_1 是定子绕组结构常数；f_1 是电源频率；N_1 是定子每相绕组的匝数。由于 k_1、f_1 和 N_1 都是常数，因此旋转磁场每极下的主磁通 Φ 与外加电压 U_1 成正比。根据主磁通原理可知，当 U_1 恒定不变时，Φ 基本上保持不变。

异步电动机的转子以（$n_1 - n$）的相对速度与旋转磁场相切割，转子电路的频率

$$f_2 = \frac{n_1 - n}{60} p = \frac{n_1 - n}{n_1} \times \frac{n_1}{60} p = s f_1 \tag{2.5}$$

可见，转子电路的频率与转差率 s 有关，s 越小，转子电路频率越低，当电动机的转速 $n=0$，转差率 $s=1$ 时，$f_2=f_1$。

电动机的气隙旋转磁场工作磁通不仅与定子绕组相交链，同时也交链着转子绕组，在转子绕组中产生的感应电动势

$$E_2 = 4.44 k_2 f_2 N_2 \Phi = 4.44 k_2 s f_1 N_2 \Phi = s E_{20} \tag{2.6}$$

式中，k_2 是转子绕组结构常数；N_2 是转子绕组的匝数。

电动机的转子电流是由转子电路中的感应电动势 E_2 和阻抗 $|Z|_2$ 共同决定的，即

$$I_2 = \frac{E_2}{|Z|_2} = \frac{s E_{20}}{\sqrt{R_2^2 + s X_{20}^2}} \tag{2.7}$$

式（2.7）表明，转子电路的感应电动势随转差率的增大而增大，转子电路阻抗虽然也随转差率的增大而增大，但增加量与感应电动势相比较小，因此，转子电路中的电流随转差率的增大而上升。若转差率 $s=0$，则 $I_2=0$；当 $s=1$ 时，I_2 最大，其值为额定转速下转子电路电流 I_{2N} 的 4～7 倍。

由于转子电路中存在电抗 X_{20}，因而使转子电流 I_2 滞后转子感应电动势 E_2 一个相位差 φ_2，转子电路的功率因数

$$\cos \varphi_2 = \frac{R_2}{\sqrt{R_2^2 + s X_{20}^2}} \tag{2.8}$$

显然，转子电路的功率因数随转差率 s 的增大而减小。当电动机的转速 n 接近同步转速 n_0，转差率 $s \approx 0$ 时，$\cos \varphi_2 \approx 1$；当 $s=1$ 时，$\cos \varphi_2$ 的值很小，通常只有 0.2～0.3。

经实验和数学推导证明，异步电动机的电磁转矩与气隙磁通及转子电流的有功分量成正比，其关系式为

$$T = K_T \Phi I_2 \cos \varphi_2 \tag{2.9}$$

式中，K_T 是电动机结构常数。将式（2.4）、式（2.7）和式（2.8）代入式（2.9）

可得

$$T = K_T U_1^2 \frac{sR_2}{R_2^2 + sX_{20}^2} \tag{2.10}$$

式（2.10）表明，电磁转矩与电源电压的平方成正比，即 $T \propto U_1^2$。显然，当电源电压有效值 U_1 一定时，电磁转矩 T 是转差率 s 的函数。因此，异步电动机运行时，电源电压的波动对电动机的运行会造成很大的影响。$T=f(s)$ 关系曲线如图 2.9 所示，称为异步电动机的转矩特性曲线。

转矩特性曲线中的 s_m 称为临界转差率，对应电动机的最大电磁转矩。

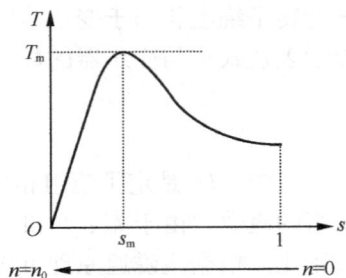

图 2.9　异步电动机的转矩特性曲线

最大电磁转矩 T_m 与额定转矩 T_N 之比是最大转矩倍数，也称作过载能力，用 λ_m 表示，即

$$\lambda_m = \frac{T_m}{T_N}$$

λ_m 是异步电动机的一个重要性能指标，它体现了电动机的适时过载极限能力。一般 Y 系列电动机的 λ_m 在 1.8～2.2。

异步电动机开始启动时，转速 $n=0$，转差率 $s=1$，此时对应的电磁转矩为启动转矩，用 T_{st} 表示。T_{st} 反映了异步电动机的启动能力。一般情况下，异步电动机的 T_{st}/T_N 均大于 1.0，高启动转矩的鼠笼型异步电动机，T_{st}/T_N 可达 2.0 左右。绕线型异步电动机的启动能力更强，T_{st}/T_N 可达 3.0 左右。

必须指出：$T \propto U_1^2$ 的关系并不意味着异步电动机的工作电压越高，异步电动机实际输出的转矩就越大。在异步电动机稳定运行的情况下，无论电源电压是高是低，其输出机械转矩的大小，只取决于负载阻转矩的大小。换言之，当异步电动机产生的电磁转矩 T 等于来自转轴上的负载阻转矩 T_L 时，异步电动机在某一速度下稳定运行；当 $T>T_L$ 时，异步电动机加速运行；当 $T<T_L$ 时，异步电动机将减速运行直至停转。

2.2.2　异步电动机的固有机械特性

当异步电动机电磁转矩改变时，异步电动机的转速随之发生变化，这种反映转子转速和电磁转矩之间对应关系 $n=f(T)$ 的曲线，称为异步电动机的固有机械特性曲线，如图 2.10 所示。异步电动机的固有机械特性由电动机本身的结构、参数所决定，与负载无关。

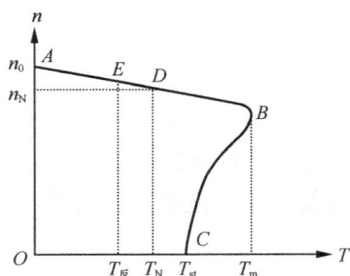

异步电动机的固有机械特性

图 2.10　异步电动机的固有机械特性曲线

固有机械特性曲线上的 AB 段称为异步电动机的稳定运行段。一般情况下，异步电动机只能运行在稳定运行段。在稳定运行段运行时，显然电动机的转速 n 随输出转矩的增大

略有下降，说明异步电动机具有较硬的机械特性。当负载阻转矩增大和减小时，异步电动机的转速随之减小和增大，最后都将以某一转速稳定在转矩和机械特性的交点上，如 E 点和 D 点。

CB 段称为启动运行段。对于转矩不随转速变化的负载，不能稳定运行在此段，因此也称启动运行段为不稳定运行区。异步电动机开始启动的最初一瞬间，必有 $T_{st}>T_反$（$T_反$为反力矩）才能使电动机由 C 点从 n=0 加速，沿曲线经 B 点时仍在加速，直到电动机的电磁转矩 T 等于额定转矩 T_N 时，异步电动机才能稳定在 D 点运行，对应的转速 n=n_N。启动运行段内，异步电动机始终处于不稳定的过渡状态。

曲线上 D 点对应的转矩称为额定转矩，用 T_N 表示。T_N 反映了异步电动机带额定负载时的电磁转矩。异步电动机轴上输出的机械功率为 $P_2=T\omega$，其机械转矩遵循下述公式。

$$T_N = \frac{P_{2N}}{\omega_N} = \frac{P_{2N}\times 10^3}{\frac{2\pi n_N}{60}} \approx 9550\frac{P_{2N}}{n_N} \tag{2.11}$$

式中，P_{2N} 是异步电动机额定状态下输出的机械功率，单位是千瓦（kW）；额定转速 n_N 的单位是转/分（r/min）；T_N 是异步电动机在额定负载时产生的电磁转矩，可由异步电动机铭牌上的额定数据查得，单位是牛·米（N·m）。

特殊用途的异步电动机，如起重机所用电动机、冶金机械所用电动机的过载系数 λ_m 可超过 2.0。异步电动机都具有一定的过载能力，目的是给电动机的工作留有余地，使电动机在工作时突然受到冲击性负荷的情况下，不至于因电动机转矩低于负载阻转矩而发生停机事故，从而保证电动机运行时的稳定性。为了避免电动机出现过热现象，一般不允许电动机在超过额定转矩的情况下长期运行。

以上讨论的最大电磁转矩 T_m、启动转矩 T_{st} 和额定转矩 T_N，是分析异步电动机运行性能的 3 个重要转矩，学习中应充分理解，并在理解的前提下牢固掌握。

2.2.3 异步电动机的人为机械特性

异步电动机的机械特性，表明了电动机的电磁转矩 T 随转差率 s 变化而变化的情况（机械特性通常指电动机的电磁转矩与转速间的关系，而在异步电动机中，这种关系间接地通过转差率体现出来）。但在实际应用中，我们更关心的是电动机的转速 n 因外部负载阻转矩 T_L 的变化而变化的情况，也就是电动机适应外界负载变化的能力，即人为地改变异步电动机的定子绕组端电压 U_1、电源频率 f_1、定子磁极对数 p、定子回路电阻或电抗、转子回路电阻或电抗中的一个或多个参数后，所获得的机械特性，称为人为机械特性。

1. 降低定子端电压 U_1 时的人为机械特性

由于设计异步电动机时，在额定电压下磁路已经饱和，如果升高电压会使励磁电流猛增，使异步电动机严重发热，甚至烧坏，故一般只能得到降压时的人为机械特性。

绘制降低 U_1 的人为机械特性曲线，先绘出固有机械特性曲线，在不同的转速（或转差率）处，将固有机械特性曲线上的转矩值乘以电压变化后与变化前比值的平方，即得人为机械特性曲线上对应的转矩值，如图 2.11 所示。

降低电压以后，最大转差率 s_m 和旋转磁场转速 n_1 与 U_1 无关，保持不变。值得注意的是：最大电磁转矩 T_m 及启动转矩 T_{st} 均与 U_1^2 成比例地显著下降。

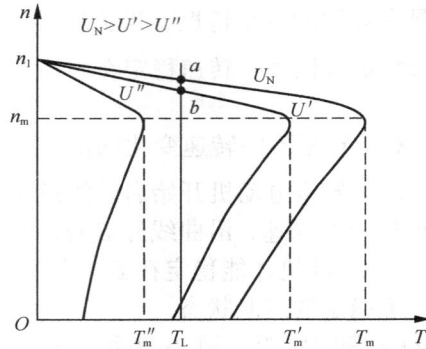

图 2.11　异步电动机减压时的人为机械特性曲线

应当指出，如果负载阻转矩接近额定值，降低电源电压对电动机的运行是极为不利的。因为当负载为额定值不变时，若电源电压因故降低，气隙主磁通减小，但转速变化不大，其功率因数 $\cos\varphi_2$ 变化不大，则从公式 $T_{em} = C_T'\Phi_0 I_2'\cos\varphi_2$（$C_T'$ 为系数，Φ_0 为气隙磁通）可知，转子电流 I_2' 要增大，使定子电流 I_1 相应增大。从电动机的损耗看，虽然 Φ_0 的减小能降低一部分铁损耗，但铜损耗与电流的平方成正比，若电动机长期低压运行，会使电动机过热甚至烧坏。

2. 定子回路串接三相对称电阻时的人为机械特性

当其他量不变，仅在异步电动机定子回路串入三相对称电阻 R_f 时的人为机械特性如图 2.12 所示。s_m、T_m 及 T_{st} 都随 R_f 的增大而减小。定子串入对称电阻，一般用于鼠笼型异步电动机的降压启动，以限制启动电流。

3. 转子回路串入三相对称电阻的人为机械特性

在绕线型异步电动机的转子回路串入三相对称电阻 R_P，其他条件都与固有机械特性时一样，所获得的人为机械特性称为转子回路串三相对称电阻的人为机械特性，如图 2.13 所示。

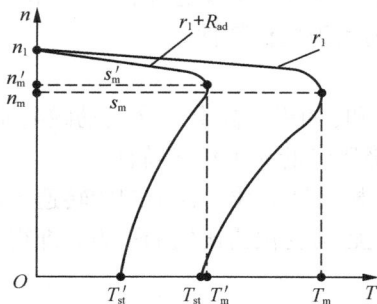

图 2.12　异步电动机定子回路串三相对称电阻的
人为机械特性

图 2.13　绕线型异步电动机转子回路串三相对称电阻的
人为机械特性

转子回路串入三相对称电阻的人为机械特性的特点如下。

（1）同步转速 n_1 不变，不同 R_P 的人为机械特性曲线都通过固有机械特性的同步点 n_1。

（2）转子回路串电阻后，最大电磁转矩 T_m 不变，但临界转差率 s_m 随着 R_P 的增大成正比地增大，而 n_m 随 R_P 的增大而减小。

（3）转子回路串电阻后，T_{st} 值将改变，开始随 R_P 的增大而增大。但当 $s_m=1$ 时，$T_{st}=T_m$，若 R_P 继续增大，当 $s_m>1$ 以后，T_{st} 将随 R_P 的增大而减小。

绕线型异步电动机在转子回路中串接三相对称电阻，可用于对绕线型异步电动机速度的平滑调节，还适用于改善绕线型异步电动机的启动性能。

工程实例

【拆卸与装配三相异步电动机】

案例：在检查、清洗、拆换轴承和修理电动机绕组时，都需要拆卸和装配电动机。检修时如果方法不得当，不但修不好电动机，反而会造成新的电动机故障，从而达不到检修目的。所以，在检修电动机时应先熟悉电动机拆卸与装配技术。

实施方案：异步电动机在拆卸前应做好各项准备工作和检查记录工作。

首先应熟悉被拆卸电动机的类型及结构特点，并标好线头相序，在端盖、轴承盖等处标上记号。然后按下列顺序拆卸鼠笼型三相异步电动机。

1. 拆卸皮带轮、前轴承外盖及前端盖；
2. 拆卸风叶罩和风叶；
3. 拆卸后轴承外盖与后端盖，然后抽出转子；
4. 拆卸前轴承及前轴承内盖；
5. 拆卸后轴承内盖。

装配时应注意和拆卸顺序相反。

思考与问题

1. 三相异步电动机的转矩与电源电压之间的关系如何？若在运行过程中电源电压降为额定值的 60%，而负载不变，三相异步电动机的转矩、电流及转速有何变化？
2. 为什么增加三相异步电动机的负载时，定子电流会随之增加？
3. 如果绕线型三相异步电动机的定子、转子三相绕组开路，则这台电动机能否转动？
4. 三相异步电动机中的气隙大小对电动机运行有何影响？
5. 已知三相异步电动机运行在额定状态下，当负载增大、电压升高、频率升高时，试分别分析电动机的转速和电流的变化情况。

2.3 异步电动机的电力拖动及控制技术

提出问题

你对异步电动机电力拖动的基础知识了解多少？异步电动机的控制技术包括哪些方面？

三相异步电动机什么情况下需要降压启动？三相异步电动机的调速有什么特点？三相异步电动机的正转或反转主要取决于什么？三相异步电动机的制动和自由停车有何区别？在选择三相异步电动机时应注意哪些方面？

知识准备

三相异步电动机的控制技术包括启动控制、连续运转控制、正反转控制、调速控制以及制动控制等。

电动机拖动生产机械运动的情况随生产机械的不同而不同。有的生产机械如电梯、起重机等，启动时的负载阻转矩与正常运行时相同；机床电动机在启动过程中接近空载，待转速接近稳定时再加负载；鼓风机在启动时只有很小的静摩擦转矩，而转速一旦升高，负载阻转矩则很快增大；生产机械中还有一些电动机需频繁启动、停止等。这些都对电动机的启动控制、制动控制以及调速控制提出了不同的要求。

2.3.1 电力拖动的基础知识

采用电动机拖动生产机械，并满足生产工艺过程中各种要求的系统，称为电力拖动系统。更通俗一点地说，就是指用电能来驱动和控制生产机械的系统。

电力拖动系统一般由控制设备、电动机、传动机构、生产机械和电源等组成，如图2.14所示。

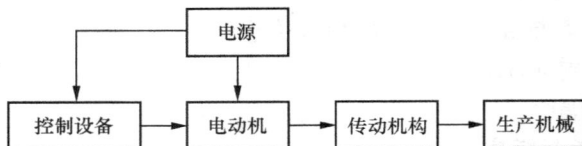

图2.14　电力拖动系统组成框图

电动机作为原动机，通过传动机构拖动生产机械工作；控制设备由各种控制电动机、电器、自动化元器件及工业控制计算机、可编程控制器等组成，用以控制电动机的运行，从而实现对生产机械各种运动的控制；电源用来向电动机和控制设备供电；生产机械则是执行各种运动的机构。

电力拖动系统的生产机械在运动环节中对电动机运转的要求通常包括启动、调速、正反转及制动等方面的控制。

（1）启动控制：异步电动机通电后转子从静止状态到稳定运行状态的过渡过程称为启动控制过程，简称启动。

（2）调速控制：用人为的方法使电动机的转速从某一数值改变到另一数值的过程称为调速控制。

（3）正反转控制：让电动机的旋转方向从正转变为反转，或从反转变为正转的控制方法。

（4）制动控制：采用一定的方法让高速运转的电动机迅速停转的措施称为制动控制。

2.3.2　异步电动机的控制技术

1. 鼠笼型三相异步电动机的启动控制

鼠笼型三相异步电动机的转子无法串接电阻，只有全压启动和降压启动两种方法。

（1）全压启动。异步电动机若要启动成功，必须保证启动转矩 T_{st} 大于来自轴上的负载阻转矩 T_L。T_{st} 和 T_L 之间的差值越大，电动机启动过程越短，但差值过大又会使传动机构受到较大的冲击力而造成损坏。频繁启动的生产机械，其启动时间的长短将对劳动生产率或线路产生一定的影响。例如异步电动机启动的初始时刻，$n=0$，$s=1$，转子绕组以最大转差速度与旋转磁场相切割，因此转子绕组中的感应电流达到最大，一般中、小型鼠笼型异步电动机的启动电流 I_{st} 为额定电流 I_N 的 4～7 倍。这么大的电流为什么不会烧坏异步电动机呢？

启动不同于堵转，异步电动机的启动过程一般都很短，小型异步电动机的启动时间只有零点几秒，大型电动机的启动时间为十几秒到几十秒，从发热的角度考虑，在这么短的时间内尽管通过异步电动机的电流很大，但对异步电动机不会造成永久损害。因为异步电动机一经启动后转速就会迅速升高，相对转差速度很快减小，从而使转子、定子电流很快下降。但是，当异步电动机频繁启动或异步电动机容量较大时，由于热量囤积或过大启动电流在输电线路上造成短时较大压降，仍会对异步电动机造成损坏或影响同一电网上的其他设备的正常工作。

对此，人们对异步电动机的启动提出了要求：启动电流小，启动转矩大，启动时间短和所用启动装置及操作方法尽量简单易行。

同时满足上述几点显然存在困难，实际应用中常根据具体情况适当地选择启动方法。首先要考虑是否需要限制启动电流，若不需要，可用刀闸或其他设备直接将异步电动机与电源相接，这种启动方式称为全压启动或直接启动。

全压启动所需设备简单，操作方便，启动迅速。通常规定，电源容量在 180kV·A 以上、电动机功率在 7kW 以下的三相异步电动机才可采用直接启动的方法。也可遵照下面的经验公式来确定一台电动机能否全压启动：

$$\frac{I_{st}}{I_N} \leqslant \frac{3}{4} + \frac{电源变压器容量（kV·A）}{4 \times 电动机功率（kW）} \tag{2.12}$$

凡不满足全压启动条件的，要考虑限制启动电流，但限制启动电流的同时应保证电动机有足够的启动转矩，并且尽可能采用操作方便、简单经济的启动设备进行降压启动。

（2）定子绕组串接电阻或电抗的降压启动。异步电动机启动时，在定子绕组电路中串入电阻或电抗，使加在异步电动机定子绕组上的相电压低于电源的相电压（定子绕组的额定电压），启动电流 I'_{st} 就会小于全压启动时的启动电流 I_{st}，待异步电动机启动完毕，再将串入定子绕组中的电阻或电抗切除，使异步电动机在额定电压下正常运行。鼠笼型异步电动机定子绕组串接电阻或电抗的降压启动原理电路和等效电路如图 2.15 所示。

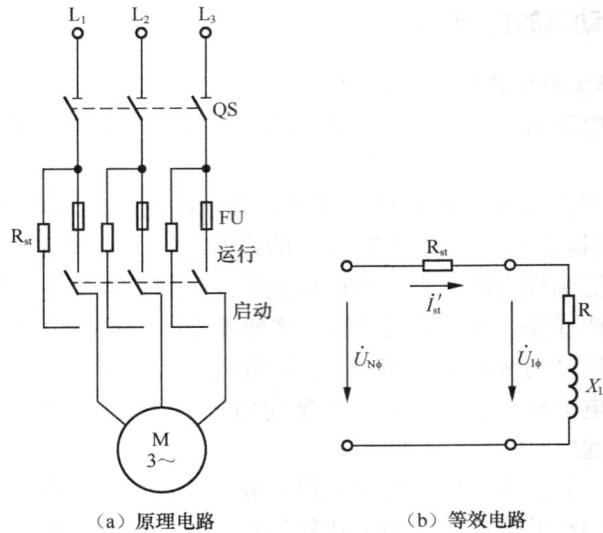

（a）原理电路　　　　　　　（b）等效电路

图 2.15　鼠笼型异步电动机定子绕组串接电阻或电抗的降压启动

这种启动方法具有启动平衡、运行可靠、设备简单等特点，但启动转矩随异步电动机定子绕组相电压的平方降低，因此只适合空载或轻载启动，同时启动时电能损耗较大，所以对大容量的电动机往往采用定子绕组串接电抗降压启动。

（3）Y-△降压启动。图 2.16 所示的启动方法显然只适用于正常运行时定子绕组采用△接法的异步电动机。

降压启动过程：启动时把双向开关 QS₂ 扳到"启动"位置，三相异步电动机的定子绕组即采用 Y 接法，待转速上升到接近额定值时，QS₂ 迅速扳到"运行"位置，则电动机定子绕组切换成△接法运行。

由三相交流电的知识可知：Y 接法启动时线电流是△接法时线电流的 1/3，启动转矩也是△接法时的 1/3。Y-△启动方法设备简单，成本低，操作方便，动作可靠，使用寿命长。目前，Y 系列 4～100kW 的异步电动机均设计成 380V 的△接法，因此这种启动方法得到了广泛的应用。

（4）自耦降压启动。自耦降压启动利用三相自耦变压器来降低加在定子绕组上的电压，如图 2.17 所示，自耦变压器又称为启动补偿器。

启动时，先将开关 QS₂ 扳到"启动"位置，使自耦变压器的高压侧与电网相连，低压侧与电动机定子绕组相连，电源电压经自耦变压器降压后加到异步电动机的三相定子绕组上，当转速接近额定值时，再将 QS₂ 扳到"运行"位置，将自耦变压器切断连接，电动机的定子绕组直接与电网相接，进入正常的全压运行状态。

自耦变压器备有 2～3 个不同的抽头，以便得到不同的电压，用户可依据对启动电流和启动转矩的要求选用。

自耦降压启动的优点是启动电压可根据需要来选择，可获得较大的启动转矩，故在10kW 以上的鼠笼型三相异步电动机中得到了广泛的应用。但是自耦变压器的体积大、成本高，而且经常需要维修。因此，自耦降压启动方法只适用于容量较大或正常运行时不能采用 Y-△降压启动方法的鼠笼型三相异步电动机。

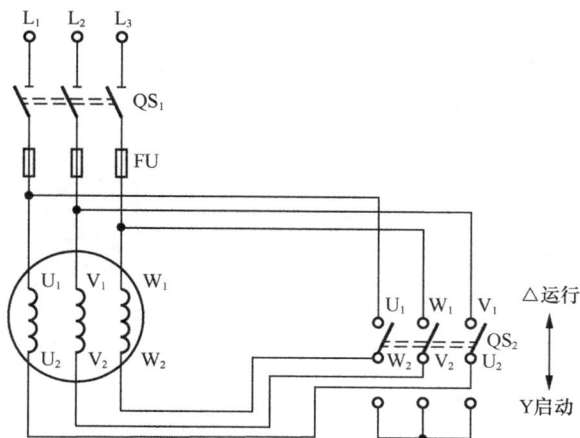

图 2.16 三相异步电动机 Y-△降压启动原理

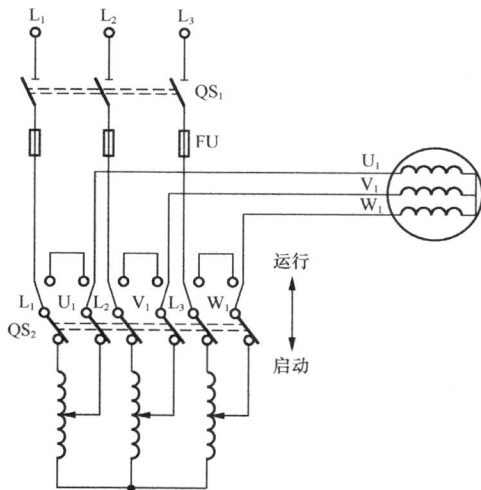

图 2.17 自耦降压启动原理

2. 绕线型三相异步电动机的启动控制

（1）转子串电阻的降压启动。绕线型三相异步电动机启动时，只要在转子电路中串入适当的启动电阻 R_{st}，就可以达到减小启动电流、增大启动转矩的目的，如图 2.18 所示。

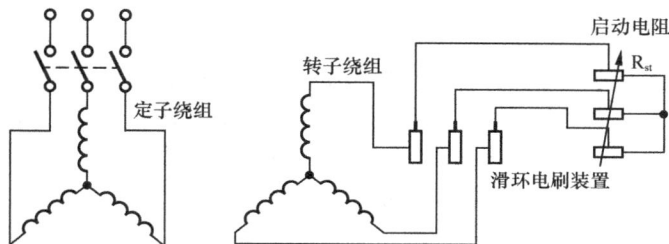

图 2.18 绕线型三相异步电动机转子串电阻降压启动接线

启动过程中逐步切断启动电阻，启动完毕后将启动电阻全部短接，电动机正常运行。

（2）转子串频敏变阻器的降压启动。绕线型三相异步电动机除在转子回路中串电阻降压启动外，目前更多的是在转子回路中接频敏变阻器降压启动。

频敏变阻器是一种阻抗值随频率明显变化、静止的无触点电磁元件。频敏变阻器实质上是一个铁芯损耗很大的三相电抗器，铁芯做成三柱式，由较厚的钢板叠成。3 个钢板柱上每柱绕一个线圈，三相线圈接成星形，然后接到绕线型三相异步电动机的转子绕组上，如图 2.19（a）所示。

图 2.19（b）所示的频敏变阻器，在启动过程中能自动减小阻值，以代替人工切断

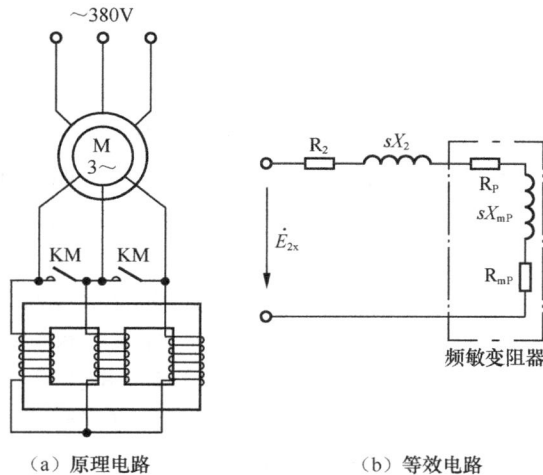

（a）原理电路   （b）等效电路

图 2.19 绕线型三相异步电动机转子串频敏变阻器降压启动

启动电阻。绕线型三相异步电动机转子回路串频敏变阻器降压启动的优点是结构简单、使用方便、寿命长、启动电流小以及启动转矩大，且启动过程平滑性好。

普通鼠笼型异步电动机启动转矩较小，满足不了某些特殊场合生产机械的需求，这时我们可选用具有较大启动转矩的双笼型或深槽型异步电动机。而绕线型三相异步电动机的启动转矩更大，常用于要求启动转矩较大的卷扬机、起重机等设备。

3. 三相异步电动机的调速控制

随着电力电子技术、计算机技术和自动控制技术的迅猛发展，交流电动机的调速技术也在日趋完善，大有取代直流调速的趋势。

用人为的方法使电动机的转速从某一数值改变到另一数值的过程称为调速。

由 $n = (1-s)n_0 = (1-s)\dfrac{60f_1}{p}$ 可知，三相异步电动机的调速方法有变极（p）调速、变频（f_1）调速和变转差率（s）调速3种。

（1）变极调速

这种调速方法只适用于鼠笼型三相异步电动机，不适合绕线型异步电动机。因为鼠笼型异步电动机的转子磁极数是随定子磁极数的改变而改变的，而绕线型异步电动机的转子绕组在转子嵌线时已确定了磁极数，一般情况下很难改变。

采用变极调速的电动机一般每相定子绕组由两个相同的部分组成，这两部分可以串联也可以并联，通过改变定子绕组接法可制作出双速、三速、四速等类型的电动机。变极调速时需有一个较为复杂的转换开关，但整个设备相对来讲比较简单，常用于需要调速而要求又不高的场合。变极调速能做到分级变速，不能实现无级调速。但变极调速比较经济、简便，目前广泛应用于机床中的拖动系统，以简化机床的传动机构。

（2）变频调速

改变电源频率可以改变旋转磁场的转速，同时改变转子的转速。这种调速方法的关键是为电动机设置专用的变频电源，因此成本较高。现在的晶闸管变频电源已经可以把50Hz的交流电源转换成频率可调的交流电源，以实现范围较宽的无级调速，随着电子器件成本的不断降低和可靠性的不断提高，这种调速方法的应用将越来越广泛。

工农业生产中常用的风机、泵类是用电量很大的负载，其中多数在工作中要求调速。若拖动它们的电动机转速一定，用阀门调节流量，相当一部分的功率将消耗在阀门的节流阻力上，导致能量严重浪费，且运行效率很低。如果电动机改为变频调速，靠改变转速来调节流量，一般可节约20%～30%电能，其长期效益远高于增加变频电源的设备费用，因此变频调速是交流调速发展的方向。

控制理论的发展、微机控制技术及大规模集成电路的应用，为交流调速的飞速发展创造了技术和物质条件，使得交流变频技术愈加成熟。目前，我国在交流变频调速技术上也取得了突飞猛进的发展，变频器功能从单一变频调速功能发展为含有逻辑和智能控制等综合功能，使得变频器不仅能实现宽调速，而且可进行伺服控制。

（3）变转差率调速

变转差率调速方法只适用于绕线型异步电动机。在绕线型异步电动机的转子回路中串接可调电阻，恒转矩负载通过调节电阻阻值的大小，可使转差率得到调整和改变。这种变转差率调速的方法，优点是有一定的调速范围，且可做到无级调速，设备简单、操作方便。缺点是能耗较大，效率较低，并且随着调速电阻的增大，机械特性将变软，运行稳定性将变差。一般应用于短时工作制且对效率要求不高的起重设备中。

变转差率调速的特点是电动机同步转速不变。

4. 三相异步电动机的正反转控制

异步电动机的转动方向总是同旋转磁场的旋转方向一致，而旋转磁场的方向取决于通入异步电动机定子绕组中的三相电流的相序。因此，无论采取何种方法，只要把接到异步电动机定子绕组上 3 根电源线中的任意两根对调一下位置，即可使异步电动机从正转改变为反转，或从反转改变为正转。

三相异步电动机
的正反转控制

5. 三相异步电动机的制动控制

正在运行的电动机断电后，由于转子旋转和生产机械的惯性，电动机总要经过一段时间后才能慢慢停转。为了提高生产机械的效率及确保安全，往往要求电动机能够快速停转；而起吊重物的起重用电动机，从安全角度考虑，要求限制电动机不致过速，这时就必须对电动机进行制动控制。三相异步电动机常用的制动控制方法有以下几种。

三相异步电动机
的制动控制

（1）能耗制动

能耗制动原理如图 2.20 所示。当异步电动机三相定子绕组与交流电源断开后，将直流电通入定子绕组，产生固定不动的磁场。转子由于惯性转动，与固定磁场相切割而在转子绕组中产生感应电流，这个感应的转子电流与固定磁场再相互作用，从而产生制动转矩。这种制动方法是把电动机轴上的旋转动能转变为电能，消耗在转子回路电阻上，故称为能耗制动。能耗制动的特点是制动准确、平稳，但需要直流电源，且制动转矩随转速降低而减小。能耗制动的方法常用于生产机械中的各种机床制动。

（2）反接制动

反接制动原理如图 2.21 所示。把与电源相连接的 3 根火线中的任意两根的位置对调，使旋转磁场反向旋转，产生制动转矩。当转速接近零时，利用某种控制电器将电源自动切断。反接制动方法制动动力强，停车迅速，不需要直流电源，但制动过程中冲击力大，电路能量消耗也大。反接制动通常适用于某些中型车床和铣床的主轴制动。

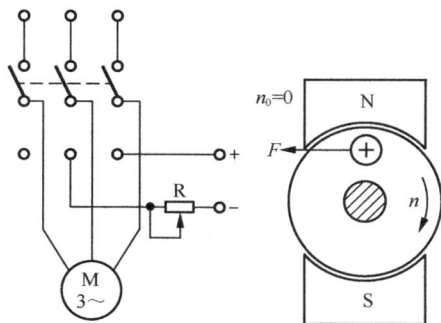

图 2.20 能耗制动原理

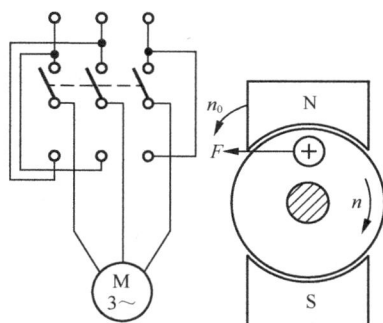

图 2.21 反接制动原理

（3）再生发电制动

再生发电制动原理如图 2.22 所示。在多速电动机从高速调到低速的过程中，磁极对数增加时旋转磁场立即随之减小，但由于惯性，电动机的转速只能逐渐下降，这时出现了 $n > n_0$ 的情况；起重机快速下放重物时，重物拖动转子也会出现 $n > n_0$ 的情况。只要电动机转速 n 超过旋转磁场转速 n_0 的情况发生，电动机将从电动状态转入发电机运行状态，这时转子电流和电磁转矩的方向均发生改变，其中电动机的转矩成为阻止电动机加速、限制转速的制动转矩。在制动过程中，电动机将重物的势能转变为电能再反馈回送给电网，所以再生发电制动也常被称为反馈制动。反馈制动实际上不用于让电动机迅速停转而用于限制电动机的转速。

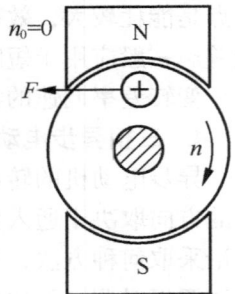

图 2.22　再生发电制动原理

2.3.3　异步电动机的选择

异步电动机的应用很广，它所拖动的生产机械多种多样，要求也各不相同。选用异步电动机应从技术和经济两个方面进行考虑，以实用、合理、经济和安全为原则，正确选用其种类、功率、结构、转速等，以确保安全可靠地运行。

异步电动机的选择

1．种类选择

在异步电动机中，鼠笼型异步电动机结构简单、坚固耐用、工作可靠、维护方便、价格低廉，但调速性能差，启动电流大，启动转矩较小，功率因数较低，一般用于无特殊调速要求的生产机械，如泵类、通风机、压缩机、金属切削机床等。

绕线型异步电动机与鼠笼型异步电动机相比，启动性能和调速性能都较好，但结构复杂，启动、维护较麻烦，价格比较高。它适用于有较大的启动转矩，且要求在一定范围内进行调速的起重机、卷扬机、电梯等。

2．功率选择

异步电动机功率的选择，是由生产机械决定的。如果异步电动机的功率选得过大，虽然能保证正常运行，但成本较高；若异步电动机的功率选得过小，又不能保证异步电动机和生产机械的正常运行，长期过载运行还将导致异步电动机烧坏。异步电动机功率选择的原则是：异步电动机的额定功率等于或稍大于生产机械的功率。

3．结构选择

异步电动机的外形结构，根据使用场合可分为开启式、防护式、封闭式及防爆式等。应根据异步电动机的工作环境来进行选择，以确保其安全、可靠地运行。

开启式异步电动机在结构上无特殊防护装置，但通风散热好、价格便宜，适用于干燥、无灰尘的场所；防护式异步电动机的机壳或端盖处有通风孔，可防雨、防溅及防止铁屑等杂物掉入电动机内部，但不能防尘、防潮，适用于灰尘不多且较干燥的场所；封闭式异步电动机外壳严密封闭，能防止潮气和灰尘进入，但体积较大、散热差、价格较高，常用于多尘、潮湿的场所；防爆式异步电动机外壳和接线端全部密闭，不会让电火花溅到壳外，能防止外部易燃、易爆气体侵入机内，适用于石油、化工企业、煤矿及其他有爆炸性气体

的场所。

4. 转速选择

异步电动机额定转速是根据生产机械的要求来选择的。当异步电动机的功率一定时，转速越高，体积就越小，价格也越低，但需要变速比较大的减速机构。因此，必须综合考虑异步电动机和机械传动等诸方面因素。

工程实例

【三相异步电动机的全压启动及 Y-△ 降压启动】

案例：实验室中操作。在教师指导下进行三相异步电动机的全压启动及 Y-△ 降压启动练习。

操作步骤：在实验室中的三相异步电动机实验装置上，按下列步骤进行操作。

1. 实验电源选择 220V 交流电压。

2. 电动机定子绕组采用 Y 连接，与三相电源通过闸刀开关相连接。

3. 经指导教师检查线路无误，合闸后异步电动机全压启动。观察电动机转速。

4. 在三相异步电动机实验装置上按照图 2.23 所示原理接入 Y-△ 启动器。

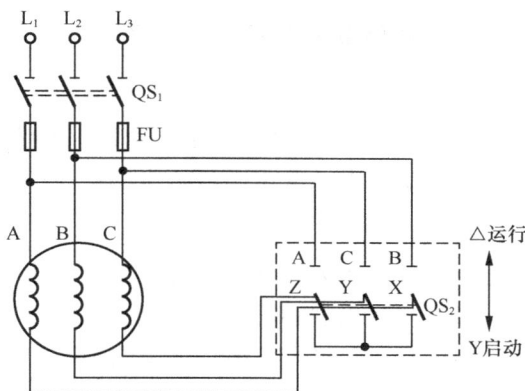

图 2.23 Y-△降压启动原理

注意：这时的三相异步电动机的定子绕组一定改接为三角形连接方式。

5. 经实验指导教师检查线路无误后，把双向开关 QS₂ 扳到"启动"位置，则三相异步电动机的定子绕组 Y 接启动，观察此时的转速（应与前面 Y 接电动机定子绕组全压启动时转速相同）。

6. 待异步电动机转速上升到接近额定值时（约 1～3s），将 QS₂ 迅速扳到"运行"位置，则电动机定子绕组切换成△接运行，仔细观察电动机转速的变化。

思考与问题

1. 何为三相异步电动机的启动？直接启动应满足什么条件？

2. 何为三相异步电动机的调速？鼠笼型异步电动机的调速方法有哪些？

3. 三相异步电动机若要反转，须采取什么措施？

4. 何为三相异步电动机的制动？电气制动的方法有哪些？

5. 一台 380V、Y 接的鼠笼型异步电动机，能否采用 Y-△启动？为什么？

6. 在启动性能要求不高的场合，通常选用鼠笼型异步电动机还是选用绕线型异步电动机？

2.4 单相异步电动机

提出问题

单相异步电动机在结构上与三相异步电动机有什么区别？单相异步电动机的工作原理与三相异步电动机相同吗？单相异步的启动、调速、正反转是如何实现的？

单相异步电动机

知识准备

使用单相交流电源的异步电动机称为单相异步电动机。与同容量的三相异步电动机相比，单相异步电动机体积较大，运行性能较差，但当容量不大时，这些缺点并不明显，所以单相异步电动机的容量一般都较小，功率在几瓦到几百瓦。

2.4.1 单相异步电动机的启动问题及启动原理

单相异步电动机具有结构简单、使用方便、运行可靠等优点，单相异步电动机主要是小型电动机。各种电动小型工具（如手电钻）、家用电器（如洗衣机、电冰箱、电风扇）、医用器械、自动化控制系统及小型电气设备中都采用单相异步电动机。

1. 单相异步电动机的启动问题

单相异步电动机的定子绕组通入大小和方向均按正弦规律变化的交流电时，会产生一个大小和极性随着电流变化，但磁场在空间的位置却始终不变的脉振磁场。这个只沿正、反两个方向反复交替变化的脉振磁场如图 2.24 所示。显然，脉振磁场作用下的单相异步电动机转子是不能产生启动转矩而转动的，即单相异步电动机不能自行启动。

若要单相异步电动机转动起来，就必须解决它的旋转磁场问题，给它增加一套产生启动转矩的启动装置。常用的启动方法是采用电容分相法和罩极法在气隙中产生旋转磁场。

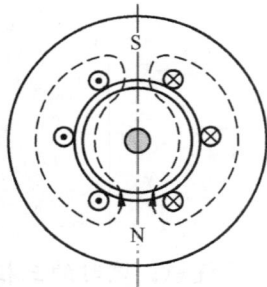
图 2.24 单相异步电动机的脉振磁场

2. 电容分相法的启动原理

图 2.25 所示为单相电容分相法异步电动机的接线原理。从图中可看出，解决单相电容分相法异步电动机自行启动问题的方法是在工作绕组两端并联一个容性的启动绕组，即在其定子铁芯槽内，除原来的工作绕组外，再采用一定的工艺嵌入一个启动绕组，使两个绕组在空间的安装位置相差 90°。

电容分相法：在作为启动绕组的支路中串联一个电容器，容量选择恰当，使通过启动绕组中的电流相位与工作绕组中通过的电流相位之差为 90°，如图 2.26 所示的波形图，然后与工作绕组相并联后接于单相交流电源上。

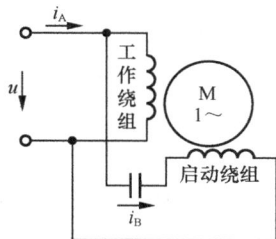

图 2.25 单相电容分相法异步电动机接线原理

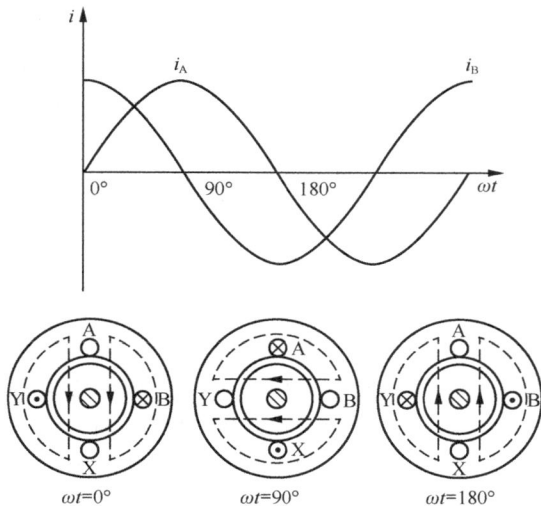

图 2.26 单相异步电动机旋转磁场的形成

相位正交的两绕组电流可在单相异步电动机定子、转子之间的气隙中产生二相旋转磁场，如图 2.26 所示。

三相异步电动机运行时若断了一根电源线，称为"缺相"运行，"缺相"运行的三相异步电动机由于剩余两相构成串联，因此相当于单相异步电动机。此时，三相异步电动机虽然仍能继续运转下去，但由于在"缺相"运行情况下电流大大超过其额定值，时间稍长必然导致电动机烧坏。若三相异步电动机启动时电源线就断了一根，就构成了三相异步电动机的单相启动。由于此时气隙中产生的是脉振磁场，因此三相异步电动机转动不起来，但转子电流和定子电流都大于正常启动电流，应马上切断电源，否则将使电动机因堵转而产生烧坏事故。

3. 罩极法的启动原理

单相罩极式异步电动机的转子仍为鼠笼型，定子有凸极式和隐极式两种，图 2.27 所示为一台单相凸极式罩极异步电动机结构原理。单相罩极式异步电动机的铁芯具有凸起的磁极，每个磁极装有主绕组，主磁极的极靴一侧 1/3～1/4 的部位开一个凹槽，经凹槽放置一个短路铜环，把磁极的小部分罩在环中。

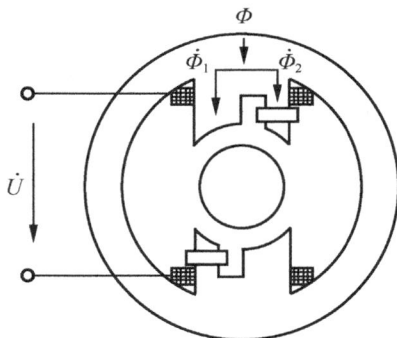

定子磁极绕组接通单相交流电源，通入交流电流时，电动机内产生一个脉振磁动势，其交变磁通穿过磁极。其中大部分为穿过未罩部分的磁通 Φ_1，另有一小部分与

图 2.27 单相凸极式罩极异步电动机结构原理

Φ_1 同相位的磁通 Φ_2 穿过被罩部分。当 Φ_2 穿过短路环时，短路环内就会产生一个相位上落后于磁通 Φ_2 的感应电动势，感应电动势在短路环内产生的感应电流在相位上落后于感应电动势一个不大的电角度，使实际穿过被罩部分的磁通 Φ_2' 等于 Φ_2 与感应电流的磁通的相量和，短路环内的感应电动势应为 Φ_2' 感应产生，相位上落后 Φ_1 小于 90° 的电角度，这样，磁通 Φ_1 和 Φ_2' 不但在空间上相差一个电角度，时间上也不同相位，因而在电动机中形成的合成磁场为椭圆形旋转磁场，且旋转磁场的方向总是从未罩部分转向被罩部分。电动机在此

椭圆旋转磁场作用下，产生启动转矩自行启动，其主要由运行绕组维持运行。由于磁通Φ_1与Φ_2'无论在空间位置上还是在时间相位上相差的电角度都小于90°，故启动转矩较小，只能空载或轻载启动。这种电动机的优点是结构简单、维护方便、价格低廉，常用于小型鼓风机、风扇和电唱机等。

2.4.2 单相异步电动机的调速与反转

1. 单相异步电动机的调速

由于单相异步电动机有一系列的优点，所以使得它的使用领域越来越广泛，尤其在家用电器的使用上获得了迅速的发展。目前，各种家电品种已达几百种，规格款式数以千计。

家用电扇一般都要求能调速，单相异步电动机的调速方法很多，对于电风扇用电动机的调速，目前常用的有串电抗调速和电动机绕组抽头调速两种方法。

（1）串电抗调速。将电抗器与电动机定子绕组串联，通电时，利用在电抗上产生的电压使施加到电动机定子绕组上的电压低于电源电压，从而达到降低转速的目的。因此用串电抗器调速时，电动机的转速只能由额定转速往低调。图2.28所示为单相异步电动机串电抗器调速示意。

串电抗调速方法线路简单，操作方便。缺点是电压降低后，电动机的输出转矩和功率明显降低，因此只适用于转矩及功率都允许随转速降低而降低的场合。其目前主要用于吊扇及台扇上。

（2）电动机绕组抽头调速。图2.28所示为单相异步电动机的绕组抽头调速电路。

电容式电动机较多地采用定子绕组抽头调速，此时电动机定子铁芯槽中嵌有工作绕组、启动绕组和调速绕组。通过调速开关改变调速绕组与启动绕组及工作绕组的接线方法，以此改变电动机内部气隙磁场的大小，达到调节电动机转速的目的，这种调速方法通常有T形接法和L形接法两种，如图2.29（a）、图2.29（b）所示。

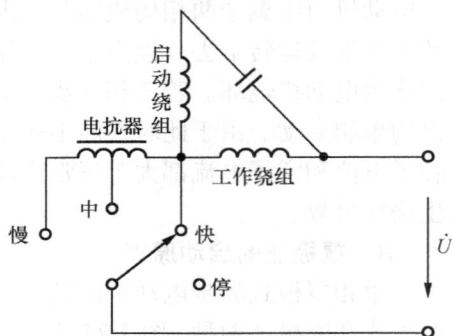

图2.28 单相异步电动机串电抗器调速示意

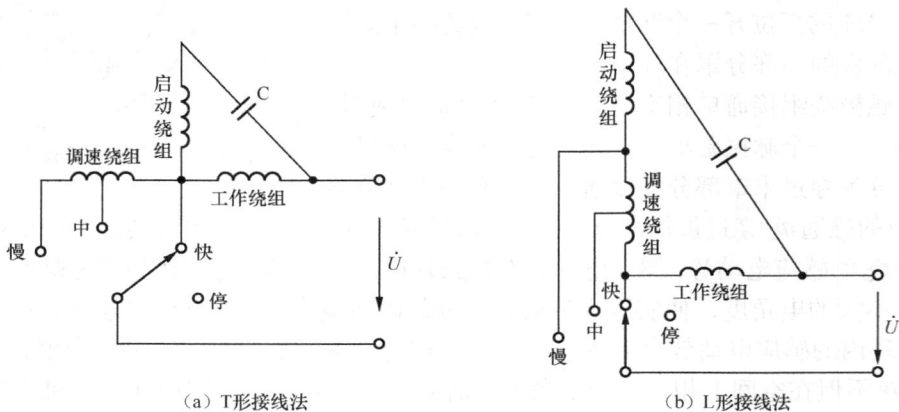

（a）T形接线法 （b）L形接线法

图2.29 单相异步电动机绕组抽头调速电路

与串电抗调速比较，用绕组抽头调速不需要电抗器，故材料省，耗电少，缺点是绕组嵌线和接线比较复杂，电动机与调速开关的接线较多。

2. 单相异步电动机的反转

我们以洗衣机用电动机为例来分析单相异步电动机的反转。

洗衣机主要有滚筒式、搅拌式和波轮式3种类型。目前，我国有一部分家庭选用的洗衣机是波轮式，这种洗衣机的洗衣桶立轴，底部波轮高速转动带动衣服和水流在洗涤桶内旋转，由此使桶内的水形成螺旋涡流，并带动衣物转动，上下翻滚，使衣服与水流和桶壁摩擦并互相拧搅，在洗涤剂的作用下使衣服污垢脱落。

洗衣机工作时要求电动机出力大，启动好，耗电少，温升低，噪声小，绝缘性能好，成本低等，且电动机在定时器的控制下能正反交替运转。改变单相电容运转式电动机转向的方法有两种：一是在电动机与电源断开时，将工作绕组或启动绕组中任何一组的首尾两端换接以改变旋磁场的方向，从而改变电动机的转向；二是在电动机运转时，将启动绕组上的电容器串接于工作绕组上，即工作绕组和启动绕组对调，从而改变旋转磁场和转子的转向。洗衣机大多采用后一种方法。因为洗衣机在正反转工作时情况完全一样，所以两相绕组可轮流充当工作绕组和启动绕组，因而在设计时，绕组应具有相同的线径、匝数、节距及绕组分布形式。

图2.30所示为洗衣机中的电动机与定时器原理接线，当主触点K与b点接触时，流进绕组 I 的电流超前绕组 II 的电流一个电角度。假如这时电动机按顺时针方向旋转，那么当触点K切换到a点时，流进绕组 II 的电流超前绕组 I 的电流一个电角度，电动机便逆时针旋转。

洗衣机脱水用电动机也是单相电容运转式电动机，它的原理和结构同一般单相电容运转式电动机相同。由于脱水时一般不需要正反转，故洗衣机脱水用电动机按一般单相电容运转式电动机接线，即主绕组直接与电源相接，启动绕组和移相电容串联后再接入电源。由于洗衣机脱水用电动机只要求单方向运转，所以工作绕组和启动绕组可采用不同的线径和匝数绕制。

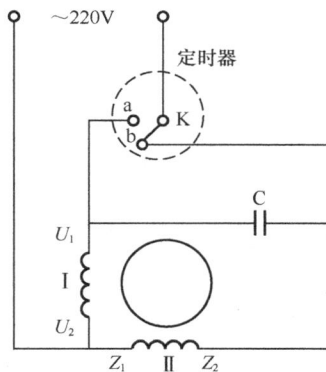

图2.30 洗衣机中的电动机与定时器原理接线

显然，电容分相法的单相异步电动机，转动起来之后启动绕组仍可留在电路中，也可以利用离心式开关或电压、电流型继电器把启动绕组从电路中切断。按前者设计制造的叫作电容运转式异步电动机，按后者设计制造的叫作电容启动式异步电动机。

单相电容运转式异步电动机用于家用洗衣机时，由定时器控制转换开关转换的时间，使转换开关一会儿和启动绕组相连，一会儿和工作绕组相连，从而实现了洗衣机自动转向工作。

工程实例

【单相异步电动机的拆卸与检修】

案例：电风扇中的单相异步电动机在使用过程中，因使用不当，会出现不同的故障，同一现象的故障可能产生于多种原因，同一原因又可能表现出不同的故障现象。因此，必须加强维护检修；经常擦除风叶、机壳灰尘，摇头齿轮箱内润滑油脂每2～3年更换一次，且要用品质优良的油脂；在每年使用结束时，做一次彻底清洗工作，并且用塑料套包装放于干燥场所，以延长其使用寿命。

风扇中的电动机故障分为电气故障与机械故障。

机械故障中轴承损坏是一种常见现象。风扇电动机轴承在长期使用过程中出现磨损，一旦发现磨损严重必须及时更换。拆卸轴承是一项比较复杂的工作，需要耐心。家用风扇的轴承有两种形式，一种是滚珠轴承，另一种是含油轴承。

拆卸操作： 拆卸滚珠轴承的一种方法是拉钩拆卸法，拆卸时要使拉钩的钩手紧紧地扣住轴承的内圈，然后慢慢地转动螺杆把轴承卸下来；另一种是敲打法，用铜棒顶紧轴承内圈，用手锤沿轴承内圈均匀用力敲打铜棒将轴承卸下来。用铜棒的目的是不损伤电动机的转轴和轴承。拆卸含油轴承比较简单，只要把轴承端盖内的压板垫与紧固螺钉旋松，即可将轴承取出。装配前含油轴承需要在轻质机油内浸泡数小时，使油充分地渗透到轴承里面，以便在使用过程中起良好的润滑作用。装配时应使前后端盖孔与含油轴承保持同心。

检修操作： 检修风扇时，若发现轴承和齿轮箱有故障，必须首先清洗轴承和齿轮箱，然后决定是否更换。清洗轴承和齿轮箱一般采用毛刷蘸取汽油、柴油、甲苯等溶液进行清洗。开始清洗时，不要快速地转动轴承及齿轮箱，以免杂物进入损伤轴承和齿轮。清洗完后用干净的布擦干，不要用棉纱头等多绒毛的东西擦轴承及齿轮箱，以免绒毛等杂物落入轴承及齿轮箱内。清洗过的轴承及齿轮箱最好不要用手去触摸，以免轴承、齿轮箱沾染汗水而被锈蚀，清洗后轴承和齿轮箱要更换新的润滑油脂。

检修完的风扇，或较长时间没有使用的风扇，在使用前必须测量其绝缘电阻。取500V兆欧表一块，把表上"L"一端分别接在电动机的主、副绕组的引出线端，"E"一端接在电动机外壳上，以120r/min左右的速度摇动兆欧表的手柄，此时表针所指示的数值即电动机绕组与机座之间的绝缘电阻值，如果电动机的绝缘电阻在 $0.5M\Omega$ 以上，则说明绝缘良好，可以使用，如果绝缘电阻在 $0.5M\Omega$ 以下，甚至接近零，则说明电动机绕组已经受潮，不能继续使用，必须烘干。

对实验用的单相电容式异步电动机或电风扇进行检修时，同样也必须进行清洗、加油、测量其绝缘电阻，随后进行组装及通电试用。

思考与问题

1. 单相异步电动机通入单相正弦交流电后，产生的磁场有何种特点？
2. 单相异步电动机采用什么方法可产生旋转磁场？
3. 试述单相异步电动机常用的调速控制方法有哪些，简要说明串电抗调速的特点。
4. 单相异步电动机是利用什么样的方法达到正反转控制的？

拓展阅读

我国电机与电气控制技术的发展，凝聚着一代又一代科技工作者的心血。从早期电机系统的引进消化，到如今智能控制、高效驱动等关键技术的突破，离不开无数科研人员的持续探索与实践。他们在艰苦条件下攻坚克难，推动了国产控制系统从无到有、从弱到强的发展历程。

作为新时代的电气工程学习者，我们应立足专业，脚踏实地，不断提升自身技术水平，为我国电气控制技术的进一步发展打下坚实基础。

应用实践

异步电动机的 Y-△ 降压启动和自耦补偿降压启动

一、实验目的

1. 熟悉实际电动机控制电路的连接，初步掌握三相异步电动机绕组的首端、尾端判别方法及外引线连接方法。

2. 掌握三相异步电动机启动瞬间电流的测量方法。

3. 了解钳形电流表的使用。

二、实验主要设备

1. 三相异步电动机　　　　2 台
2. 三相自耦补偿器　　　　1 台
3. Y-△ 启动手动装置　　　1 个
4. 钳形电流表　　　　　　1 块
5. 电流表　　　　　　　　1 块
6. 电源控制装置及导线　　若干

三、实验原理图

（1）Y-△ 降压启动原理如图 2.31 所示。

（2）自耦补偿降压启动原理如图 2.32 所示。

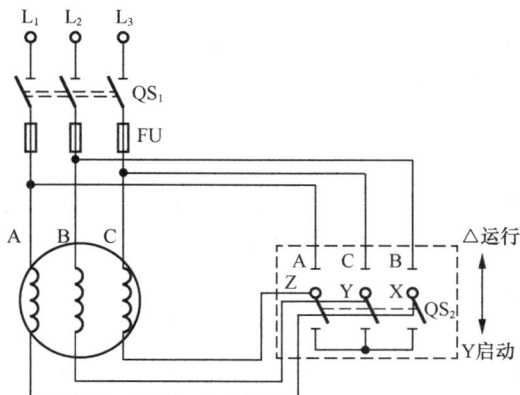

图 2.31　Y-△ 降压启动原理

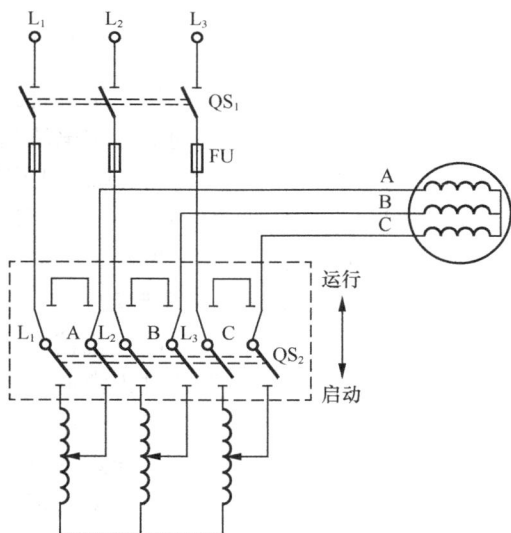

图 2.32　自耦补偿降压启动原理

四、实验内容及步骤

1. **三相绕组的判别及首端、尾端的确定**

（1）三相绕组的判别。利用万用表的欧姆挡，对三相异步电动机定子绕组出线接线端进行测量，可以判别三相绕组。具体方法是用万用表的一只表棒固定一个接线端，另一只表棒分别与其他接线端接触，若有一个接线端使万用表读数接近零，则此两个端子为一相绕组。用相同的方法可以确定另外两相绕组。

（2）三相绕组首端、尾端的确定。三相异步电动机定子绕组的出线接线端一般如图 2.33（a）所示。定子绕组可以接成 Y 或 △ 两种，分别如图 2.33（b）、图 2.33（c）所示。采用哪种接线则要根据电动机的铭牌及电压等级来决定。

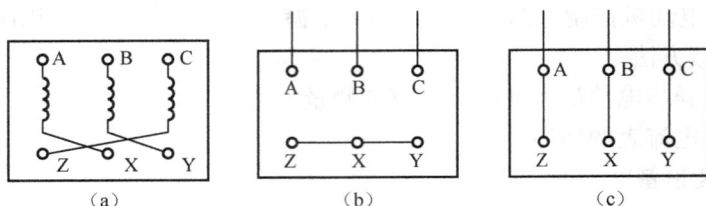

图 2.33　绕组判别及首端、尾端的确定

当三相异步电动机出于检修或其他原因，出现接线端不规则排列时，则要通过试验来判别各相绕组的首端和尾端。试验方法是：首先用万用表将三相绕组确定下来，然后把属于两个绕组的其中两个接线端短接，剩下两个接线端接交流电压表，如图 2.34 所示。

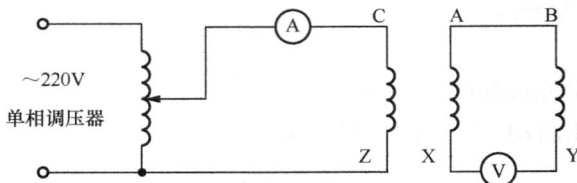

图 2.34　判断绕组首端、尾端的试验电路

把单相调压器的输出电压接在第三绕组两端，逐渐提高单相调压器的输出电压，直到第三绕组中的电流约等于电动机额定电流的一半。如果电压表的读数为零，则短接的是两个绕组的同极性端，定为绕组的首端（或尾端）；如果电压表有读数，则是两个异极性端短接，即一相绕组为首端，另一相绕组为尾端。再换另外一相绕组，按上述方法判断一次，即可确定出三相绕组的首端、尾端。

2.　三相异步电动机的降压启动

由于三相异步电动机的启动电流较大，通常为额定电流的 4～7 倍，因此启动时间虽短，但可能使供电线路上的电流超过正常值，增大线路电压，使负载端电压降低，甚至造成同一电网上的其他用电设备不能正常工作，这时应考虑降压启动。

（1）Y-△降压启动。按实验原理图连线。注意手动 Y-△ 启动器内部触点的连接方法。线路接好后即可通电，Y 连接通电瞬间观测电流表指针偏转情况，与正常△运行时的稳定电流进行比较，记录下来。

（2）自耦补偿降压启动。按实验原理图连线。注意操作手柄的操作方法。线路接好后即可通电，降压启动时观测钳形电流表启动瞬间的指针偏转情况，与正常稳定运行情况下的指针偏转情况进行比较，记录下来。

五、实验思考题

1. 根据实验观测到的数据,三相异步电动机启动电流是正常运转情况下电流的多少倍?
2. 对比两种降压启动方法,说一说各自的优、缺点。
3. Y-△降压启动能否用在正常工作下 Y 连接的电动机?

模块 2 自测题

一、填空题

1. 根据工作电源的类型,电动机一般可分为_____电动机和_____电动机两大类;根据工作原理的不同,交流电动机可分为_____电动机和_____电动机两大类。

2. 异步电动机根据转子结构的不同可分为_____型和_____型两大类。它们的工作原理是_____。_____型电动机调速性能较差,_____型电动机调速性能较好。

3. 三相异步电动机主要由_____和_____两大部分组成。异步电动机的铁芯是由相互绝缘的_____片叠压制成的。异步电动机的定子绕组可以连接成_____或_____两种方式。

4. 分析异步电动机运行性能时,接触到的 3 个重要转矩分别是_____转矩、_____转矩和_____转矩。其中_____转矩反映了异步电动机的过载能力。

5. 旋转磁场的旋转方向与通入定子绕组中三相电流的_____有关。异步电动机的转动方向与_____的方向相同。旋转磁场的转速取决于电动机的_____。

6. 转差率是分析异步电动机运行情况的一个重要参数。转子转速越接近旋转磁场转速,则转差率越_____。对应于最大转矩处的转差率称为_____转差率。

7. 若将额定频率为 60Hz 的三相异步电动机,接在频率为 50Hz 的电源上使用,电动机的转速将会_____额定转速。改变_____或_____可改变旋转磁场的转速。

8. 电动机常用的两种降压启动方法是_____启动和_____启动。

9. 鼠笼型三相异步电动机名称中的三相是指电动机的_____,鼠笼型是指电动机的_____,异步是指电动机的_____。

10. 降压启动是指利用启动设备将电压适当_____后加到电动机的定子绕组上进行启动,待电动机达到一定的转速后,再使其恢复到_____下正常运行。

11. 异步电动机的调速可以用改变_____、_____和_____3 种方法来实现。其中_____调速是发展方向。

12. 单相异步电动机的磁场是一个_____,因此不能_____,为获得旋转磁场,单相异步电动机采用了_____法和_____法。

二、判断题

1. 当加在定子绕组上的电压降低时,将引起转速下降,电流减小。 (   )
2. 电动机的电磁转矩与电源电压的平方成正比,因此电压越高,电磁转矩越大。

(   )

3. 启动电流会随着转速的升高而逐渐减小,最后达到稳定值。 (   )
4. 异步电动机转子电路的频率随转速而改变,转速越高,则频率越高。 (   )

5. 电动机的额定功率指的是电动机轴上输出的机械功率。（　　　）

6. 电动机的转速与磁极对数有关，磁极对数越多，转速越高。（　　　）

7. 鼠笼型异步电动机和绕线型异步电动机的工作原理不同。（　　　）

8. 三相异步电动机在空载下启动，启动电流小，在满载下启动，启动电流大。（　　　）

9. 三相异步电动机在满载和空载下启动时，启动电流是一样的。（　　　）

10. 单相异步电动机的磁场是脉振磁场，因此不能自行启动。（　　　）

三、单项选择题

1. 二极异步电动机三相定子绕组在空间位置上彼此相差（　　　）。
   A. 60°电角度　　　　B. 120°电角度　　C. 180°电角度　　　　D. 360°电角度

2. 工作原理不同的两种交流电动机是（　　　）。
   A. 鼠笼型异步电动机和绕线型异步电动机
   B. 异步电动机和同步电动机

3. 绕线型三相异步电动机转子上的3个滑环和电刷的功用是（　　　）。
   A. 连接三相电源
   B. 通入励磁电流
   C. 短接转子绕组或接入启动、调速电阻

4. 鼠笼型三相异步电动机在空载和满载两种情况下的启动电流的关系是（　　　）。
   A. 满载启动电流较大
   B. 空载启动电流较大
   C. 两者相同

5. 三相异步电动机的旋转方向与通入三相绕组的三相电流（　　　）有关。
   A. 大小　　　　　　B. 方向　　　　C. 相序　　　　　　D. 频率

6. 三相异步电动机旋转磁场的转速与（　　　）有关。
   A. 负载大小　　　　　　　　　　B. 定子绕组上电压大小
   C. 电源频率　　　　　　　　　　D. 三相转子绕组所串电阻的大小

7. 三相异步电动机的电磁转矩与（　　　）。
   A. 电压成正比　　　　　　　　　B. 电压的平方成正比
   C. 电压成反比　　　　　　　　　D. 电压的平方成反比

8. 三相异步电动机的启动电流与启动时的（　　　）。
   A. 电压成正比　　　　　　　　　B. 电压的平方成正比
   C. 电压成反比　　　　　　　　　D. 电压的平方成反比

9. 能耗制动的方法就是在切断三相电源的同时（　　　）。
   A. 给转子绕组中通入交流电　　　B. 给转子绕组中通入直流电
   C. 给定子绕组中通入交流电　　　D. 给定子绕组中通入直流电

10. 在起重设备中常选用（　　　）异步电动机。
    A. 鼠笼型　　　　　B. 绕线型　　　　C. 单相

四、简答题

1. 三相异步电动机在一定负载下运行，当电源电压因故降低时，电动机的转矩、电流及转速将如何变化？

2. 三相异步电动机电磁转矩与哪些因素有关？三相异步电动机带额定负载工作时，若电源电压下降过多，往往会使电动机发热，甚至烧毁，试说明原因。

3. 有的三相异步电动机有 380V/220V 两种额定电压，定子绕组可以接成星形或者三角形，试问何时采用星形接法？何时采用三角形接法？

4. 在电源电压不变的情况下，如果将三角形接法的电动机误接成星形，或者将星形接法的电动机误接成三角形，将分别出现什么情况？

5. 如何改变单相异步电动机的旋转方向？

6. 当绕线型异步电动机的转子三相滑环与电刷全部分开时，在定子三相绕组上加上额定电压，转子能否转动起来？为什么？

7. 为什么异步电动机工作时转速总是小于同步转速？如何根据转差率来判断异步电动机运行状态？

五、计算题

1. 已知某三相异步电动机在额定状态下运行，其转速为 1430r/min，电源频率为 50Hz。求：电动机的磁极对数 p、额定运行时的转差率 s_N、转子电路频率 f_2 和转差速度 Δn。

2. 某 4.5kW 三相异步电动机的额定电压为 380V，额定转速为 950r/min，过载系数为 1.6。（1）求 T_N、T_m；（2）当电压下降至 300V 时，能否带额定负载运行？

3. 一台三相异步电动机，铭牌数据为：Y 连接，P_N=2.2kW，U_N=380V，n_N=2970r/min，η_N=82%，$\cos\varphi_N$=0.83。试求此电动机的额定电流、额定输入功率和额定转矩。

4. 已知一台三相异步电动机的型号为 Y132M-4，U_N=380V，P_N=7.5kW，$\cos\varphi_N$=0.85，n_N=1440r/min。试求该电动机的额定电流、磁极对数和额定转差率。

5. 一台三相八极异步电动机的额定数据为：P_N=260kW，U_N=380r/min，f_1=50Hz，n_N=727r/min，过载能力 λ_T=2.13。求：（1）产生最大电磁转矩 T_m 时的转差率 s_m；（2）当 s=0.02 时的电磁转矩。

6. 一台鼠笼型三相异步电动机，已知 U_N=380V，I_N=20A，D 接法，$\cos\varphi_N$=0.87，η_N=87.5%，n_N=1450r/min，I_{st}/I_N=7，T_{st}/T_N=1.4，λ_T=2。（1）试求电动机轴上输出的额定转矩 T_N；（2）若要能满载启动，电网电压不能低于多少伏？（3）若采用 Y/D 启动，T_{st} 等于多少？

模块 3　直流电动机

　　直流电动机和交流异步电动机的主要区别在于它使用直流电作为电源，且通过电枢磁场与永磁场之间的相互作用来实现直流电动机的转动。另外在结构上直流电动机相对简单，通常由定子、电枢、永磁体、换向器等部分组成。在控制方式上，直流电动机可以通过调整电源电压、电枢电流、磁场强弱等参数来实现对转速和扭矩的控制。

　　直流电动机的最大弱点就是存在电流换向问题，消耗有色金属较多，成本高，使用中的检修和维护也比较复杂，因此其使用的广泛程度远不及交流电动机。尽管如此，由于直流电动机的调速性能较好和启动转矩较大，因此直流电动机仍然广泛应用在对调速要求较高的大型轧钢设备、大型精密机床、矿井卷扬机、市内电车及汽车拖拉机等设备中；在航空航天领域，由于直流电动机具有体积小、重量轻、功率密度大等优点，非常适合应用于飞机的起落架、襟翼、方向舵等部位的控制，也可以应用于卫星的朝向控制等方面。

　　在未来，随着智能制造和智能交通等领域的发展，直流电动机还将有更广泛的应用。因此，对直流电动机进行讨论和研究，具有现实意义。

　　本模块以直流电动机为主要内容，介绍其结构、工作原理、机械特性、启动、调速、制动等。

学 习 目 标

【知识目标】

　　了解直流电动机的结构和工作原理，熟悉直流电动机的铭牌数据，理解和掌握直流电动机的特性；理解和掌握直流电动机的控制技术，掌握直流电动机的启动控制、正反转控制、调速控制以及制动控制的理论与方法，了解直流电动机的常见故障处理方法。

【技能目标】

　　掌握直流电动机的启动、调速、正反转控制的实验技能；具有对直流电动机的启动、调速、正反转实验电路进行正确连线和正确控制的技能。

【素养目标】

　　不仅要掌握直流电动机的理论知识和相应技能，还要了解和掌握直流电动机在系统集成和节能环保方面的应用，培养分析问题、解决问题的能力及团队协作精神，增强个人的爱国主义情怀，为今后在具体工作中具备认真负责的工作态度和相应的社会能力打下基础。

3.1 直流电动机的结构和工作原理

提出问题

直流电动机在电动机中的地位如何？你了解直流电动机的结构吗？你理解直流电动机的工作原理吗？你对直流电动机的铭牌数据了解多少？你掌握和理解多少直流电动机的运行特性和机械特性？你掌握直流电动机的控制技术了吗？

知识准备

直流电动机是将直流电能转换为机械能的设备。直流电动机广泛应用于工业、交通、家用电器等领域，是各种设备和机械驱动的重要组成部分。与交流电动机相比，直流电动机结构复杂、成本高、运行维护较困难。但直流电动机具有良好的调速性能，且启动转矩大、过载能力强，因此在对启动和调速要求较高的场合，以及需要精确控制的场合（如机器人、航空航天设备、电动车等）仍获得了广泛的应用。直流电动机按励磁方式的不同可分为他励式、并励式、串励式和复励式4种。

3.1.1 直流电动机的结构

学习直流电动机的结构，对学习者更好地理解其工作原理、性能特点以及维护保养至关重要。

图 3.1 所示为直流电动机的外形及基本结构。

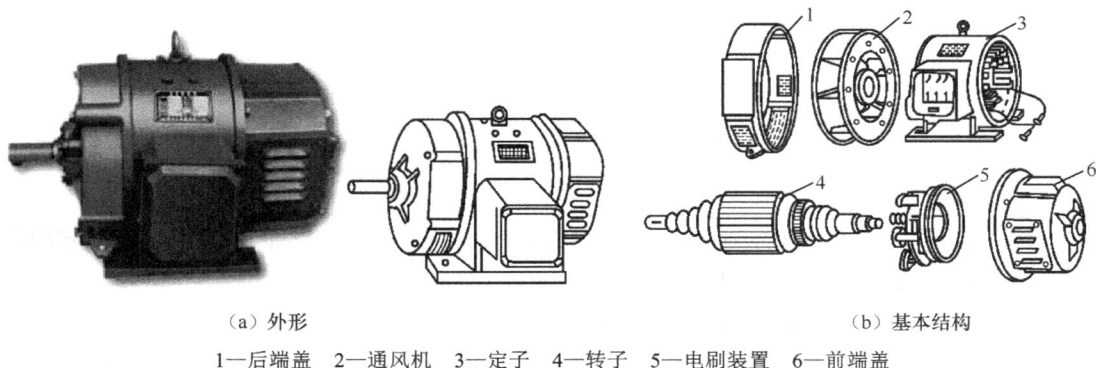

（a）外形　　　　　　　　　　　　　（b）基本结构

1—后端盖　2—通风机　3—定子　4—转子　5—电刷装置　6—前端盖

图 3.1　直流电动机的外形及基本结构

由图 3.1 可知，直流电动机主要由定子、转子两大部分及一些辅件组成。

1. 定子

定子是直流电动机的机械支撑结构且用来产生电动机磁路。定子主要由机座、主磁极、换向极和电刷装置组成。

（1）机座。定子中机座起着机械支撑和用作导磁磁路两个作用。机座既可作为安装电动机所有零件的外壳，又是联系各磁极的导磁铁轭。机座通常为铸钢件，也有的采用钢板焊接而成。

（2）主磁极。主磁极是一个电磁铁，如图 3.2 所示，主要由铁芯和线圈两部分组成。主磁极铁芯一般用 1～1.5mm 厚的薄钢板冲片叠压后再用铆钉铆紧成一个整体。小型直流电动机的主磁极线圈用绝缘铜漆包线（或铝线）绕制而成，大中型直流电动机主磁极线圈用扁铜线绕制，经过绝缘处理，然后套在主磁极铁芯上。整个主磁极用螺钉固定在机座内壁。

（3）换向极。换向极又称为附加极，装在两个主磁极之间，用来改善直流电动机的换向。换向极也由铁芯和线圈构成。换向极铁芯大多用整块钢加工而成。但在整流电源供电的功率较大的直流电动机中，为了方便直流电动机换向，换向极铁芯也采用叠片结构。换向极线圈与主磁极线圈一样，也是用圆铜漆包线或扁铜线绕制而成的，经绝缘处理后套在换向极铁芯上，最后用螺钉将换向极固定在机座内壁。

（4）电刷装置。直流电动机的电刷装置的作用：通过电刷与换向器表面的滑动接触，把转动的电枢绕组与外电路相连。电刷装置一般由电刷、刷握、刷杆、刷杆座等部分组成，电刷一般用石墨粉压制而成。电刷放在刷握内，用弹簧压紧在换向器上，刷握固定在刷杆上，刷杆装在刷杆座上，构成一个整体部件，如图 3.3 所示。

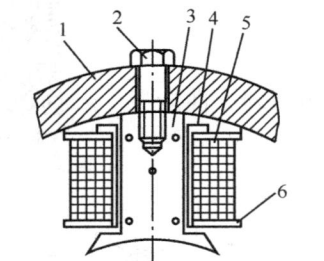

1—机座　2—螺钉　3—铁芯
4—框架　5—绕组　6—绝缘衬垫

图 3.2　直流电动机的主磁极

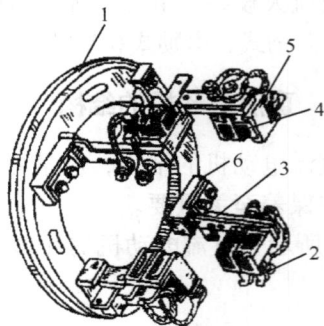

1—刷杆座　2—弹簧　3—刷杆
4—电刷　5—刷握　6—绝缘杆

图 3.3　直流电动机的电刷装置

2. 转子

直流电动机的转子通常称为电枢，电枢主要由转轴、电枢铁芯、电枢绕组和换向器等组成。

（1）转轴。转轴的作用是传递转矩，一般用合金钢锻压而成。

（2）电枢铁芯。电枢铁芯是电动机磁路的一部分，也是承受电磁力作用的部件。当电枢在磁场中旋转时，电枢铁芯中将产生涡流损耗和磁滞损耗，为了减小这些损耗的影响，电枢铁芯通常用 0.5mm 厚的硅钢片叠压制成。电枢铁芯固定在转子支架或转轴上，沿铁芯外圆均匀地分布着槽，在槽内嵌放电枢绕组。电枢铁芯及电枢铁芯冲片如图 3.4 所示。

（3）电枢绕组。电枢绕组的作用是产生感应电势和通过电流产生电磁转矩，实现机电能量转换。直流电动机的电枢绕组是直流电动机的主要电路部分。电枢绕组通常采用圆形或矩形截面的导线绕制而成，再按一定规律嵌放在电枢槽内，上、下层之间以及电枢绕组与铁芯之间都要妥善地绝缘。为了防止离心力将绕组甩出槽外，槽口处需用槽楔将绕组压紧，伸出槽外的绕组端接部分用无纬玻璃丝带绑紧。绕组端头则按一定规律嵌放在换向器钢片的升高片槽内，并用锡焊或氩弧焊焊牢。

（4）换向器。换向器是直流电机的特殊结构，其作用是进行机械整流。在直流电动机中，它将外加的直流电流逆变成绕组内的交流电流；在直流发电机中，它将绕组内的交流电势整流成电刷两端的直流电动势。换向器由许多换向片组成，换向片间用云母片绝缘。换向片凸起的一端称作升高片，与电枢绕组端头相连，换向片下部做成燕尾形，利用换向器套筒、V 形压圈及螺旋压圈将换向片、云母片紧固成一个整体。在换向片与换向器套筒、压圈之间用 V 形云母环绝缘，最后将换向器压装在转轴上。换向器的结构如图 3.5 所示。

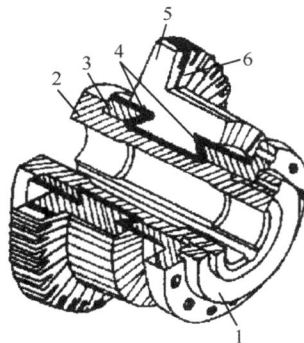

1—电枢铁芯　2—换向器　3—绕组元件　4—铁芯冲片

图 3.4　电枢铁芯及电枢铁芯冲片

1—螺旋压圈　2—换向器套筒　3—V 形压圈
4—V 形云母环　5—换向片　6—云母片

图 3.5　换向器的结构

3.1.2 直流电动机的铭牌数据

学习直流电动机的铭牌数据是正确操作、维护和管理电动机的基础，有助于确保设备安全运行，延长设备使用寿命，提高能效水平，以及满足合规要求。

铭牌数据是生产厂家根据国家标准，设计和试验得到的一组反映直流电动机性能的主要数据，它们包括以下几个参数。

（1）额定功率 P_N。额定功率指直流电动机按照规定的工作方式运行时，能向负载提供的输出功率。直流电动机的额定功率是指直流电动机转轴上输出的有效机械功率，单位为千瓦（kW）。直流电动机上额定功率、额定电压和额定电流的关系为

$$P_N = U_N I_N \eta_N \tag{3.1}$$

式中，η_N 为额定效率。

（2）额定电压 U_N。额定电压指额定输出时电动机接线端子间的电压，单位为伏（V）。

（3）额定电流 I_N。额定电流指电动机按照规定的工作方式运行时，电动机绕组允许流过的最大安全电流，单位为安（A）。

（4）额定转速 n_N。额定转速指电动机在额定电压、额定电流和额定功率工作时，直流电动机的旋转速度，单位为转/分（r/min）。

此外，直流电动机的铭牌数据还有工作方式、励磁方式、额定励磁电压、额定温升、

直流电动机的
铭牌数据

额定效率等。

额定值是选用直流电动机的主要依据，一般希望直流电动机按额定值运行。工程实际中选择直流电动机时，应根据负载的要求，尽可能使直流电动机运行在额定值附近。

【例 3.1】 一台 $Z_2 52$ 型直流电动机，已知其铭牌数据为 $P_N=13kW$，$U_N=220V$，$\eta_N=0.86$，$n_N=3000r/min$。试求该直流电动机的额定输入功率、额定电流和额定转矩。

【解】 根据已知铭牌数据，可求得额定输入功率

$$P_{1N} = \frac{P_N}{\eta_N} = \frac{13}{0.86} \approx 15.1（kW）$$

额定电流

$$I_N = \frac{P_N}{U_N \eta_N} = \frac{13 \times 10^3}{220 \times 0.86} \approx 68.7（A）$$

额定转矩

$$T_N = 9550 \frac{P_N}{n_N} = 9550 \times \frac{13}{3000} \approx 41.4（N \cdot m）$$

3.1.3 直流电动机的转动原理

学习直流电动机的转动原理，可以深入了解电磁感应现象、磁场与电流相互作用的物理过程，从而全面理解直流电动机的工作原理、性能特点以及应用。

为了便于分析问题，我们把复杂的直流电动机结构用图 3.6 所示的直流电动机简化模型来代替。

在图 3.6 中，N 和 S 为直流电动机的一对定子磁极，电枢绕组用单匝线圈表示，线圈的两个引出端分别连在两个换向片上，换向片上压着电刷 A 和 B。

直流电动机的电刷 A 和 B 如果与直流电源相接，且电刷 A 接电源正极，电刷 B 接电源负极，在电枢绕组中就会有电流流过。图 3.6（a）中线圈的 ab 边与

图 3.6 直流电动机的简化模型

A 刷所压的换向片相接触，线圈的 dc 边与 B 刷所压的换向片相接触，电流的流向为 A 刷→a→b→c→d→B 刷；图 3.6（b）中线圈的 ab 边与 B 刷所压的换向片相接触，线圈的 dc 边与 A 刷所压的换向片相接触，电流的流向为 A 刷→d→c→b→a→B 刷。即 N 极下线圈有效边中的电流总是同一个方向，S 极上线圈有效边中的电流总是另一个方向。

当线圈由图 3.6（a）中位置转动到 S 极上时，线圈中流过的电流的方向必须随之发生改变，才能保证电磁力的方向不变。实现这一过程的元件是换向器。电枢绕组的每一匝都与换向片相连，电枢转动时，换向片随着电枢一起转动，外加电压产生的电流则通过压紧在换向器上的电刷流入电枢绕组内，由于两个电刷的位置不变，所以 ab 边转到 N 极下时电流方向为图 3.6（a）所示，转到 S 极上的电流方向如图 3.6（b）所示，即虽然电源供入

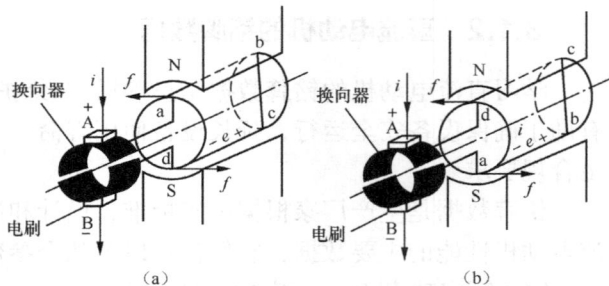

的是直流电，但由于电刷、换向器的作用，流入电枢中的电流则是交变了的。

显然，无论是上述哪一种电流流向，电枢绕组上的两个线圈有效边上的电流方向总是相反的：处在 N 极下的导体所受电磁力总是向左，处在 S 极上的导体所受电磁力总是向右，在电磁力矩的作用下，电枢将一直沿着逆时针方向旋转下去，这就是直流电动机的基本工作原理。

3.1.4　直流电动机的电枢电动势和电磁转矩

电枢电动势和电磁转矩是直流电动机的关键性能参数，学习它们有助于深入理解直流电动机的工作原理，有助于分析直流电动机的性能特点，有助于优化直流电动机的运行效率。根据不同的对电枢电动势和电磁转矩的要求，可以选择合适的直流电动机类型和规格。

1.　电枢电动势

直流电动机转动时电枢绕组中的导体在不断地切割磁力线，因此每根载流导体中都会产生感应电动势，由于感应电动势产生的电流与电枢中通过的电源电流方向相反，因此这一电动势 E_a 称为反电动势。反电动势的方向由右手定则判定，大小可用下式计算：

$$E_a = C_e n \Phi \qquad (3.2)$$

式中，C_e 是电势常数，其大小取决于直流电动机的结构；n 是电枢相对于磁场的切割速度；Φ 是电动机每磁极下的磁通量。

2.　电磁转矩

直流电动机是在电枢绕组中通入直流电流，并与直流电动机磁场相互作用而产生电磁力的，电磁力对轴形成电磁转矩 T，使电动机旋转。电磁力 $F = BIl$，对于给定的直流电动机，磁感应强度 B 与每极下工作主磁通 Φ 成正比，线圈导体中的电流 I 与电枢电流 I_a 成正比，而导体在磁极磁场中的有效长度 l 及转子半径都是固定的，仅取决于电动机的结构，因此直流电动机的电磁转矩计算式为

$$T = C_T \Phi I_a \qquad (3.3)$$

式中，C_T 是与电动机结构有关的常数，称为转矩系数；电磁转矩 T 的方向由左手定则确定。

直流电动机中的电磁转矩是驱动转矩，驱动电枢转动。因此，直流电动机的电磁转矩 T 必须与机械负载的阻转矩 T_2 及空载损耗转矩 T_0 相平衡。当轴上的机械负载发生变化时，则电动机的转速、电动势、电流及电磁转矩将自动进行调整，以适应负载的变化，保持新的平衡。例如当负载增加时，轴上的机械转矩增大，原来的平衡被打破，动力矩小于阻力矩，因此电动机的转速下降，随着转速的下降，切割速度减小，反电动势减小，则电枢中的电流增大，电磁转矩增大，直至达到新的平衡，电动机的转速重新稳定在一个较低的数值上。

直流电动机的电磁转矩 T 与转速 n 及轴上输出功率 P 的关系式为

$$T = 9550 \frac{P}{n} \qquad (3.4)$$

式中，P 是电动机轴上输出的机械功率，单位是千瓦（kW）。

3.1.5　直流电动机的励磁方式

学习直流电动机的励磁方式，有助于深入理解直流电动机的工作原理、调节控制和性能优化，提高故障诊断能力，拓展应用领域，对从事电机设计、控制和应用领域的专业技术人员具有重要的指导意义。

励磁方式是指直流电动机励磁绕组和电枢绕组之间的连接方式。励磁方式的选择对直流电动机极其重要，不同励磁方式的直流电动机，其特性差异很大。

1. 他励直流电动机

他励直流电动机的励磁绕组与电枢绕组各自分开，励磁绕组由独立的直流电源供电，如图 3.7（a）所示。励磁电流 I_f 的大小只取决于励磁电源的电压和励磁回路的电阻，而与直流电动机的电枢电压及负载无关。用永久磁铁作主磁极的直流电动机可当作他励电动机。

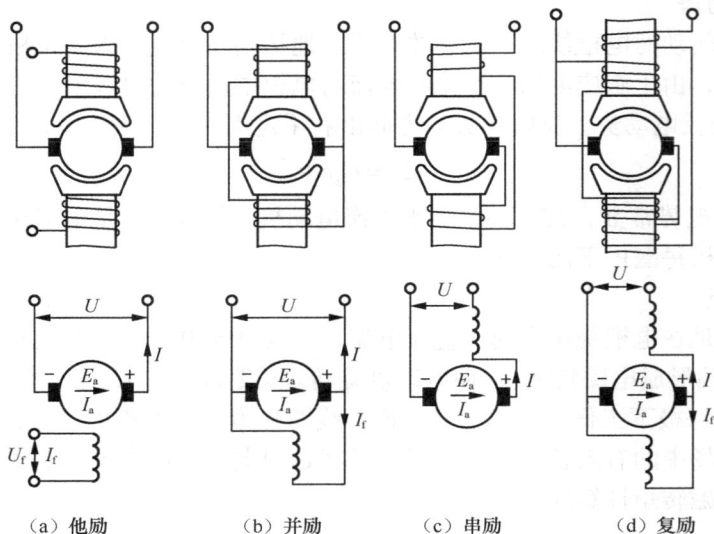

（a）他励　　　（b）并励　　　（c）串励　　　（d）复励

图 3.7　直流电动机的励磁方式

2. 并励直流电动机

并励直流电动机的励磁绕组与电枢绕组并联，如图 3.7（b）所示。励磁电流一般为额定电流的 5%。并励直流电动机通常绕组匝数多，导线较细，这样才能产生足够大的磁通。所以，并励直流电动机电压建立的首要条件就是其磁极必须存在剩磁。

3. 串励直流电动机

串励直流电动机的励磁绕组与电枢绕组串联，如图 3.7（c）所示。励磁电流与电枢电流相同，数值较大，因此，串励绕组匝数很少，导线较粗。

4. 复励直流电动机

复励直流电动机至少有两个励磁绕组，一个是串励绕组，另一个是并励（或他励）绕组，如图 3.7（d）所示。通常并励绕组起主要作用，串励绕组起辅助作用。若串励绕组和并励绕组所产生的磁势方向相同，称为积复励；若串励绕组和并励绕组所产生的磁势方向相反，称为差复励。并励绕组匝数多，导线细；串励绕组匝数少，导线粗，外观上有明显的区别。

在上述励磁方式不同的直流电动机中，并励直流电动机和他励直流电动机应用得比较多。

3.1.6　直流电动机的特性分析

掌握直流电动机的特性，有助于我们更好地理解直流电动机的工作原理、评估性能指标、优化设计、设计控制系统以及进行故障诊断，对于电机领域的技术人员及相应领域的研究和应用人员都非常重要。

1. 直流电动机的运行特性

直流电动机的主要参数有电动机输出功率、电压、电枢电流、转速、电磁转矩、输出转矩和效率等。电动机运行特性即指这些参数间的变化关系，或是指这些参数随时间的变化规律。

（1）电动势平衡方程式

直流电动机在稳定运行情况下，其电压应满足如下关系。

$$U = E_a + \Delta U \tag{3.5}$$

式中，ΔU 是直流电动机的电枢压降。对串励直流电动机来讲，电流流过电枢时，引起的电枢压降

$$\Delta U = I_a(R_a + R_m) \tag{3.6}$$

式中，R_a 是电枢电路的铜损耗电阻；R_m 是磁系统电路的电阻。对于永磁直流电动机，则有

$$\Delta U = I_a R_a \tag{3.7}$$

（2）转矩平衡方程式

直流电动机在稳定运转情况下，产生的电磁转矩

$$T = T_2 + T_0 \tag{3.8}$$

空载电磁转矩 T_0 是因电动机上的轴承、电刷和整流环间的摩擦、电枢和磁系统的旋转以及铜损耗而形成的阻转矩。空载电磁转矩 T_0 的数值可以用没有负载时的电动机功率 P_0 来计算。空载功率是直流电动机能保持额定转速时的最低电压与电流的乘积。

直流电动机的空载功率 P_0 很小，只是额定输出功率的 2%～3%，故空载电磁转矩也为输出转矩的 2%～3%。

T_2 是直流电动机输出电磁转矩，其大小取决于直流电动机拖动的负载大小。

2. 直流电动机的机械特性

直流电动机的机械特性是指电动机的转速 n 与电磁转矩 T 之间的关系。

设他励直流电动机电枢中的反电动势 $E_a = C_e n \Phi = U - I_a R_a$，电动机转速

$$n = \frac{E_a}{C_e \Phi} = \frac{U - I_a R_a}{C_e \Phi} \tag{3.9}$$

将式（3.3）代入式（3.9）可得直流电动机的机械特性表达式为

71

$$n = \frac{U}{C_e \Phi} - \frac{R_a}{C_T C_e \Phi^2} T = n_0 - CT \quad\quad (3.10)$$

式中，$n_0 = \dfrac{U}{C_e \Phi}$ 为理想空载转速；$C = \dfrac{R_a}{C_T C_e \Phi^2}$ 是一个常数，反映了电动机机械特性曲线的斜率。

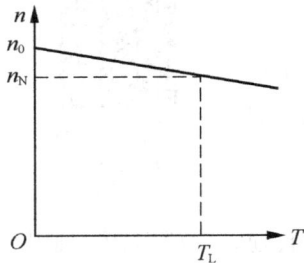

图 3.8 他励直流电动机的
机械特性曲线

图 3.8 所示为他励直流电动机的机械特性曲线。他励直流电动机的电枢电阻很小，当负载增大使电枢电流增大时，电枢电阻上的压降增加很少，因此转速下降很少。所以，他励直流电动机的机械特性曲线是一条略向下倾斜的直线，显然他励直流电动机的机械特性为硬特性。

并励直流电动机的机械特性通常和他励直流电动机的机械特性差别不大，可以认为其机械特性相同。

串励直流电动机的机械特性较软，因为串励直流电动机的励磁电流就是电枢电流。当负载增大时励磁电流随之增大，在不考虑磁通量饱和的影响时，磁通量与励磁电流成正比增大，电磁转矩变化也较大，其机械特性曲线是一条随负载增大，转速下降很快的软特性曲线。如果串励直流电动机轻载，转速将很高，严重时还会造成"飞车"事故。因此，串励直流电动机不允许在空载或轻载下运行。

复励直流电动机的机械特性介于他励直流电动机的机械特性和串励直流电动机的机械特性之间。

工程实例

【分析计算直流电动机的参数】

案例：一台并励直流电动机，已知其铭牌数据为 $P_N = 15\text{kW}$，$U_N = 110\text{V}$，$\eta_N = 0.83$，$n_N = 1800\text{r/min}$，$R_a = 0.05\Omega$，$R_f = 25\Omega$。试求该直流电动机的额定电流 I_N、励磁电流 I_f、电枢电流 I_a、反电动势 E_a 及额定电磁转矩 T_N。

分析计算：根据已知铭牌数据，可求得额定输入功率

$$P_{1N} = \frac{P_N}{\eta_N} = \frac{15}{0.83} \approx 18.1 \ (\text{kW})$$

额定电流

$$I_N = \frac{P_{1N}}{U_N} \approx \frac{18.1 \times 10^3}{110} \approx 165 \ (\text{A})$$

额定电磁转矩

$$T_N = 9550 \frac{P_N}{n_N} = 9550 \times \frac{15}{1800} \approx 79.6 \ (\text{N} \cdot \text{m})$$

励磁电流

$$I_f = \frac{U_N}{R_f} = \frac{110}{25} = 4.4 \ (\text{A})$$

电枢电流

$$I_a = I_N - I_f = 165 - 4.4 = 160.6 \text{（A）}$$

反电动势

$$E_a = U_N - I_a R_a = 110 - 160.6 \times 0.05 \approx 102 \text{（V）}$$

思考与问题

1. 在直流电动机中，电枢所加电压已是直流电压，为什么还要加装换向器？如果直流电动机没有换向器，还能转动吗？

2. 直流电动机的定子包含哪几部分？各部分作用如何？

3. 直流电动机的转子包含哪几部分？各部分作用如何？

4. 何为直流电动机的铭牌数据？其中的额定功率是电功率还是机械功率？

5. 为什么说直流电动机中的感应电动势是反电动势？这个反电动势与发电机中的感应电动势有何不同？

6. 直流电动机的电枢绕组中通过的电流是直流电流吗？为什么？

7. 直流电动机都有哪些励磁方式？应用得较多的有哪几种？

8. 何为直流电动机的运行特性？何为直流电动机的机械特性？

9. 各种励磁方式不同的直流电动机，其机械特性哪些属于硬特性？哪些属于软特性？

3.2 直流电动机的控制技术

提出问题

你了解的直流电动机采用的启动方法有哪些？直流电动机如何从正转改为反转？直流电动机的调速控制有哪些方法和技术？直流电动机的制动技术包括哪些？你了解和熟悉直流电动机常见故障的处理方法吗？

知识准备

直流电动机中，他励直流电动机和并励直流电动机在拖动中应用得较为广泛，因此我们以他励直流电动机或并励直流电动机为例介绍直流电动机的控制技术。

用直流电动机驱动生产机械时，生产机械对其也有启动、正反转、调速和制动性能方面的要求。本节以他励直流电动机或并励直流电动机为例，介绍直流电动机的启动、正反转、调速及制动的控制过程。

3.2.1 直流电动机的启动控制

学习直流电动机启动控制的目的是保护电动机、提高系统稳定性、节能减排、满足特定需求以及提高系统效率和性能，掌握启动控制技术可以帮助相关工程技术人员更好地设计和调试直流电动机系统，实现安全、稳定、高效的运行。

直流电动机的启动控制

生产机械对直流电动机的启动要求：①有足够大的启动转矩；②启动电流限制在允

许范围内，通常为额定电流的 1.5～2.5 倍；③启动时间短；④启动设备简单、经济、可靠。生产实际中，直流电动机的启动一般有直接启动、电枢回路串电阻启动和降压启动 3 种方式。

1. 直接启动

不采取任何限流措施，电枢绕组直接与电源相接的启动方法称直接启动。直接启动瞬间，电动机电枢转速 $n=0$，电枢电动势 $E_a=0$，则加额定电压时电枢的启动电流

$$I_{st} = \frac{U - E_a}{R_a} = \frac{U}{R_a} \tag{3.11}$$

电枢电阻通常很小，启动电流常可达到额定电流的 10～20 倍，超出额定电流这么多的启动电流会在换向器上产生火花而损坏换向器。启动转矩正比于启动电流，所以直接启动时启动转矩很大，电动机的转轴在直接启动时会受到较大的机械冲击而易造成机械性损伤。因此，直接启动方法只允许用于容量很小的直流电动机。

2. 电枢回路串电阻启动

为限制启动电流，常在电枢回路串入适当的启动电阻 R_{st}，则启动瞬间的电流

$$I_{st} = \frac{U}{R_a + R_{st}} \tag{3.12}$$

启动过程中，随着电动机转速的不断升高，可逐渐切断启动电阻，直到正常运行状态时全部切断。需要注意的是：并励直流电动机和他励直流电动机启动和运行时，其励磁绕组要可靠连接，不允许开路情况发生，否则磁通就会接近零，造成反电动势为零，导致电枢电流骤增，绕组会因此而烧损。

3. 降压启动

直流电动机在有可调电源的情况下，可以采用降压启动，以限制启动电流。启动时，以较低的电源电压启动直流电动机，启动电流便随电压的降低而减小。随着电动机转速的上升，反电动势逐渐增大，再逐渐提高电源电压，使启动电流和启动转矩保持在一定的数值上，从而保证电动机按需要的加速度加速。

降压启动方法大多用于直流发电机-电动机组。降压启动虽然需要专用电源，设备投资较大，但它启动平稳，启动过程中能量损耗小，因而得到了广泛的应用。

3.2.2　直流电动机的正反转控制

许多生产机械要求电动机能够正转、反转运行，如起重机的升、降，龙门刨床的前进与后退等。因此，学习和掌握直流电动机的正反转控制技术十分有必要。

要改变直流电动机的旋转方向，必须改变电磁转矩的方向，由 $T = C_T \Phi I_a$ 可知，电磁转矩的方向由主磁通和电枢电流共同决定，只要其中一项改变方向，便能使电磁转矩反向，电动机反转。如果同时改变两者的方向，电动机的转向不会改变。

直流电动机的励磁绕组电感较大，换接时会产生很高的自感电压，操作极不安全。因此，在实际使用中通常采用的方法是改变电枢电流的方向以达到改变转向的目的。

直流电动机的
正反转控制

3.2.3 直流电动机的调速控制

为了提高生产效率或满足生产工艺的要求，许多生产机械在工作过程中都需要调速。例如车床切削工件时，精加工用高转速，粗加工用低转速。轧钢机在轧制不同品种和不同厚度的钢材时，也必须有不同的工作速度。

直流电动机的调速控制

电力拖动系统可以采用机械调速、电气调速或两者配合起来调速的方法。通过改变传动机构速比的方法称为机械调速，通过改变电动机参数的方法称为电气调速（电气调速包括变电压调速、弱磁调速等）。

1. 变电压调速

直流电动机的工作电压不允许超过额定电压，因此电枢电压只能在额定电压以下进行调节。降低电源电压来调速的原理及过程可用图 3.9 说明。

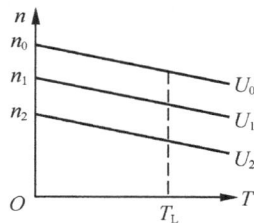

图 3.9 变电压调速

变电压调速过程中，负载阻转矩不变。当端电压下降时，电枢电流减小，电磁转矩随之减小，使负载阻转矩大于电磁转矩，转速下降。此时反电动势也随之减小，使电枢电流回升，直到电磁转矩与负载阻转矩重新平衡。

变电压调速时，直流电动机的机械特性硬度不变，直流电动机能在低速下稳定运行。当电压平滑调节时，可达到无级调速，调速范围广，调压电源可兼作启动电源。鉴于上述优点，电枢回路串电阻的变电压启动方法在直流拖动系统中应用广泛。

2. 弱磁调速

额定运行的直流电动机，其磁路已基本饱和，即使励磁电流增大很多，磁通也增大很少，从直流电动机性能考虑不允许磁路过饱和。因此，只能采取从磁通额定值往下调的弱磁调速。

在弱磁调速的过程中，负载阻转矩不变，当励磁电流减小使磁通减小时，开始瞬间由于机械惯性转速基本不变，但磁通减小使反电动势减小，反电动势减小又使电枢电流增大、电磁转矩增大，且电磁转矩的增大远比磁通量减小明显得多，造成电磁转矩大于负载阻转矩，电动机转速上升。转子转速的上升使反电动势回升，电枢电流又减小，电磁转矩随之减小，直到与负载阻转矩重新达到平衡，电动机重新稳定在一个新的转速。

弱磁调速时，改变励磁电流是从额定励磁电流向下调，也就是使直流电动机转速上升的方向。设直流电动机拖动恒转矩负载 T_L 在固有特性曲线上 A 点运行，其转速为 n_N。若磁通由 Φ_0 减小至 Φ_1，则达到新的稳态后，工作点将移到对应特性曲线上的 B 点，其转速上升为 n_1'。从图 3.10 可见，工作磁通越弱，稳态转速将越高。

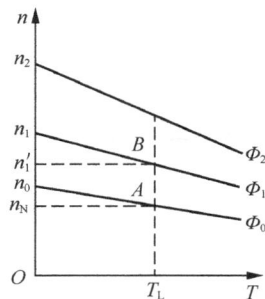

图 3.10 弱磁调速

弱磁调速可在励磁回路中串接电阻调节励磁，因此控制方便，设备简单，经济；弱磁调速平滑，可达到无级调速。另外，这种调速方法机械特性硬度较好，运行的稳定性较好。

除此之外，还可以采用电枢绕组串接电阻的方法进行调速，3 种方法均可达到无级调速。直流电动机由于机械强度和换向的限制，通常转速不允许调得过高，一般以额定转速的 1.2～1.5 倍为限，对于特殊设计的弱磁调速电动机，允许达到额定转速的 3～4 倍。

3.2.4 直流电动机的制动控制

实际生产中有许多生产机械需要快速停车或者在高速运行下迅速转为低速运行，这就要求电动机进行制动。

电动机拖动生产机械运转时，电磁转矩为驱动转矩，电动机将电能转换成机械能；电动机制动时，电磁转矩为制动转矩，电动机将机械能转换成电能。直流电动机的制动方法可采用机械制动，也可采用电气制动，其中电气制动的方法有能耗制动、反接制动和回馈制动 3 种类型。

1. 能耗制动

能耗制动原理：把正在运行的他励直流电动机的电枢绕组从电网中断开，并立即接到一个制动电阻器 R_{bk} 上构成闭合回路。能耗制动电路如图 3.11 所示。

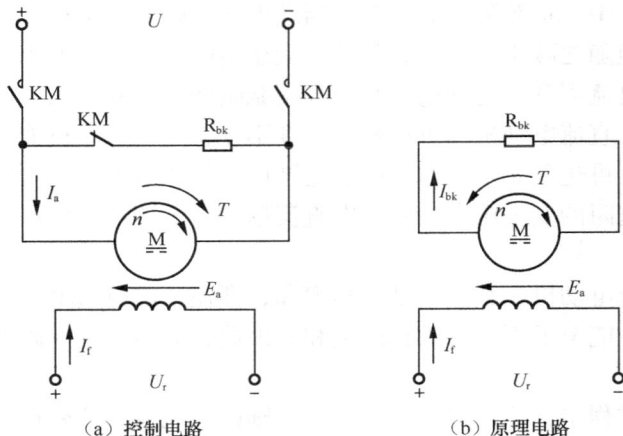

（a）控制电路　　　　（b）原理电路

图 3.11　能耗制动电路

能耗制动的机械特性方程为

$$n = -\frac{R_a + R_{bk}}{C_e C_T \Phi_N^2} T \tag{3.13}$$

式中，C_e、C_T 均为与直流电动机结构有关的常数；Φ_N 为额定磁通。

能耗制动的机械特性曲线是一条过坐标原点、位于第 Ⅱ 象限的直线，如图 3.12 所示。若直流电动机拖动反抗性恒转矩负载运行在电动状态的 a 点，当进行能耗制动时，在制动切换瞬间，由于转速 n 不能突变，直流电动机的工作点从 a 点跳变至 b 点，此时电磁转矩反向，与负载阻转矩同方向。在它们的共同作用下，直流电动机沿曲线减速，随着 $n\downarrow\rightarrow E_a\downarrow\rightarrow I_a\downarrow\rightarrow$ 电磁转矩 $T\downarrow$，直至 O 点，$n=0$，$E_a=0$，$I_a=0$，$T=0$，电动机迅速停车。

若直流电动机拖动的是位能性负载，如图 3.13 所示。采用能耗制动时，从图 3.12 所示的机械特性的 $a\rightarrow b\rightarrow O$ 为其能耗制动过程，与上述直流电动机拖动反抗性恒转矩负载时完全相同。但在 O 点，$T=0$，拖动系统在位能性负载阻转矩 T_L 作用下开始反转，n 反向，

E_a 反向，I_a 反向，T 反向，这时机械特性曲线进入第 IV 象限，如图 3.12 中的虚线所示。随着转速的增加，电磁转矩 T 也增加，直到 $T=T_L$，获得稳定运行，重物匀速下放，此状态称为稳定能耗制动运行状态。

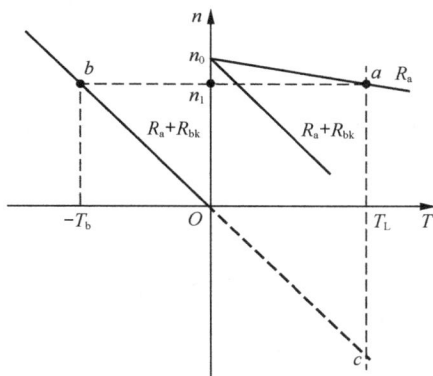

图 3.12　能耗制动机械特性曲线

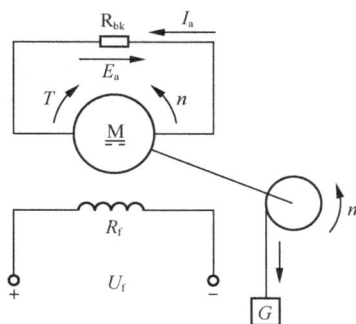

图 3.13　位能性负载的能耗制动

整个制动过程中，直流电动机储存的动能转换成电能全部消耗在电枢电阻和制动电阻上，故称为能耗制动。

【例 3.2】　一台他励直流电动机的铭牌数据为 $P_N=10\text{kW}$，$U_N=220\text{V}$，$I_N=53\text{A}$，$n_N=1000\text{r/min}$，$R_a=0.3\Omega$，电枢电流最大允许值为 $2I_N$。①电动机在额定状态下进行能耗制动，求电枢回路应串接的制动电阻值；②用此电动机拖动起重机，在能耗制动状态下以 300r/min 的转速下放重物，电枢电流为额定值，求电枢回路应串入多大的制动电阻。

【解】　①制动前电枢电动势

$$E_a=U_N-R_aI_N=220-0.3\times53=204.1（\text{V}）$$

此时制动电阻值

$$R_{bk}=\frac{E_a}{2I_N}-R_a=\frac{204.1}{2\times53}-0.3\approx1.625（\Omega）$$

②因为励磁保持不变，则

$$C_e\Phi_N=\frac{E_a}{n_N}=\frac{204.1}{1000}=0.2041$$

下放重物时，转速 $n=-300\text{r/min}$，由能耗制动的机械特性 $n=-\dfrac{R_a+R_{bk}}{C_eC_T\Phi_N^2}T$，且 $I_a=\dfrac{T}{C_T\Phi_N}$

可得

$$n=-\frac{R_a+R_{bk}}{C_e\Phi_N}I_a$$

将上述数值代入得

$$-300=-\frac{0.3+R_{bk}}{0.2041}\times53$$

电枢绕组中应串入的制动电阻

$$R_{bk}\approx0.855（\Omega）$$

2. 反接制动

在要求快速停车的生产设备中，常采用反接制动。所谓反接制动，就是在直流电动机制动时，电枢电压反向接在电枢两端，使其与反电动势同向，在电枢中就会立即产生很大的反向电流与相反的制动转矩，从而使直流电动机迅速停车。通常反接制动的时间是由速度继电器来控制的。

反接制动分为电枢反接制动和倒拉反接制动两种。

（1）电枢反接制动。电枢反接制动是将电枢反接在电源上，同时电枢回路串接制动电阻 R_{bk}，其控制电路和机械特性曲线如图 3.14 所示。

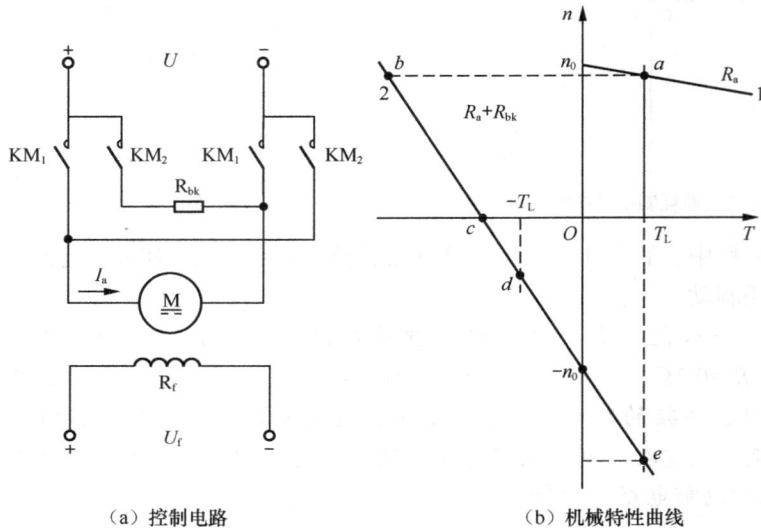

（a）控制电路 （b）机械特性曲线

图 3.14 电枢反接制动

当接触器 KM_1 线圈通电吸合，KM_2 线圈断电释放时，KM_1 常开触点闭合，KM_2 常开触点断开，直流电动机稳定运行在电动状态。当 KM_1 线圈断电释放，KM_2 线圈通电吸合时，KM_1 常开触点断开，KM_2 常开触点闭合，把电枢反接，并串接限制反接制动电流的制动电阻 R_{bk}。

电枢反接瞬间，转速 n 因惯性不能突变，电枢电动势 E_a 也不变，但电枢电压由原来的正值变为负值。此时，在电枢回路内，U 与 E_a 顺向串联，共同产生很大的反向电流 I_{abk}。

$$I_{abk} = \frac{-U_N - E_a}{R_a + R_{bk}} \tag{3.14}$$

反向的电枢电流 I_{abk} 产生很大的反向电磁转矩 T_{embk}，从而产生很强的制动作用。

电动状态时，电枢电流的大小由 U_N 与 E_a 之差决定，而反接制动时，电枢电流的大小由 U_N 与 E_a 之和决定，因此反接制动时电枢电流是非常大的。为了限制过大的电枢电流，反接制动时必须在电枢回路中串接制动电阻 R_{bk}。反接制动时电枢电流不超过直流电动机的最大允许值 $I_{max}=(2\sim2.5)I_N$，因此应串入的制动电阻值

$$R_{bk} \geq \frac{U_N + E_a}{(2\sim2.5)I_N} - R_a \tag{3.15}$$

反接制动电阻值约是能耗制动电阻值的两倍。

（2）倒拉反接制动。倒拉反接制动通常用于起重机下放较重物体时，是为防止物体下放过快而出现事故所使用的一种制动方法。其控制电路及机械特性曲线如图 3.15 所示。

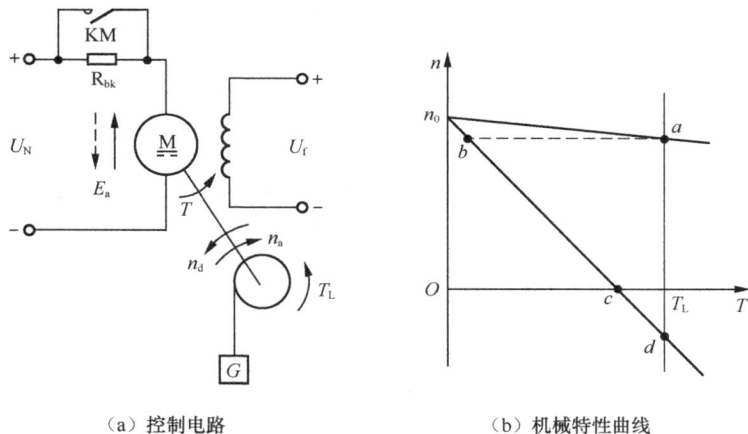

（a）控制电路　　　　　　　　（b）机械特性曲线

图 3.15　倒拉反接制动

直流电动机提升重物时，接触器线圈 KM 通电吸合，其常开触点闭合，短接电阻 R_{bk}，电动机运行在 a 点，如图 3.15（b）所示。下放重物时，接触器 KM 线圈断电释放，其常开触点断开，电枢电路串入较大电阻 R_{bk}。此时直流电动机转速因惯性不能突变，工作点从电动状态的 a 点跳至对应的机械特性曲线的 b 点上，由于电磁转矩 $T < T_L$，直流电动机减速沿机械特性曲线下降至 c 点。在 c 点，$n=0$，但 $T < T_L$，在负载重力转矩作用下，直流电动机被倒拉而反转起来，从而下放重物。

当运行点沿机械特性曲线下降并通过 c 点时，由于转速 n 反向成为负值，反电动势 E_a 也反向成为负值，电枢电流 I_a 成为正值，所以此时电磁转矩保持提升时的原方向，即与转速方向相反，电动机处于制动状态。此运行状态是由于位能性负载阻转矩拖动直流电动机反转而形成的，因此称为倒拉反接制动。

电动机过 c 点后，仍有 $T < T_L$，电动机反向加速，E_a 增大，电枢电流 I_a 和 T 也相应增大，直到 d 点，$T=T_L$，电动机以 d 点的转速匀速下放重物。

综上所述，直流电动机进入倒拉反接制动状态必须有位能性负载反拖电动机，同时电枢回路必须串入较大电阻，此时位能性负载阻转矩为拖动转矩，而直流电动机的电磁转矩是制动转矩，它抑制重物下放的速度，使其安全下放。

3. 回馈制动

电动状态下运行的直流电动机，在某种条件下（如直流电动机拖动的机车下坡时）会出现运行转速 n 高于理想空载转速 n_0 的情况，此时 $E_a > U$，电枢电流反向，电磁转矩的方向也随之改变：由驱动转矩变成制动转矩。从能量传递方向看，直流电动机处于发电状态，将机车下坡时失去的位能转换成电能回馈给电网，因此这种状态称为回馈制动状态，如图 3.16 所示。

机车在平路行驶时，如图 3.16（a）所示，电磁转矩 T 与负载阻转矩 T_L 相平衡，电动机稳定运行在正向电动状态固有机械特性曲线的 a 点上，如图 3.16（c）所示。

当机车下坡时，如图 3.16（b）所示，负载阻转矩依然存在，但由于车重产生的转矩

T_W 是帮助运动的，若 $T_W>T$，则合成后的负载阻转矩 $T'_L=-T+T_W$ 将与转速 n 的方向相同，于是负载阻转矩与电动机电磁转矩共同作用，使电动机转速上升，当 $n>n_0$ 时，$E_a>U$，I_a 反向，T 反向成为制动转矩，电动机运行在发电回馈制动状态，这时合成负载阻转矩 T'_L 拖动电动机电枢将轴上输入的机械功率变为电磁功率 E_aI_a，大部分 UI_a 回馈电网，小部分为电枢绕组的铜损耗。

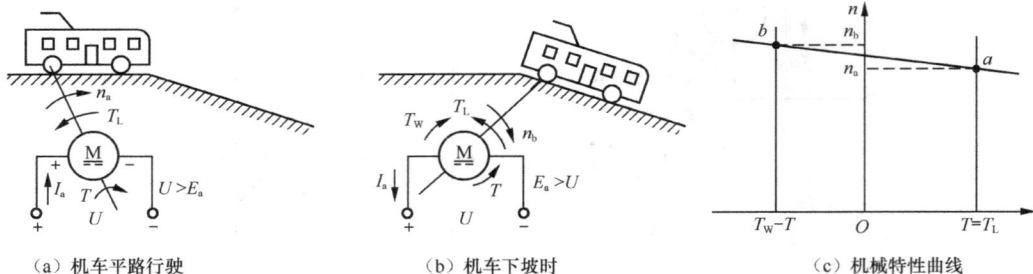

（a）机车平路行驶　　　　（b）机车下坡时　　　　（c）机械特性曲线

图 3.16　发电回馈制动

由于电磁转矩的制动作用，抑制了转速的继续上升，当 $T'=T'_L=T_W-T$ 时，直流电动机便稳定运行在 b 点，且 $n_b>n_0$。

3.2.5　直流电动机的常见故障处理

直流电动机的常见
故障处理

学习直流电动机的常见故障处理是保障设备正常运行、延长设备使用寿命、降低维修成本、保障人员安全以及提升技能水平的重要途径，对于设备管理和维护工作至关重要。

1.　换向故障

换向器是直流电动机中的关键部件，也是观察直流电动机故障的主要窗口，直流电动机的故障类型很多，但最常见、最难处理的是换向故障。直流电动机的换向故障现象主要有换向产生火花，严重时出现环火。

（1）换向产生火花。火花是电刷与换向器间的电弧放电现象，是换向不良的明显标志。产生火花的原因通常可分为 3 类：电磁原因、机械原因及负载与环境原因。

① 电磁原因：主要是由于换向元件合成电动势不等于零，换向元件产生附加电流，在换向时使电刷电流密度增大，元件的电磁能以火花形式释放出来；也可能是电枢绕组开焊或匝间短路使直流电动机电枢电路不对称而造成火花产生；电刷不在几何中心线上也是换向元件换向时产生火花的原因。

② 机械原因：主要由于换向器偏心或变形，换向器表面粗糙，换向片凸出变形，片间绝缘凸出、老化等造成电刷与换向器的接触不良而产生火花。

③ 负载与环境原因：主要由于严重过载、带冲击性负载造成换向困难而产生火花。此外，环境湿度和温度过高或过低时造成的油雾、有害气体、粉尘等会破坏换向器表面氧化膜的平衡而影响正常滑动接触，造成火花的产生。

处理这类问题的方法通常有以下几种。

① 针对电磁原因的处理方法：检查换向器的励磁绕组是否正常励磁，处理电枢绕组的短路、开焊，将电刷移动至几何中心线上。

② 针对机械原因的处理方法：如果换向器表面出现轻微条纹或凹槽，采取研磨或抛光方式处理，然后使用干净绸布擦拭换向器表面，这样有利于形成氧化膜，保护换向器表面，保证电刷与换向器的良好接触；校平衡消振；调整刷握间隙和弹簧压力；选择合适型号的电刷。

③ 针对负载与环境原因的处理方法：使负载大小在直流电动机的额定范围内，否则更换合适功率的直流电动机；改善环境条件，加强通风，避免温度过高或过低；防止油雾、有害气体、粉尘等进入直流电动机，使换向器表面的氧化膜保持平衡；另外，还要注意日常运行中对直流电动机的精心保养，必须保持换向器表面的清洁，要做到定期清扫。

（2）环火故障。环火故障是恶性事故，出现环火时，正、负极电刷之间有电弧飞越，换向器表面出现一圈弧光，此时电弧的高温和具有的能量不仅会严重损坏换向器和电刷，还会造成电枢电路的短路，严重时会危及操作和维修人员的安全。

环火产生的主要原因有：①换向片的片间绝缘被击穿；②换向器表面不清洁；③短路或带严重冲击性负载；④换向器片间电压过高；⑤换向严重不畅；⑥电枢绕组开焊；等等。

处理这类问题的方法：更换片间绝缘；注意维修保养，保持清洁；解决短路、开焊和过电压问题；改善换向；等等。

2. 绕组故障

绕组包含定子绕组和转子绕组。定子绕组包含主磁极励磁绕组、换向极励磁绕组和补偿绕组；转子绕组就是电枢绕组。

运行时绕组常见故障：绕组过热、匝间短路、接地、绝缘电阻减小以及极性接错等。

工程实例

【直流电动机的调速分析】

案例：一台他励直流电动机的额定数据为 $U_N=220V$，$I_N = 41.1A$，$n_N=1500r/min$，$R_a=0.4\Omega$，保持额定负载阻转矩不变。①分析电枢回路串入 1.65Ω 电阻后的稳态转速；②分析电源电压降为 110V 时的稳态转速；③分析磁通减弱为 $90\%\Phi_N$ 时的稳态转速。

分析：① 根据工程实例数据可分析计算出

$$C_e\Phi_N = \frac{U_N - R_a I_N}{n_N} = \frac{220 - 0.4 \times 41.1}{1500} \approx 0.136 \text{（Wb）}$$

因为负载阻转矩不变，且磁通不变，所以电枢电流 I_a 不变，有

$$n = \frac{U_N - (R_s + R_a)I_a}{C_e\Phi_N} = \frac{220 - (1.65 + 0.4) \times 41.1}{0.136} \approx 998 \text{（r/min）}$$

② 因为 $I_a=I_N$ 不变，所以

$$n = \frac{U_N - R_a I_a}{C_e\Phi_N} = \frac{110 - 0.4 \times 41.1}{0.136} \approx 688 \text{（r/min）}$$

③ 因为 $T_m = C_T\Phi_N I_N = C_T\Phi_N' I_a' =$ 常数，所以

$$I_a' = \frac{\Phi_N}{\Phi_N'} I_N = \frac{1}{0.9} \times 41.1 \approx 45.7 \text{（A）}$$

结论：弱磁时的稳态转速

$$n = \frac{U_N - R_a I'_a}{C_e \varPhi_N} = \frac{220 - 0.4 \times 45.7}{0.9 \times 0.136} \approx 1648 \ (\text{r/min})$$

思考与问题

1. 直流电动机常用的启动方法是什么？

2. 调速和电动机的速度变化是否为同一个概念？直流电动机的调速性能和交流电动机的调速性能相比如何？直流电动机共有哪几种调速方法？

3. 何为直流电动机的制动？起重机中常采用哪种制动方法？

4. 直流电动机的常见故障有哪些？其中换向故障包括哪些？造成电动机绕组过热的原因有哪些？

拓展阅读

首先，随着经济的发展，消费市场的扩张和技术的进步，加上直流无刷电动机具有能耗低、功率高、噪声低、寿命长等特点，直流无刷电动机行业的发展趋势将会越来越明显，其应用领域包括新能源汽车、智能家居、新型医疗设备、高性能机器人等。其次，随着技术的发展，直流无刷电动机的性能将会有更大的提升，从而为用户提供更高效的服务。最后，由于我国正在推进节能减排、绿色发展，对直流无刷电动机行业的政策支持也将会进一步增多。

应用实践

他励直流电动机的启动调速及改变转向

一、实验目的

1. 了解他励直流电动机实验的基本要求与安全操作注意事项。

2. 认识他励直流电动机实验中所用的电动机、仪表、变阻器等设备。

3. 熟悉他励直流电动机（或并励电动机按他励方式）的接线、启动、改变转向与调速的控制方法。

二、实验相关要点

1. 他励直流电动机启动时，为什么需要在电枢回路中串接启动变阻器？不串接会产生什么严重后果？

2. 他励直流电动机启动时，励磁回路串接的磁场变阻器应调至什么位置？为什么？若励磁回路断开造成失磁，会产生什么严重后果？

3. 他励直流电动机调速及改变转向的方法。

三、实验项目

1. 了解 DD01 电源控制屏中的电枢电源、励磁电源、校正直流测功机、变阻器、多量程直流电压表、电流表及他励直流电动机的使用方法。

2. 用伏安法测他励直流电动机和直流发电机的电枢绕组的冷态电阻。

3. 他励直流电动机的启动、调速及改变转向。

四、实验设备及控制屏上挂件排列顺序

部分实验设备如表 3.1 所示。

表 3.1   部分实验设备

序号	型号	名称	数量
1	DD03	导轨、测速发电机及转速表	1 台
2	DJ23	校正直流测功机	1 台
3	DJ15	他励直流电动机	1 台
4	D31	直流数字电压表、毫安表、安培表	2 件
5	D42	三相变阻器	1 件
6	D44	变阻器、电容器	1 件
7	D51	波形测试及开关板	1 件
8	D41	三相变阻器	1 件

控制屏上挂件排列顺序为 D31、D42、D41、D51、D31、D44。

五、实验步骤

1. 了解实验装置和注意事项

由实验指导人员介绍 DDSZ-1 型电动机和电气技术实践环节装置各面板布置及使用方法，讲解电动机实验的基本要求、安全操作和注意事项。

2. 用伏安法测电枢绕组的直流电阻

（1）按图 3.17 接线，电阻 R 用 D44 中的 1800Ω 电阻和 180Ω 电阻串联，共 1980Ω 阻值，并调至最大。电流表 A 选用 D31 安培表，量程选用 5A 挡。开关 S 选用 D51 挂箱。

（2）经检查无误后接通电枢电源，并调至 220V。调节电阻 R 使电枢电流达到 0.2A（如果电流太大，可能由于剩磁的作用使电动机旋转，测量无法进行；如果电流太小，

图 3.17 测电枢绕组直流电阻的接线

可能由于接触电阻产生较大的误差），迅速测取电动机电枢两端电压 U 和电流 I。将电动机分别旋转 1/3 周和 2/3 周，同样测取 U、I，将 3 组数据列于表 3.2 中。

（3）增大 R 使电枢电流分别达到 0.15A 和 0.1A，用同样的方法测取 6 组数据列于表 3.2 中。取 3 次测量的平均值作为实际冷态电阻值，即

$$R_{a} = \frac{1}{3}(R_{a1} + R_{a2} + R_{a3})$$

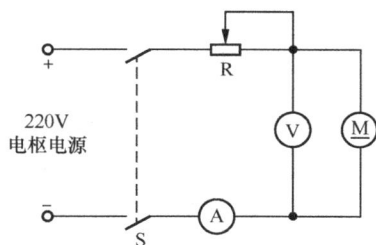

表 3.2   实验数据   室温_____℃

序号	U/V	I/A	$R_{平均}$/Ω		R_{a}/Ω	R_{aref}/Ω
1			$R_{a11}=$	$R_{a1}=$		
			$R_{a12}=$			
			$R_{a13}=$			

续表

序号	U/V	I/A	$R_{平均}/\Omega$		R_a/Ω	R_{aref}/Ω
2			$R_{a21}=$	$R_{a2}=$		
			$R_{a22}=$			
			$R_{a23}=$			
3			$R_{a31}=$	$R_{a3}=$		
			$R_{a32}=$			
			$R_{a33}=$			

表 3.2 中：

$$R_{a1} = \frac{1}{3}(R_{a11} + R_{a12} + R_{a13})$$

$$R_{a2} = \frac{1}{3}(R_{a21} + R_{a22} + R_{a23})$$

$$R_{a3} = \frac{1}{3}(R_{a31} + R_{a32} + R_{a33})$$

（4）计算基准工作温度时的电枢绕组电阻值。由实验直接测得电枢绕组电阻值，此值为实际冷态电阻值。冷态温度为室温。按下式换算到基准工作温度时的电枢绕组电阻值：

$$R_{aref} = R_a \frac{235℃ + \theta_{ref}}{235℃ + \theta_a}$$

式中，R_{aref} 为换算到基准工作温度时电枢绕组电阻值；R_a 为电枢绕组的实际冷态电阻值；θ_{ref} 为基准工作温度，对于 E 级绝缘为 75℃；θ_a 为实际冷态时电枢绕组的温度。

3. 直流仪表、转速表和变阻器的选择

直流仪表、转速表量程是根据电动机的额定值和实验中可能达到的最大值来选择的，变阻器根据实验要求来选用，并按电流的大小选择串联、并联或串并联的接法。

（1）电压量程的选择。测量电动机两端为 220V 的直流电压，选用直流电压表的 1000V 量程挡。

（2）电流量程的选择。因为他励直流电动机的额定电流为 1.2A，测量电枢电流的电表 A_3（见图 3.18）选用直流电流表的 5A 量程挡；额定励磁电流小于 0.16A，电流表 A_1 选用 200mA 量程挡。

（3）电动机额定转速为 1600r/min，转速表选用 1800r/min 量程挡。

（4）变阻器的选择。变阻器选用的原则是根据实验中所需的阻值和流过变阻器的最大电流来确定，电枢回路电阻 R_1 可选用 D44 挂件的 1.3A 的 90Ω 与 90Ω 串联电阻，磁场回路电阻 R_{f1} 可选用 D44 挂件的 0.41A 的 900Ω 与 900Ω 串联电阻。

4. 他励直流电动机的启动准备

按图 3.18 所示接线。图中的他励直流电动机 M 选用 DJ15，其额定功率 P_N=185W，额定电压 U_N=220V，额定电流 I_N=1.2A，额定转速 n_N=1600r/min，额定励磁电流 I_{fN} < 0.16A。校正直流测功机 MG 作为测功机使用，TG 为测速发电机。直流电流表选用 D31。R_{f1} 用 D44 的 1800Ω 阻值的电阻，作为他励直流电动机励磁回路串接的电阻。R_{f2} 选用 D42 的 1800Ω

阻值的电阻，作为 MG 励磁回路串接的电阻。R_1 选用 D44 的 180Ω 阻值的电阻，作为他励直流电动机的启动电阻，R_2 选用 D41 的 6 只 90Ω 串联电阻和 D42 的 900Ω 与 900Ω 并联电阻相串联，作为测功机 MG 的负载电阻。接好线后，检查 M、MG 及 TG 之间是否用联轴器直接连接好。

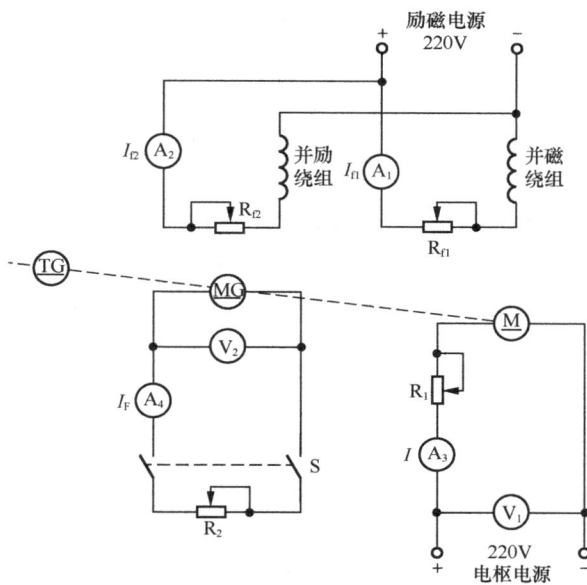

图 3.18　他励直流电动机接线

5. 他励直流电动机启动步骤

（1）检查接线是否正确，电表的极性、量程选择是否正确，电动机励磁回路接线是否牢靠。然后，将电动机电枢串联启动电阻 R_1、测功机 MG 的负载电阻 R_2 及 MG 的磁场回路电阻 R_{f2} 阻值调到最大，M 的磁场调节电阻 R_{f1} 阻值调到最小，断开开关 S，并断开控制屏右下方的电枢电源开关，做好启动准备。

（2）开启控制屏上的电源总开关，按下其上方的"开"按钮，接通其左下方的励磁电源开关，观察 M 及 MG 的励磁电流值，调节 R_{f2} 使 I_{f2} 等于校正值（100mA）并保持不变，再接通控制屏右下方的电枢电源开关，使 M 启动。

（3）M 启动后观察转速表指针偏转方向，应为正向偏转，若不正确，可拨动转速表上正、反向开关来纠正。调节控制屏上电枢电源的"电压调节"旋钮，使电动机端电压为 220V。减小启动电阻 R_1 阻值，直至短接。

（4）合上校正直流测功机 MG 的负载开关 S，调节 R_2，使 MG 的负载电流 I_F 改变，即直流电动机 M 的输出转矩 T_2 改变〔查 I_{f2}=100mA 时对应的校正曲线 $T_2=f(I_F)$，按不同的 I_F 值，可得到 M 不同的输出转矩 T_2 值〕。

（5）调节他励直流电动机的转速。分别改变串入电动机 M 电枢回路的调节电阻 R_1 和励磁回路的调节电阻 R_{f1} 的阻值，观察转速变化情况。

（6）改变他励直流电动机的转向。将电枢串联的启动变阻器 R_1 阻值调回到最大，先切断控制屏上的电枢电源开关，然后切断控制屏上的励磁电源开关，使他励直流电动机停机。在断电情况下，将电枢（或励磁绕组）的两端接线对调后，再按他励直流电动机的启动步骤启动电动机，并观察电动机的转向及转速表指针偏转的方向。

六、注意事项

（1）他励直流电动机启动时，须将励磁回路串联的电阻 R_{f1} 阻值调至最小，先接通励磁电源，使励磁电流最大，同时必须将电枢串联的启动电阻 R_1 阻值调至最大，然后方可接通电枢电源，使电动机正常启动。启动后，将启动电阻 R_1 阻值调至零，使电动机正常工作。

（2）他励直流电动机停机时，必须先切断电枢电源，然后断开励磁电源。同时必须将电枢串联的启动电阻 R_1 阻值调回到最大，励磁回路串联的电阻 R_{f1} 阻值调回到最小，为下次启动做好准备。

（3）测量前注意仪表的量程、极性及接法是否符合要求。

（4）若要测量他励直流电动机的转矩 T_2，必须将校正直流测功机 MG 的励磁电流调整到校正值 100mA，以便从校正曲线中查出电动机 M 的输出转矩。

七、思考题

（1）画出他励直流电动机电枢串接电阻启动的接线图。说明电动机启动时，启动电阻 R_1 和磁场调节电阻 R_{f1} 应调到什么大小？为什么？

（2）在他励直流电动机轻载及额定负载时，增大电枢回路的调节电阻，电动机的转速如何变化？增大励磁回路的调节电阻，转速又如何变化？

（3）用什么方法可以改变直流电动机的转向？

（4）为什么要求他励直流电动机磁场回路的接线要牢靠？为什么启动时电枢回路必须串联启动变阻器？

模块 3 自测题

一、填空题

1. 直流电动机主要由_____和_____两大部分构成。_____是直流电动机的静止部分，主要由_____、_____、_____和_____ 4 部分组成；旋转部分则由_____、_____、_____和_____4 部分组成。

2. 直流电动机按照励磁方式的不同可分为_____电动机、_____电动机、_____电动机和_____电动机 4 种类型。

3. _____电动机和_____电动机的机械特性较硬；_____电动机的机械特性较软；_____电动机的机械特性介于并励电动机与他励电动机之间。

4. 直流电动机的额定数据通常包括额定_____、额定_____、额定_____、额定_____和额定_____等。

5. 直流电动机的机械特性是指电动机的_____与_____之间的关系。

6. 直流电动机的启动方法有_____启动、_____启动和_____启动 3 种。直流电动机要求启动电流为额定电流的_____倍。

7. 直流电动机通常采用改变_____的方向来达到改变电动机转向的目的。

8. 直流电动机的调速方法一般有_____调速、_____调速和_____调速，这几种方法都可以达到_____调速性能。

9. 用_____或_____的方法使直流电动机迅速停车的方法称为_____。

10. 直流电动机常见的故障有_____故障和_____故障。

二、判断题

1. 无论是直流发电机还是直流电动机，其换向极绕组都应与主磁极绕组串联。　（　　）

2. 直流电动机中换向器的作用是构成电枢回路的通路。　（　　）

3. 并励直流电动机和他励直流电动机的机械特性都属于硬特性。　（　　）

4. 直流电动机的调速性能比交流电动机的调速性能平滑。　（　　）

5. 直流电动机的直接启动电流和交流电动机一样，都是额定值的 4～7 倍。　（　　）

6. 直流电动机的电气制动包括能耗制动、反接制动和回馈制动 3 种方法。　（　　）

7. 串励直流电动机和并励直流电动机一样，可以空载启动或轻载启动。　（　　）

8. 直流电动机绕组过热的主要原因是通风散热不良、过载或匝间短路。　（　　）

9. 一般中、小型直流电动机都可以采用直接启动方法。　（　　）

10. 调速就是使电动机的速度发生变化，因此调速和速度改变概念相同。　（　　）

三、单项选择题

1. 按励磁方式分类，直流电动机可分为（　　　）种。

  A. 2   B. 3   C. 4   D. 5

2. 直流电动机主磁极的作用是（　　　）。

  A. 产生换向磁场   B. 产生主磁场

  C. 削弱主磁场   D. 削弱电枢磁场

3. 直流电动机中机械特性较软的是（　　　）。

  A. 并励直流电动机   B. 串励直流电动机

  C. 他励直流电动机   D. 复励直流电动机

4. 使用中不能空载或轻载的电动机是（　　　）。

  A. 并励直流电动机   B. 串励直流电动机

  C. 他励直流电动机   D. 复励直流电动机

5. 起重机制动的方法是（　　　）。

  A. 能耗制动   B. 反接制动   C. 回馈制动

6. 不属于直流电动机定子部分的器件是（　　　）。

  A. 机座   B. 主磁极   C. 换向器   D. 电刷装置

四、简答题

1. 直流电动机中换向器的作用是什么？将换向器改成滑环后，直流电动机还能旋转吗？

2. 试述如何改变并励直流电动机的旋转方向。

3. 他励直流电动机在负载阻转矩和外加电压不变的情况下，若减小励磁电流，电枢电流将如何变化？

4. 试述换向产生火花的原因有哪几类。

五、计算题

1. 一台 $Z_3 73$ 直流电动机，已知其铭牌数据为 $P_N=17kW$，$U_N=440V$，$n_N=1000r/min$。

试求在额定状态下该直流电动机的额定输入功率 P_{1N}、额定效率 η_N 和额定电磁转矩 T_N。

2．一台并励直流电动机，已知其铭牌数据为 $P_N=40kW$，$U_N=220V$，$I_N=208A$，$n_N=1500r/min$，$R_a=0.1\Omega$，$R_f=25\Omega$。试求在额定状态下该直流电动机的额定效率 η_N、总损耗 P_0、反电动势 E_a。

3．一台并励直流电动机，已知其铭牌数据为 $P_N=7.5kW$，$U_N=220V$，$n_N=1000r/min$，$I_N=41.3A$，$R_a=0.15\Omega$，$R_f=42\Omega$。保持额定电压和额定转矩不变，试求：①电枢回路串入 $R=0.4\Omega$ 的电阻时，电动机的转速和电枢电流；②励磁回路串入 $R=10\Omega$ 的电阻时，电动机的转速和电枢电流。

4．一台并励直流电动机，已知其铭牌数据为 $P_N=10kW$，$U_N=220V$，$I_N=50A$，$n_N=1500r/min$，$R_a=0.25\Omega$。在负载阻转矩不变的条件下，如果用降压调速的方法将转速下降 20%，电枢电压应降到多少？

模块 4 常用特种电机

学 习 引 导

特种电机是指针对特定工作环境、特殊要求或特殊应用而设计的电机。特种电机通常都具有特殊的结构或性能，从而满足特定领域的需求。

随着科技的进步和发展，特种电机的种类更加多样化，应用场合也在不断扩展和深化，为各个行业和特殊场合提供了更多定制化和高性能的解决方案。

特种电机与普通电机在工作原理上的差别主要体现在结构设计、材料选择、工作性能和控制方式等方面。特种电机的设计和应用旨在满足特定的工作需求，提供更加专业和定制化的解决方案。常用特种电机使用场合的特殊性，使它们在结构、性能、用途或原理等方面都与常规电机存在差异，一般特种电机的外径不大于 130mm，输出功率较小，从数百毫瓦到数百瓦。

特种电机由于具有重量轻、功率密度大等优点，非常适合用于飞机的起落架、襟翼、方向舵等的控制，也可以应用于卫星的朝向控制等方面，成为现代工业自动化系统、现代军事装备中必不可少的重要元件。另外特种电机还广泛用于机床加工过程的自动控制和自动显示、阀门的遥控、火炮和雷达的自动定位、飞机的自动驾驶、舰船方向舵的自动操纵、遥远目标位置的显示，以及电子计算机、自动记录仪表、医疗设备、录音、录像、摄影等方面的自动控制系统等。

常用特种电机可以分为驱动用电机和控制用电机两大类，前者主要用来驱动各种机构、仪表以及家用电器等；后者是在自动控制系统中传递、变换和执行控制信号的小功率电机的总称，用作执行元件或信号元件。本模块仅介绍机械工业中常用的伺服电动机、测速发电机、步进电动机。

学 习 目 标

【知识目标】

掌握伺服电动机、测速发电机和步进电动机等常用特种电机的结构、性能、工作原理和工作特性；了解伺服系统和步进控制系统的组成，熟悉各种特种电机在生产领域中的应用。

【技能目标】

具备拆装常用特种电机的能力；具备交流伺服电动机机械特性和调节特性的实验能力；

具备简单计算特种电机各运行参数的能力。

【素养目标】

增强学习者的爱国主义情怀，使学习者拥有坚定的信念及锲而不舍的探索精神，培养克服困难的毅力和积极进取的人生态度以及勇于担当、甘于奉献的情怀，为今后在具体工作中具备认真负责的工作态度和相应的社会能力打下基础。

4.1 伺服电动机

提出问题

你了解在自动控制系统中，对伺服电动机的性能有哪些要求吗？交流伺服电动机和直流伺服电动机相比，哪一种有较大的电阻？你对交流伺服电动机的控制方式了解多少？

知识准备

伺服电动机在工业自动化领域的应用非常广泛，包括数控机床、机器人、印刷设备、包装机械、纺织设备等。伺服驱动产品也是机器人中不可或缺的一部分，通过伺服驱动产品，机器人能够实现精确的运动控制和姿态调整，从而完成各种复杂的任务，如装配、搬运、焊接等。另外，伺服驱动产品在医疗设备、航空航天和新能源等领域也都有广泛的应用。

在自动控制系统中，伺服电动机用作执行元件，因此又称为执行电动机。

伺服电动机可以将输入的电压信号转换成转矩或速度输出，以驱动控制对象。输入的电压信号称为控制信号，也称为控制电压，改变控制电压的极性和大小，即可改变伺服电动机的转向和转速。

伺服电动机包括直流伺服电动机和交流伺服电动机两大类，它们在工业领域中都有广泛的应用，且各自具有一些特点和优势。其中直流伺服电动机具有响应速度快、易于控制的优点，适用于小功率应用。交流伺服电动机的优势则是不需要换向器，因此不需要定期维护换向器，维护成本低、寿命长、高效节能，但交流伺服电动机的控制相对复杂，需要配备较为先进的控制系统。

4.1.1 直流伺服电动机

直流伺服电动机目前在许多应用场合中被广泛采用，特别是对需要高性能、高精度和快速响应的控制系统来说，直流伺服电动机是一个可靠的选择。

直流伺服电动机按照励磁方式、电枢结构、电刷和换向器的结构又可分为普通型直流伺服电动机、盘形直流伺服电动机、杯形直流伺服电动机和无槽直流伺服电动机等。

1. 普通型直流伺服电动机

普通型直流伺服电动机通常采用较为简单的设计结构，包括电枢、电刷、换向器等基本部件，所以成本较低，而且普通型直流伺服电动机在家用电器、小型机械设备等小功率

和中功率产品中具有良好的适用性。普通型直流伺服电动机通常比较容易进行维护和保养，更换零件也相对便捷。

普通型直流伺服电动机由于结构简单，采用的励磁方式大多是永磁式，但为提高控制精度和响应速度，其励磁方式也可采用电枢励磁，这种励磁方式更加灵活，适用于需要精确控制的应用场合。

2. 盘形直流伺服电动机

盘形直流伺服电动机是一种常见的直流电动机，通常用于需要高性能和精密控制的应用场合。盘形直流伺服电动机采用扁平的盘形结构，如图 4.1 所示。

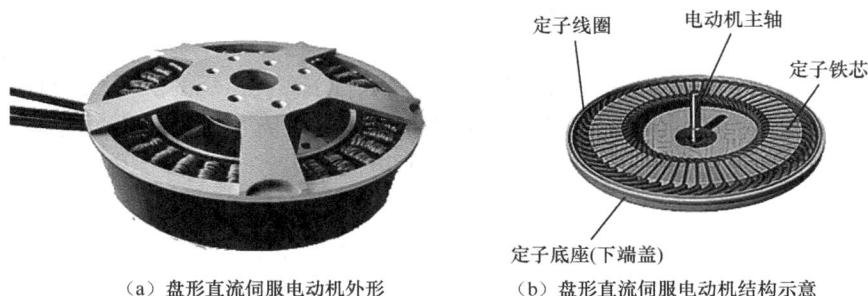

（a）盘形直流伺服电动机外形　　（b）盘形直流伺服电动机结构示意

图 4.1　盘形直流伺服电动机

盘形直流伺服电动机的外形如图 4.1（a）所示，盘形直流伺服电动机的结构示意如图 4.1（b）所示。

盘形直流伺服电动机的电枢直径远大于其长度，其定子由永久磁铁和前后磁轭组成，形成轴向的平面气隙，其电枢是印刷绕组或线圈式绕组，形成径向电流，径向电流和轴向磁场相互作用，使伺服电动机旋转。显然，盘形直流伺服电动机适合安装在有限空间内。

盘形直流伺服电动机通常能够实现精确的速度和位置控制，适用于需要高精度控制的医疗器械、精密仪器、数控机床、机器人等。

3. 杯形直流伺服电动机和无槽直流伺服电动机

按照转子结构的不同，直流伺服电动机分为杯形直流伺服电动机和无槽直流伺服电动机。杯形直流伺服电动机通常具有圆筒形状的外壳，结构紧凑，适合安装在有限空间内，适用于一些对功率密度要求较高的场合，常用于小型机械设备、自动化设备、医疗器械等领域。但由于杯形直流伺服电动机的性能指标较低，现在已很少采用。

无槽直流伺服电动机产品外形及无槽直流伺服电动机结构示意如图 4.2 所示。

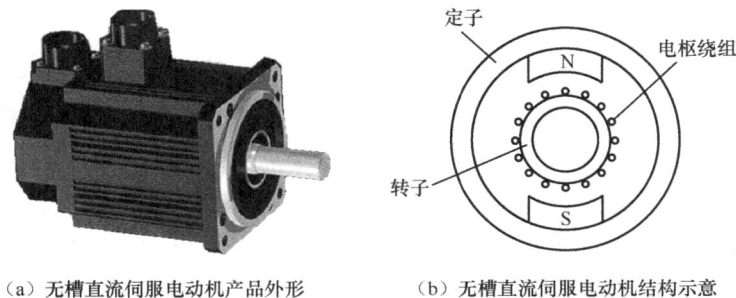

（a）无槽直流伺服电动机产品外形　　（b）无槽直流伺服电动机结构示意

图 4.2　无槽直流伺服电动机

无槽直流伺服电动机是一种特殊类型的直流电动机，其特点是转子上没有槽。这种设计使得无槽直流伺服电动机在一些方面具有独特的优势，例如更低的惯性、更高的动态响应和更平滑的运行。

工程中采用直流电压信号控制伺服电动机的转速和转向，其控制方式有两种：一种称为电枢控制，即在电动机的励磁绕组上加上恒压励磁，将控制电压作用于电枢绕组进行控制；另一种称为磁场控制，即在电动机的电枢绕组上施加恒压，将控制电压作用于励磁绕组进行控制。由于磁场控制在性能上不如电枢控制，因此工程实际中多采用电枢控制。

以他励直流伺服电动机为例，分析一下电枢控制原理，如图 4.3 所示。

当励磁绕组流过励磁电流时，气隙磁场建立，其中的磁通 Φ 与电枢电流 I_a 相互作用产生电磁转矩 T，驱动电动机旋转。

电枢控制方式下，作用于电枢的控制电压为 U_c，励磁电压 U_f 保持不变，直流伺服电动机的励磁绕组接于恒压直流电源 U_f 上，当通以恒定励磁电流 I_f 时，产生恒定磁通 Φ，将控制电压 U_c 加在电枢绕组上来控制电枢电流（此时电流为 I_c），进而控制电磁转矩 T，以达到控制电动机转速的目的。

采用电枢控制时，直流伺服电动机的机械特性表达式为

$$n = \frac{U_c}{C_e\Phi} - \frac{R_a}{C_e C_T \Phi^2}T$$

（4.1）

式中，C_e 为电动势常数；C_T 为转矩常数；R_a 为电枢回路电阻。由于直流伺服电动机的磁路一般不饱和，因此我们可以不考虑电枢反应，认为主磁通 Φ 大小不变。

伺服电动机的机械特性，指控制电压一定时转速随转矩变化的关系。当作用于电枢回路的控制电压 U_c 不变时，转矩 T 越大，电动机的转速 n 越低，转矩 T 与转速 n 之间呈线性关系，不同控制电压作用下的机械特性曲线如图 4.4 所示。

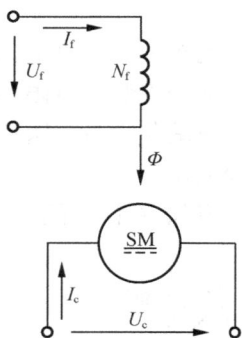

图 4.3 电枢控制原理

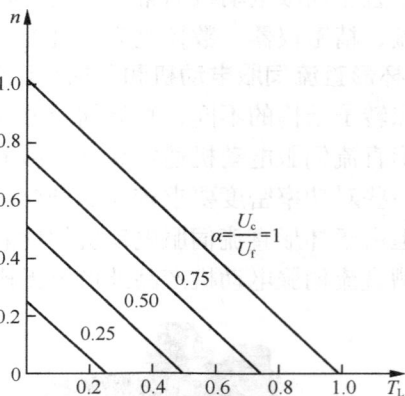

图 4.4 U_c 为常数时的机械特性曲线

由图 4.4 可知，在负载阻转矩 T_L 一定，磁通不变时，控制电压 U_c 高，转速 n 也高，转速 n 的增加与控制电压的增加成正比；当 $U_c=0$ 时，$n=0$，电动机停转。要改变直流伺服电动机的转向，可通过改变控制电压 U_c 的极性来实现，所以直流伺服电动机具有可控性。

无槽直流伺服电动机通常应用于对运行平稳性、动态性能和控制精度要求较高的领域，

如半导体制造设备、精密仪器、医疗设备、数控机床、雷达天线等。

直流伺服电动机的机械特性的线性度好，启动转矩大，调整范围大，效率高；缺点是电枢电流较大，电刷和换向器维护工作量大，接触电阻不稳定，电刷与换向器之间的火花有可能对控制系统产生干扰，而且直流伺服电动机不灵敏，不能带太大负载。

4.1.2　交流伺服电动机

从伺服驱动产品当前的应用来看，交流伺服电动机精度更高、速度更快、使用更方便，其目前的市场占有率正在逐步扩大，已经成为市场主流产品。

1. 结构

交流伺服电动机在结构上类似于单相异步电动机，其定子铁芯中安放着空间相差 90° 电角度的两相绕组：一相称为励磁绕组，一相称为控制绕组。电动机工作时，励磁绕组接单相交流电压，控制绕组接控制信号电压，要求两相电压频率相同。

交流伺服电动机的转子有两种结构形式：一种是图 4.5（a）所示的笼型转子，另一种是图 4.5（b）所示的非磁性空心杯转子。

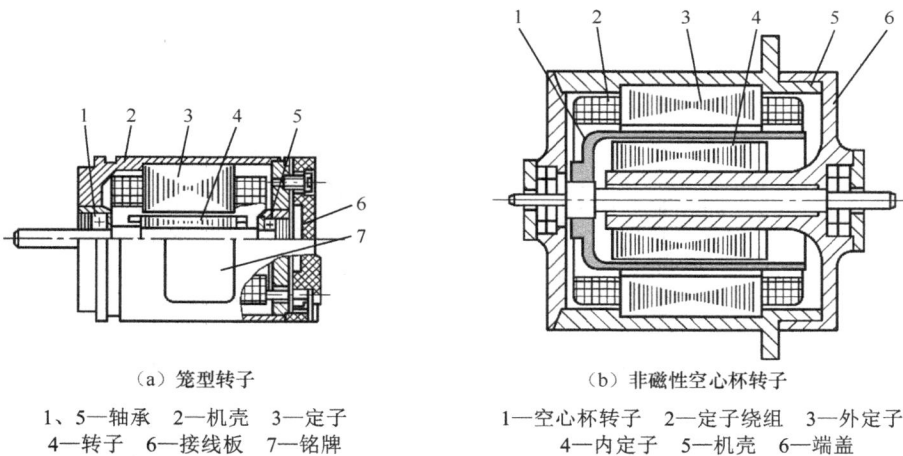

（a）笼型转子　　　　　　　　　　　　　（b）非磁性空心杯转子

1、5—轴承　2—机壳　3—定子　　　　　　1—空心杯转子　2—定子绕组　3—外定子
4—转子　6—接线板　7—铭牌　　　　　　4—内定子　5—机壳　6—端盖

图 4.5　交流伺服电动机的转子结构示意

交流伺服电动机的笼型转子与普通三相异步电动机笼型转子相似，只不过在外形上更细长，从而减小了转子的转动惯量，减小了电动机的机电时间常数。笼型转子交流伺服电动机体积较大，气隙小，所需的励磁电流小，功率因数较大，电动机的机械强度大，但快速响应性能稍差，低速运行不够平稳。

非磁性空心杯转子交流伺服电动机的转子做成了杯状结构，为了减小气隙，在空心杯转子内还有一个内定子，内定子上不设绕组，只起导磁作用。转子用铝或铝合金制成，杯壁厚 0.2～0.8mm，转动惯量小且具有较大的电阻。非磁性空心杯转子交流伺服电动机具有响应快、运行平稳的优点，但结构复杂，气隙大，空载电流大，功率因数较小。

2．工作原理

交流伺服电动机的工作原理与具有启动绕组的单相异步电动机的原理相似。在励磁绕组 N_1 中串入电容 C 进行移相，使励磁电流 I_f 与控制绕组 N_e 中的电流 I_e 在空间位置上相差 $90°$ 电角度，如图 4.6 所示。

交流伺服电动机工作时，励磁绕组作用恒定交流电压，控制绕组由伺服放大器作用控制电压，两个电压的频率相同，并且在相位上也相差 $90°$ 电角度。这样，两个绕组共同作用在电动机内部产生了一个旋转磁场，在旋转磁场的作用下转子中产生感应电动势和电流，转子电流与旋转磁场相互作用产生电磁转矩，带动转子转动。

交流伺服电动机是单相电动机，如果其控制绕组断开后，伺服电动机仍然转动而处于"自转"状态，这是伺服电动机所不能允许的。防止自转现象的发生，只需要增加伺服电动机的转子电阻即可。

交流伺服电动机的机械特性曲线如图 4.7 所示。

当控制绕组断开后，只有励磁绕组起到励磁作用，单相交流绕组产生的是一个脉振磁场，脉振磁场可以分解为两个方向相反、大小相同的旋转磁场。

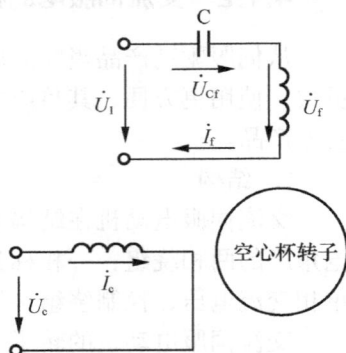

图 4.6　交流伺服电动机工作原理

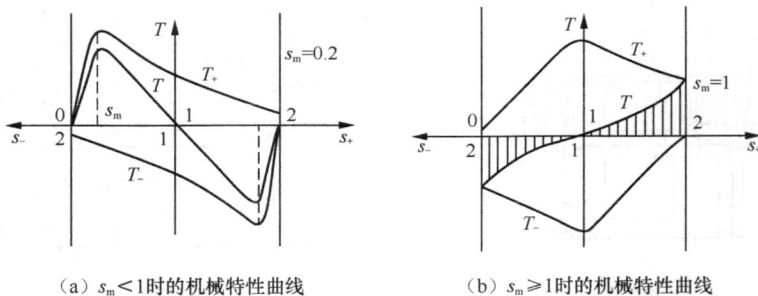

（a）$s_m<1$ 时的机械特性曲线　　　　（b）$s_m \geqslant 1$ 时的机械特性曲线

图 4.7　交流伺服电动机的机械特性曲线

转子电阻较小，临界转差率 $s_m<1$ 时，交流伺服电动机的机械特性曲线如图 4.7（a）所示。曲线 T_+ 为正向旋转磁场作用下的机械特性曲线，曲线 T_- 为反向旋转磁场作用下的机械特性曲线，曲线 T 为合成机械特性曲线，此时电磁转矩的方向与转速方向相同，电动机仍然能够转动。

当转子电阻较大，临界转差率 $s_m \geqslant 1$ 时，交流伺服电动机的机械特性曲线如图 4.7（b）所示。可以看出，电磁转矩与转速的方向相反，在电磁转矩的作用下，电动机能够迅速地停止转动，从而消除了交流伺服电动机的"自转"。

3．控制方式

交流伺服电动机运行时，控制绕组上所加的控制电压 U_e 是变化的，改变其大小或者改变 U_e 与励磁电压 U_f 之间的相位角，均可使电动机气隙中的旋转磁场椭圆度发生变化，从而影响电磁转矩 T。当负载阻转矩一定时，可以通过调节控制电压的大小或相位来改变电动机转速或转向，其控制方式有幅值控制、相位控制和幅值-相位控制 3 种。

（1）幅值控制。幅值控制是通过改变控制电压 U_c 的幅值来控制电机的转速的，而 U_c 的相位始终保持不变，使控制电流 I_c 与励磁电流 I_f 保持 90° 电角度的相位关系。如果 U_c=0，则转速 n=0，电动机停转。幅值控制的接线如图 4.8 所示。

（2）相位控制。相位控制是通过改变控制电压 U_c 的相位，从而改变控制电流 I_c 与励磁电流 I_f 之间的相位角来控制电动机的转速的，在这种情况下，控制电压 U_c 的大小保持不变。当两相电流 I_c 与 I_f 之间的相位角为 0° 时，则转速为 0，电动机停转。

图 4.8　交流伺服电动机幅值控制接线

（3）幅值-相位控制。幅值相位控制指通过同时改变控制电压 U_c 的幅值及 I_c 与 I_f 之间的相位角来控制电动机的转速。具体方法是在励磁绕组回路中串入一个移相电容器 C 以后，再接到稳压电源 U_c 上，这时励磁绕组上的电压 U_f=U_1−U_{Cf}，如图 4.6 所示。控制绕组上加与 U_1 相同的控制电压 U_c，那么当改变控制电压 U_c 的幅值来控制电动机转速时，由于转子绕组与励磁绕组之间的耦合作用，励磁绕组的电流 I_f 也随着转速的变化而发生变化，从而使励磁绕组两端的电压 U_f 及电容器 C 上的电压 U_{Cf} 也随之变化。这样改变 U_c 幅值，使 U_c、U_f 的幅值，它们之间的相位角以及相应电流 I_c、I_f 之间相位角也都发生变化，所以属于幅值和相位复合控制方式。当控制电压 U_c=0 时，电动机的转速 n=0，使电动机停转。

当交流伺服电动机的电源频率为 50Hz 时，电压有 36V、110V、220V、380V 等多种；当电源频率为 400Hz 时，电压有 20V、26V、36V、115V 等多种。

交流伺服电动机运行平稳、噪声小，但控制特性是非线性的，并且由于转子电阻大，损耗大，效率低，因此，其与同容量的直流伺服电动机相比，体积大、重量大，所以只适用于 0.5～100W 的小功率控制系统。

交流伺服电动机的应用非常广泛。在工业领域，交流伺服电动机主要应用于高精度数控机床、机器人、纺织机械、印刷机械、包装机械、医疗设备、半导体设备、邮政机械、冶金机械、自动化流水线等。在数控机床中，交流伺服电动机用于满足高速率、高精度的加工需求，因其响应速度快、稳定性好而受到青睐；在印刷和包装行业，交流伺服电动机被广泛应用于印刷机、模切机、包装机等设备，确保了印刷品和包装产品的品质和产量；在物流领域，交流伺服电动机用于物流传送带、提升机械、物料处理系统中的输送线等，通过优异的运动控制能力实现高效和自动化的物流系统；在建筑领域，交流伺服电动机应用于电梯、自动旋转门、自动开窗等设备；在医疗领域，交流伺服电动机用于 CT、X 光机、核磁共振 MRI 等设备；在交通领域，交流伺服电动机应用于地铁屏蔽门、电力机车、船舶导航设备等。

此外，交流伺服电动机还广泛应用于其他领域，如冶金、电力、化工、汽车制造、橡塑制造、电子制造、造纸业、食品制造业、试验设备等。

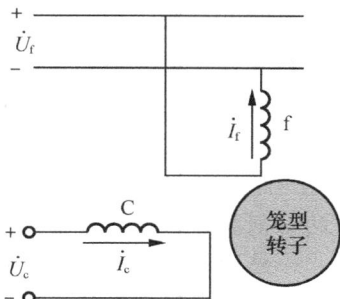

工程实例

【伺服电动机在数控加工中的应用】
案例：伺服电动机在数控加工中具有广泛的应用，举例说明。

案例分析：伺服电动机广泛应用于数控加工中，常见的有数控车床，其中伺服电动机驱动主轴和进给轴进行精确的位置控制和速度控制，从而实现数控车床高精度的外圆、内圆、螺纹的车削加工。在数控磨床中，伺服电动机驱动磨轮和工件进行位置控制和速度控制，从而实现高精度的平面磨削、外圆磨削等加工操作。伺服电动机在数控切割机中，通过伺服电动机的精确控制，切割机械能够实现高速度和高精度的对金属材料、塑料材料等的切割加工操作。另外在数控铣床、数控钻床上，伺服电动机也得到了重要的应用。

结论：伺服电动机在数控加工设备中的广泛应用，使超高速切削和超精密加工成为现实，也为实现更高的加工质量、生产效率和设备可靠性提供了可能。

思考与问题

1. 常用的控制电动机有哪些？自动控制系统对常用特种电动机的要求有哪些？
2. 在自动控制系统中，对伺服电动机的性能有哪些要求？
3. 为什么要求交流伺服电动机有较大的电阻？
4. 交流伺服电动机有哪几种控制方式？

4.2 测速发电机

提出问题

你了解测速发电机在工程实际中的作用吗？你对测速发电机的性能有哪些了解？交流测速发电机和直流测速发电机哪一种转速不能过高？你对交流测速发电机转动方向和输出电压之间的关系了解多少？

知识准备

测速发电机能够实时测量旋转设备的转速，并将转速信号转化为电压输出，从而提供准确的转速反馈信号，用于控制系统对旋转设备的位置、速度、加速度进行精确控制。测速发电机不需要外部供电，它通过自身的旋转运动产生电能。测速发电机常常与伺服电动机配合使用，用于提供准确的转速反馈。伺服系统通过测量测速发电机输出的电压信号，可以精确控制伺服电动机的运动状态，实现高精度的位置和速度控制。测速发电机还广泛应用于工业自动化领域中的旋转设备监控和速度控制。

总之，测速发电机是一种通过旋转运动产生电能的装置。在自动控制系统中测速发电机作为检测速度的元件，用以调节电动机转速或通过反馈来提高系统稳定性和精度；在解算装置中可作为微分、积分元件，也可作为加速或延迟信号用，或用来测量各种运动机械在摆动、转动以及直线运动时的速度。测速发电机按照输出信号的不同，可分为直流测速发电机和交流测速发电机两类。

直流测速发电机

4.2.1 直流测速发电机

直流测速发电机是一种将机械能转换为直流电能的装置，主要用于测

量旋转机械设备的转速，广泛应用于工业生产线、电动车辆、风力发电系统、船舶和航空器以及机械加工设备中，通过测量和监控旋转设备的转速，帮助实现设备的精确控制和优化运行。

直流测速发电机的定子和转子结构与直流发电机的基本相同，按励磁方式可分为他励式和永磁式两种，其中永磁式直流测速发电机应用最为广泛。

直流测速发电机的工作原理如图 4.9 所示。在恒定磁场 Φ_0 中，当被测机械拖动发电机以转速 n 旋转时，测速发电机的空载感应电动势为

$$E_{a0}=C_e\Phi_0 n \tag{4.2}$$

可见空载运行时，直流测速发电机空载电动势的大小与转速成正比，极性与电枢绕组的旋转方向有关。改变电枢绕组的旋转方向，电枢电动势的极性随之改变。

若接入负载电阻 R_L，则负载电流会引起电枢电阻压降和电刷与换向器之间的接触压降。如不考虑电枢反应对磁场的影响，则输出电压 $U=E_a-I_a R_a$，其中 $I_a=U/R_L$，所以

$$U = \frac{E_a}{1+\dfrac{R_a}{R_L}} = \frac{C_e\Phi_0}{1+\dfrac{R_a}{R_L}}n = kn \tag{4.3}$$

由式（4.3）可知，直流测速发电机负载运转时的输出电压 U 与转速 n 仍成正比。只是测速发电机输出特性曲线的斜率随负载电阻 R_L 的减小而降低，如图 4.10 所示。

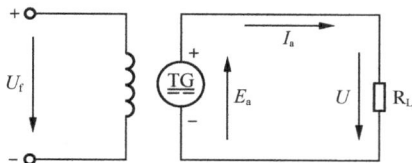

图 4.9　直流测速发电机的工作原理

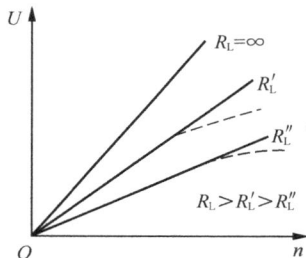

图 4.10　直流测速发电机的输出特性曲线

测速发电机空载时，相当于 $R_L=\infty$，电枢电流 $I_a=0$，此时输出电压 $U=E_a$，当负载电阻 R_L 逐渐减小时，电枢电流 I_a 逐渐增大，如果转速 n 恒定，输出电压 U 下降越多，特别在高速时，当 R_L 减小时，线性误差将越大。输出特性曲线如图 4.10 中虚线所示。因此，所使用的 R_L 应尽可能取大些。

为改善输出特性，就必须削弱电枢反应的去磁影响，尽量使测速发电机的气隙磁通保持不变，常用的措施有以下几点。

（1）对电磁式直流测速发电机，可以在定子磁极上安装补偿绕组。

（2）在设计时，应选取较小的线负荷，并适当加大发电机的气隙。

（3）在使用时，负载电阻 R_L 的值不应小于规定值。

因此，直流测速发电机的技术数据中给出了"最小负载电阻"和"最高转速"，以确保控制系统的精度。

4.2.2　交流测速发电机

交流测速发电机广泛应用于发电机组和电力系统中，用于测量旋转

交流测速发电机

发电机的转速，通过监测发电机的转速，来实时反馈发电机的工作状态，帮助调节电力系统的负荷和稳定供电。交流测速发电机在风力发电系统、电动机控制系统、轨道交通系统、机械加工设备多个领域均有着重要的应用。

交流测速发电机按照转子结构和工作原理的不同，分为空心杯转子异步测速发电机、笼型转子异步测速发电机和同步测速发电机这 3 种类型。这些类型的测速发电机有不同的应用场合。

1. 空心杯转子异步测速发电机

（1）结构原理。空心杯转子异步测速发电机主要由内定子、外定子及在它们之间的气隙中转动的空心杯转子所组成。

空心杯转子异步测速发电机的结构原理如图 4.11 所示。

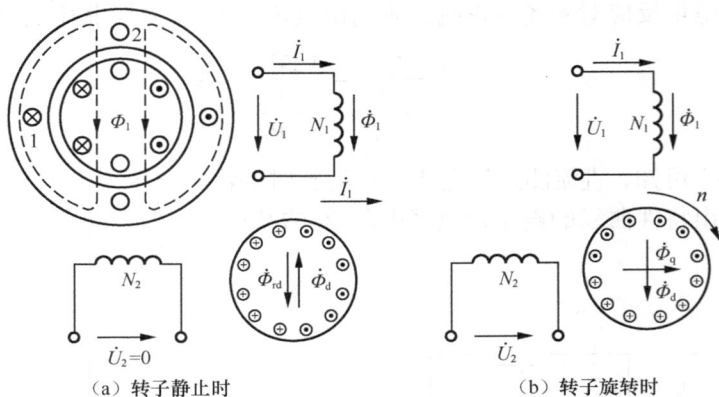

（a）转子静止时　　　　　　　　　　　　（b）转子旋转时

图 4.11　空心杯转子异步测速发电机结构原理

N_1 为励磁绕组，输出绕组嵌在定子上，N_2 为正交的输出绕组，在空间上彼此相差 90° 电角度。空心杯转子由电阻率较大的非磁性材料磷青铜制成，杯内装有硅钢片制成的铁芯，为内铁芯，用来减小磁路的磁阻。转子为非磁性空心杯，杯壁可看成无数条鼠笼型导条紧靠在一起排列而成。

测速发电机的励磁绕组接到稳定的交流电源上，励磁电压为 U_1，流过的电流为 I_1，在励磁绕组的轴线方向产生的交变脉动磁通为 Φ_1，由 $U_1 \approx 4.44 f_1 N_1 \Phi_1$ 可知，Φ_1 正比于电源电压 U_1。

转子静止时，由空心杯转子电流产生的磁场与输出绕组轴线垂直，输出绕组不感应电动势；当转子旋转时，由空心杯转子电流产生的磁场与输出绕组轴线重合，在输出绕组中感应的电动势大小正比于空心杯转子的转速，而频率和励磁电压频率相同，与转速无关。反转时输出电压相位也相反。空心杯转子是传递信号的关键，其质量好坏对性能起很大作用。由于空心杯转子异步测速发电机的技术性能比其他类型的交流测速发电机优越，结构不是很复杂，同时噪声低，无干扰且体积小，因此是目前应用较为广泛的一种交流测速发电机。

（2）输出特性。交流测速发电机在工作时，理想输出特性曲线如图 4.12（a）所示。因为 Φ_1 是由励磁电流与转子电流共同产生的，而转子电动势和转子电流与转子转速 n 有关，因此，当转速 n 变化时，励磁电流和磁通 Φ_1 都将发生变化，即 Φ_1 并非常数，这就使得输

出电压 U_2 与转速 n 不再是线性关系了，故实际输出特性曲线如图 4.12（b）所示。

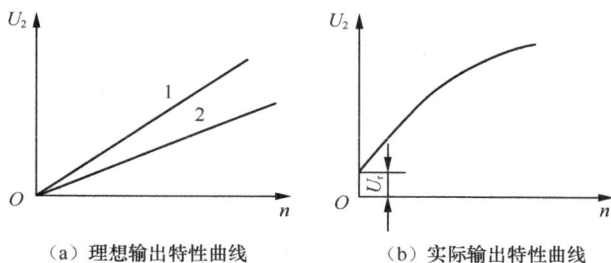

（a）理想输出特性曲线　　　（b）实际输出特性曲线

图 4.12　交流测速发电机的输出特性曲线

2. 笼型转子异步测速发电机

笼型转子异步测速发电机采用笼型转子结构，是一种常见的测速发电机类型，具有结构简单、稳定可靠的特点，适用于转速测量场合，应用领域广泛，如电动机控制、工业生产等领域。

3. 同步测速发电机

同步测速发电机是一种利用同步原理工作的测速发电机，通常用于需要精确测速的场合。同步测速发电机具有高精度、稳定性好的特点，广泛应用于精密控制系统、科学实验等领域。

以上 3 种类型的交流测速发电机在不同的应用场合中具有各自的优势和适用性，选择合适的类型，可以更好地满足具体的测量需求。

工程实例

【交流测速发电机在自动控制系统中的应用】

案例： 图 4.13 所示的自动控制系统中，交流测速发电机耦合在电动机轴上作为转速负反馈元件，其输出电压作为转速反馈信号送回到放大器的输入端。调节给定电压，系统可达到所要求的转速。

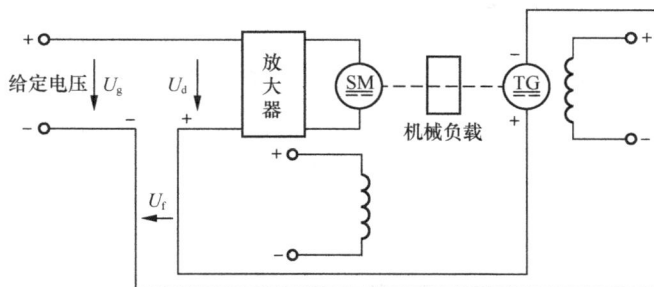

图 4.13　交流测速发电机在自动控制系统中的应用示意

当电动机的转速由于某种原因减小（或增大）时，交流测速发电机的输出电压随之减小（或增大），给定电压和反馈电压的差值相应增大（或减小）。

案例分析： 图 4.13 中，给定的差值电压信号经放大器放大后，使电动机的电压增大（或减小），电动机开始加速（或减速），交流测速发电机输出的反馈电压增加（或减小），差值电压信号减小（或增大），直到近似达到所要求的转速为止。即只要系统给定电压不变，无论何种原因试图改变电动机转速时，由于交流测速发电机输出电压的反馈作用，系统均能自动调节到所要求的转速。

结论：在自动控制系统中，利用交流测速发电机将速度转换为电压信号作为速度反馈信号，可使机械负载达到较高的稳定性和较高的精度。

思考与问题

1. 测速发电机的作用是什么？
2. 直流测速发电机的输出电压与转速有何关系？转向改变对输出电压有何影响？
3. 直流测速发电机使用时，为什么转速不能过高？为什么负载电阻不能过小？
4. 交流测速发电机的输出电压与转速有何关系？若转向改变，其输出电压有何变化？

4.3 步进电动机

提出问题

你了解步进电动机在控制领域中的作用吗？在自动控制装置中步进电动机的作用是什么？你对步进电动机的基本类型有多少了解？对步进电动机的工作原理你理解吗？对步进电动机的控制方式你有多少了解？

知识准备

步进电动机是可以把电脉冲信号变换成角位移信号以控制转子转动的微型特种电机，在自动控制装置中用作执行元件。每输入一个脉冲信号，步进电动机就前进一步，故又称其为脉冲电动机。步进电动机的应用场合十分广泛，如机械加工、绘图机、机器人、计算机的外部设备、自动记录仪表等。它主要用于工作难度大，要求速度快、精度高等场合。

4.3.1 步进电动机的分类

步进电动机可分为机电式、磁电式及直线式3种基本类型。

步进电动机的分类

1. 机电式

机电式步进电动机由定子、转子、绕组、凸轮机构等组成，其结构如图4.14所示。

图 4.14 机电式步进电动机的结构

　　机电式步进电动机的定子绕组至少应具有两相，而转子应带永久磁性。当步进电动机的一相定子绕组通电时，定子磁极产生的磁力总是力图使转子的磁性与定子磁极保持一致，结果推动其铁芯转子运动，通过凸轮机构使输出轴转动一个角度，通过抗旋转齿轮使输出轴保持在新的工作位置上；另外一相绕组通电，输出轴又会转动一个角度，依次进行步进运动。

2．磁电式

　　磁电式步进电动机主要有永磁式、反应式和永磁感应子式 3 种形式。

　　（1）永磁式步进电动机。永磁式步进电动机由四相绕组组成。A 相绕组通电时，转子磁钢将转向该相绕组所确定的磁场方向。A 相断电、B 相绕组通电时，又会产生一个新的磁场方向，这时，转子再转动一个角度而位于新的磁场方向上，被激励相的顺序决定了转子转动的方向。永磁式步进电动机消耗功率较小，步距角较大。缺点是启动频率和运行频率较低。

　　（2）反应式步进电动机。反应式步进电动机在定子铁芯、转子铁芯的内外表面上设有按一定规律分布的相近齿槽，利用这两种齿槽相对位置的变化引起磁路磁阻的变化而产生转矩。这种步进电动机步距角可做到 1°～15° 甚至更小，精度高，启动和运行频率高，但功耗大、效率低。

　　（3）永磁感应子式步进电动机。永磁感应子式步进电动机又称混合式步进电动机，是永磁式步进电动机和反应式步进电动机两者的结合，并兼有两者的优点。

3．直线式

　　直线式步进电动机有反应式和索耶式两类。索耶式直线步进电动机由静止部分（反应板）和移动部分（动子）组成，如图 4.15 所示。

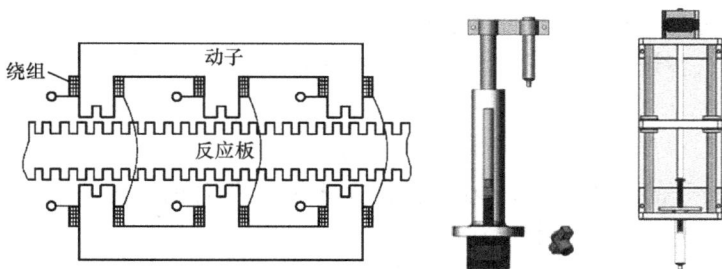

图 4.15　索耶式直线步进电动机结构示意

　　直线式步进电动机的静止部分由软磁材料制成，上面均匀地开有齿和槽。直线式步进电动机的移动部分由永久磁铁和带线圈的磁极组成，由气垫支撑，以消除在移动时的机械摩擦，使电动机运行平稳并提高定位精度。这种电动机的最高移动速度可达 1.5m/s，加速度可达 2g，定位精度可达 20μm。两台索耶式直线步进电动机相互垂直组装就构成平面电动机。给两台电动机以 x 方向和 y 方向不同组合的控制电流，就可以使电动机在平面内做任意几何轨迹的运动。大型自动绘图机就是把计算机和平面电动机组合在一起的新型设备。平面电动机也可用于激光剪裁系统，其控制精度可达几十微米。

4.3.2　步进电动机的工作原理

　　步进电动机的定子铁芯和转子铁芯都是由硅钢片叠压制成的。感

步进电动机的工作原理

应子式步进电动机的定子极靴和转子外圆均匀分布着许多小齿，如图 4.16 所示，其定子磁极有均匀分布的 6 个磁极，为了提高步进精度，在磁极的极靴上开有多个小齿。每两个相对的磁极上有同一相控制绕组，同一相控制绕组根据需要可以并联也可以串联（图 4.16 所示为串联）。转子铁芯上没有绕组，转子铁芯的外圆上开有与定子磁极相对应的小齿槽。

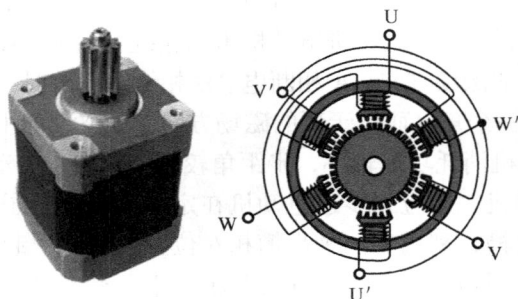

图 4.16　感应子式步进电动机产品及结构示意

与传统的反应式步进电动机相比，感应子式步进电动机转子结构上加有永磁体，以提供软磁材料的工作点，而定子激磁只需提供变化的磁场而不必提供磁材料工作点的耗能，因此感应子式步进电动机具有效率高、电流小、发热低的显著优点。

1. 需要理解的几个概念

（1）一拍：步进电动机中的"一拍"，指其一相控制绕组输入一个脉冲信号后，使步进电动机的转子转过一个角度，从而使步进电动机转子从一个位置变换到另一个位置。

（2）步距角：步进电动机经过"一拍"后转动的角度称为步距角，用 θ 表示为

$$\theta = \frac{360°}{z_r N} \tag{4.4}$$

式中，z_r 是转子的齿数；N 是步进电动机运行一个循环的拍数。

（3）三相步进电动机的控制方式。

① 三相单三拍："三相"指步进电动机的定子绕组为三相，"单"指每次切换有一相绕组单独通电，"三拍"指经过三次切换，控制绕组的通电状态完成一个循环。

注意：此处"三相"与三相正弦交流电不同，步进电动机的驱动电源由变频脉冲信号源、脉冲分配器及脉冲放大器组成，由驱动电源向步进电动机绕组提供脉冲电流。

② 三相双三拍："三相"与"三拍"均与前面相同。这里的"双"则指每次切换有两相绕组同时通电。

③ 三相单六拍："六拍"指经过六次切换，控制绕组的通电状态才完成一个循环。

还有三相双六拍控制方式，其中的含义不赘述。

2. 三相单三拍控制方式

由于反应式步进电动机工作原理比较简单。下面均以三相反应式步进电动机为例分析其工作原理。

三相反应式步进电动机的定子上具有均匀分布的 6 个磁极，每个磁极上都装有绕组，两个相对的绕组组成一相，共有 U、V、W 三相绕组，三相定子绕组的连接方式是星形。

为了分析方便，假设定子磁极的极靴上没有小齿，转子只有均匀分布的 4 个齿，且齿宽等于定子极靴的宽度，步进电动机工作原理的分析模型如图 4.17 所示。

图 4.17 所示的步进电动机工作原理分析模型有三相控制绕组 U、V、W，每相两个绕组相串联绕在 6 个均匀分布的磁极上，相邻两个磁极的极距为 360°/6=60°，转子齿数 $z_r=4$，则转子的步距角为 360°/4=90°。

采用三相单三拍控制方式时，如果按 U→V→W→U 的顺序在控制绕组中通电，步进电动机就会顺时针转动，如图 4.18 所示。

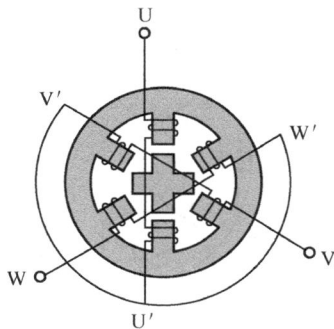

图 4.17　步进电动机工作原理分析模型

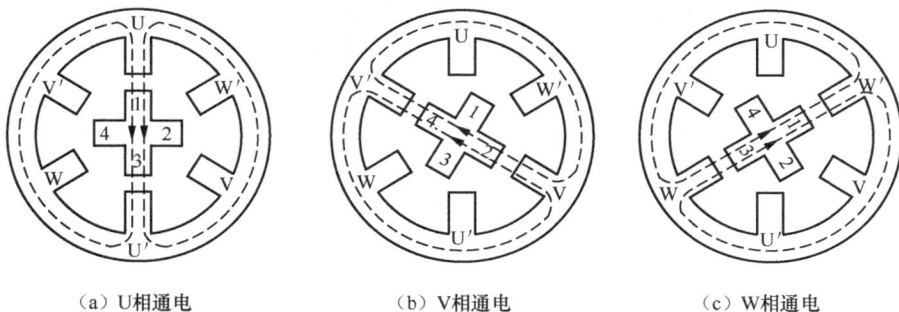

（a）U相通电　　　　　（b）V相通电　　　　　（c）W相通电

图 4.18　三相单三拍控制方式时步进电动机的工作原理

U 相控制绕组首先通电，V、W 两相控制绕组不通电，由于磁力线总是通过磁阻最小的路径闭合，转子将受到磁阻转矩的作用，使转子齿 1 和 3 与定子 U 相的磁极轴线对齐，如图 4.18（a）所示。此时磁力线所通过的磁路磁阻最小，磁导最大，转子只受径向力而无切向力作用，转子停止转动。

当 V 相控制绕组通电，U、W 两相控制绕组不通电时，与 V 相磁极最近的转子齿 2 和 4 会旋转到与 V 相磁极相对的位置，这时转子顺时针转过的步距角

$$\theta = \frac{360°}{z_r N} = \frac{360°}{4 \times 3} = 30°$$

当 V 相控制绕组通电时，步进电动机转动的位置如图 4.18（b）所示。

当 W 相控制绕组通电，U、V 两相控制绕组不通电时，与 W 相磁极最近的转子齿 1 和 3 随即旋转到与 W 相磁极相对的位置，转子再次顺时针转过 30°，如图 4.18（c）所示。这样按 U→V→W→U 的顺序轮流给各相控制绕组通电，转子就会在磁阻转矩的作用下按顺时针方向一步一步地转动。

如果将步进电动机的通电顺序改为 U→W→V→U，则步进电动机就会沿逆时针方向旋转，即步进电动机转动方向取决于控制绕组中三相脉冲电的先后顺序。

三相单三拍控制方式由于每次只有一相通电，致使电动机转子在平衡位置附近来回摆动，运行不稳定，故实际工程中很少采用。

3. 三相双三拍控制方式

三相双三拍控制的通电顺序为 UV→VW→WU→UV，如图 4.19 所示。

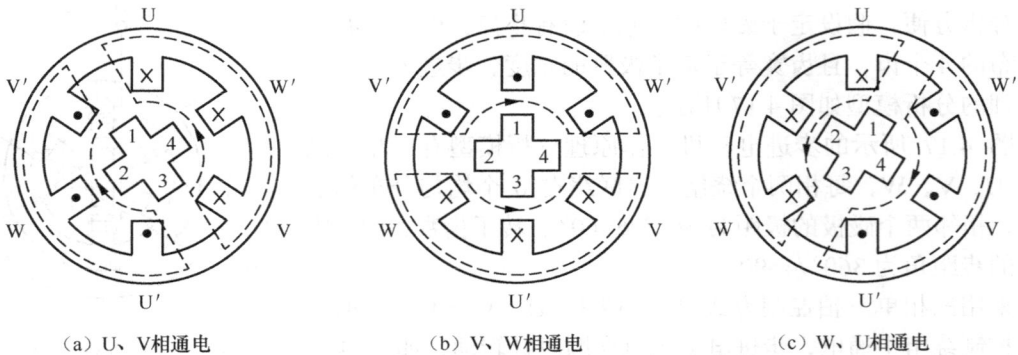

（a）U、V相通电　　　　（b）V、W相通电　　　　（c）W、U相通电

图 4.19　三相双三拍控制方式时步进电动机的工作原理

首先在 U、V 两相通电，W 相断电，各绕组中电流方向如图 4.19（a）所示，根据右手螺旋定则可判断出电流的合成磁场方向如图中虚线所示。这时离 W 相磁极最近的转子齿 1 和 3 会旋转到与 W 相磁极相对的位置。

在 V、W 两相通电，U 相断电，各绕组中电流方向如图 4.19（b）所示，根据右手螺旋定则可判断出电流的合成磁场方向如图中虚线所示。这时离 U 相磁极最近的转子齿 2 和 4 旋转到与 U 相磁极相对的位置，与 U、V 相通电相比，转子转过的步距角 θ=30°。

在 W、U 两相通电，V 相断电，各绕组中电流方向如图 4.19（c）所示，根据右手螺旋定则可判断出电流的合成磁场方向如图中虚线所示。这时离 V 相磁极最近的转子齿 1 和 3 旋转到与 V 相磁极相对的位置，与 V、W 相通电相比，转子又顺时针转过了 30°。

三相双三拍控制方式，每一拍都有两相绕组同时通电，每一循环也需要切换 3 次，因此步距角与三相单三拍控制方式相同，也是 30°。

4. 三相六拍控制方式

三相单六拍、三相双六拍控制方式统称三相六拍控制方式，其工作原理如图 4.20 所示。

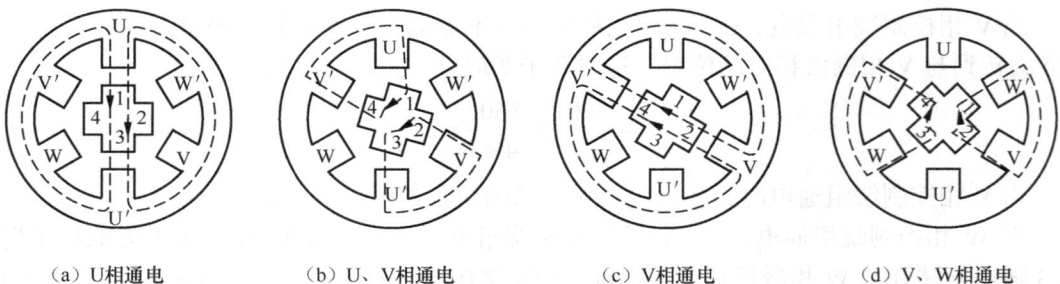

（a）U相通电　　　（b）U、V相通电　　　（c）V相通电　　　（d）V、W相通电

图 4.20　三相六拍控制方式时步进电动机的工作原理

三相六拍控制方式步进电动机的通电顺序为 U→UV→V→VW→W→WU→U，共切换 6 次。首先 U 相通电，然后 U、V 两相同时通电，再断开 U 相使 V 相单独通电，再使 V、W 两相同时通电，等等，依此顺序不断轮流通电，完成一次循环需要六拍。三相六拍控制方式的步距角只有三相单三拍和三相双三拍的一半，为 15°。

与三相单三拍控制相比，单三拍通电方式的步进电动机在切换断电的瞬间，转子失去自锁能力，容易造成失步，使转子转动步数与拍数不相等，在平衡位置容易产生振荡。而三相双三拍控制方式和三相六拍控制方式则不同，在切换过程中，它们始终保证有一相绕组持续通电，力图使转子保持原有位置，工作比较平稳。

5. 小步距角的步进电动机

按预定的工作方式分配各个绕组的通电脉冲，定子绕组通电状态改变速度越快，其转子旋转的速度也越快，即通电状态的变化频率越高，转子的转速越高。若脉冲频率为 f，步距角 θ 的单位为弧度（rad），当脉冲连续通入步进电动机绕组时，步进电动机的转速

$$n = \frac{\theta f}{2\pi} \times 60 = \frac{60f}{z_{\mathrm{r}} N} \qquad (4.5)$$

所以，步进电动机的转速与脉冲频率 f 成正比，并与频率同步。

由式（4.5）可知，步进电动机的转速取决于脉冲频率、转子齿数和控制拍数，与电压和负载等因素无关。在转子齿数一定时，转速与脉冲频率成正比，与拍数成反比。

前面所讲的三相步进电动机模型的步距角太大，难以满足生产中小位移量的要求，为了减小步距角，实际中将转子和定子磁极都加工成多齿结构，如图 4.21 所示。

由于步进电动机的步距角只取决于电脉冲频率，并与频率成正比，其转速不受电压和负载变化的影响，也不受环境条件温度、压力等的限制，仅与脉冲频率成正比，所以小步距角的步进电动机应用于加工零件精度要求高、形状比较复杂的生产中。

数字程序控制的线切割机床是采用专门计算机进行控制的小步距的步进电动机应用实例，简称数控线切割机床。数

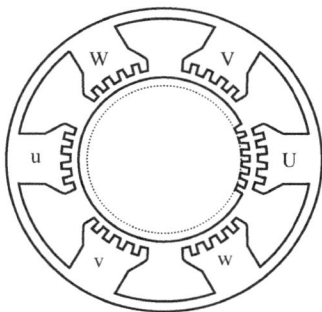

图 4.21　小步距角的步进电动机

控线切割机床是利用钼丝与被加工工件之间电火花放电所产生的电蚀现象，来加工复杂形状的金属冲模或零件的一种机床。数控线切割机床在加工过程中，钼丝的位置固定，工件则固定在十字拖板上，如图 4.22(a) 所示，通过十字拖板的纵横运动完成对加工工件的切割。

图 4.22（b）所示为数控线切割机床的工作原理示意。

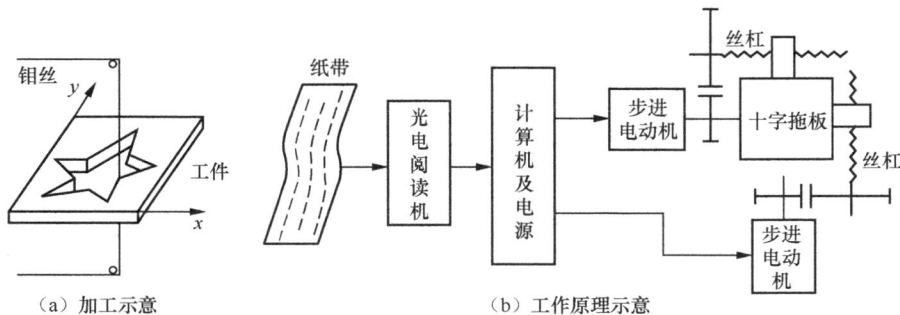

（a）加工示意　　　　　　　　　　（b）工作原理示意

图 4.22　数控线切割机床

用数控线切割机床加工零件时，根据图纸上零件的形状、尺寸和加工工序来编制出相应的计算机程序，并将该程序记录在穿孔纸带上，而后由光电阅读机读出并送入计算机，注意：十字拖板有 x 和 y 方向的两根丝杠，分别由两台步进电动机拖动，计算机对每一方向的步进电动机给出控制电脉冲，指挥它们运转，通过传动装置拖动十字拖板按加工要求

连续移动，进行加工，从而切割出符合要求的零件。

工程实例

【机械手利用步进电动机实现精确位置控制】

案例： 机械手是近几十年发展起来的一种高科技自动操作装置，可完成抓取、搬运、装配、焊接、检测、码垛、上下料等操作，应用非常广泛，在自动化工厂随处可见。当机械手需要实现精确位置控制时，通常会使用步进电动机作为驱动器，机械手精确位置控制装置示意如图4.23所示。试分析该机械手如何实现精确位置控制。

案例分析： 本案例中，步进电动机用于驱动机械手的关节或执行器，驱动器用于控制步进电动机的运动和位置，控制系统是一台PLC，用于发送控制指令给驱动器，控制两台步进电动机，通过滚珠丝杠实现机械手的横向和纵向直线运动，完成机械手水平伸缩、上下升降的位置控制。

控制流程： 首先通过控制系统设定机械手需要到达的目标位置，然后由控制系统发送指令给驱动器，驱动器控制步进电动机按照设定的步距和方向移动，当步进电动机达到目标位置时，控制系统停止发送指令，机械手停止运动。

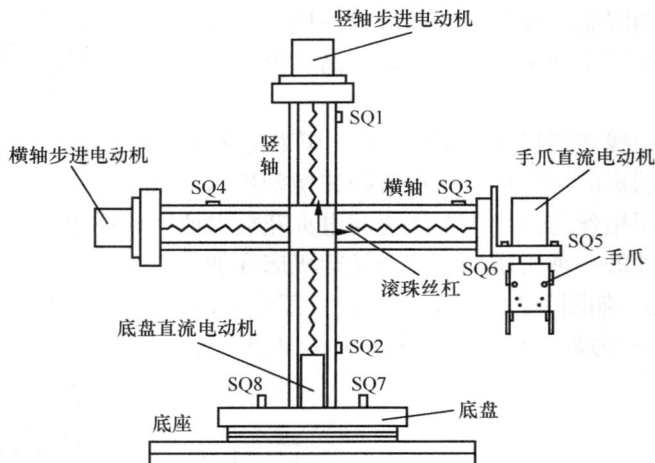

图4.23　机械手精确位置控制装置

结论： PLC控制步进电动机，配合步进驱动器，通过合理设置细分和输出电流，有效保证控制精度和运行效果，并通过修改参数，有效进行速度控制，达到精确位置控制要求。

思考与问题

1. 步进电动机的转速与哪些因素有关？如何改变其转向？
2. 步进电动机采用三相六拍方式供电与采用三相三拍方式相比，有什么优缺点？
3. 步距角为1.5°/0.75°的磁阻式三相六极步进电动机转子有多少个齿？若频率为2000Hz，电动机转速是多少？

拓展阅读

目前，我国已成功自主研发出不少的高精度步进电动机、直流无刷电动机等系列产品，在非标市场服务方面实现了长足进步，具备较强的定制化服务能力。在国家汽车规划的核心——新能源汽车的研发制造中，特种电机的推广应用越来越广泛，在电控系统、电驱动和车载电池管理系统等方面特种电机的技术研发和应用上都有了长足的进步。在机器人行业的发展中，特种电机也已成为重要的驱动力，机器人应用领域突破了传统的制造业界限，扩展到物流、医疗、家电、服务等领域。国内新能源开发的逐步推进也带动了特种电机在风力发电及太阳能发电行业的应用。目前我国光伏电站正在快速转型，特种电机也将作为关键驱动力，在光伏电站的电控、跟踪系统中得到深入的应用。

总之，特种电机市场具有较大的发展潜力和广阔的前景。未来，特种电机行业仍需要加大技术研发和投入，尤其要解决核心基础零部件及元器件、关键基础材料、先进基础工艺等基础问题。推动中国制造走向中国创造，这需要学习者不断提升自身的学习能力和技术竞争力。

应用实践

交流伺服电动机的操作使用

一、任务目标

1. 学会交流伺服电动机的接线。
2. 测试交流伺服电动机的性能。

二、工具、仪器和设备

1. 三相交流调压电源　　　　　　　1 套
2. 交流伺服电动机　　　　　　　　1 台
3. 变压器（127V/220V）　　　　　1 台
4. 调压器（220V/0～250V）　　　 1 台
5. 交流电压表　　　　　　　　　　2 块
6. 转速表　　　　　　　　　　　　1 块

三、实验过程

1. 绘制交流伺服电动机的工作电路。参考电路如图 4.24 所示。

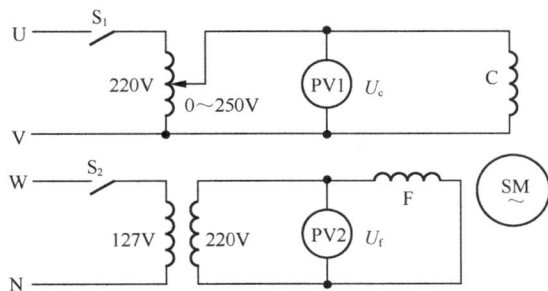

图 4.24　交流伺服电动机实验参考电路

交流电压表选用 300V 量程，将交流电源输出电压调至最小，控制绕组的调压器输出调至最小。

2. 接通励磁电源开关 S2，升高交流电源输出电压使励磁电压 U_f=220V，再接通控制电源开关 S1，慢慢升高控制电压 U_c，注意观察并记录交流伺服电动机的始动电压 U_{st}。

3. 继续升高交流伺服电动机的控制电压和转速，直至 U_c=220V。

4. 逐渐减小控制电压使电动机减速，用转速表测量交流伺服电动机对应于不同控制电压时的转速，记录对应的电压和转速，测取 7～8 组数据，记录于表 4.1 中。

表 4.1　　　　　　　　　　交流伺服电动机的调速特性

u/V							
n/（r/min）							

5. 经指导教师确认测试结果后，依次断开开关 S2 和 S1。

四、注意事项

1. 控制绕组的调压器接到 U、V 相，引入电压 U_{UV}，励磁绕组的变压器接到 W 相，引入相电压 U_W，这样才能使 U_f 和 U_c 相差 90°。

2. 测试过程中注意变压器和电动机的电压不能调得过高，以防发生事故。

五、应用实践报告

1. 应用实践项目名称。

2. 应用实践的任务目标。

3. 应用实践所用的工具、仪器和设备。

4. 绘制交流伺服电动机的实践应用电路。

5. 记录实训的过程、现象和数据结果。

6. 画出交流伺服电动机的调速特性曲线。

六、思考与练习

1. 伺服电动机的作用是什么？自动控制系统对伺服电动机有什么要求？

2. 直流伺服电动机有哪几种控制方式？一般采用哪种控制方式？

3. 交流伺服电动机有哪几种控制方式？如何使其反转？

4. 什么叫"自转"现象？交流伺服电动机是如何消除"自转"现象的？

5. 实际操作中，交流伺服电动机是如何获得相位差 90° 电角度的两相对称交流电的？其原理是什么？

模块 4 自测题

一、填空题

1. 控制用特种电机的主要功能是实现控制信号的_____和_____，在自动控制系统中作为执行元件或检测元件。

2. 伺服电动机用于将输入的_____转换成电机转轴的_____输出。伺服电动机的转速和转向随着_____的大小和极性的改变而改变。

3. 40 齿的三相步进电动机在单三拍工作方式下步距角为_____，在六拍工作方式下步距角为_____。

4. 步进电动机每输入一个_____，电动机就转动一个_____或前进一步，转速与_____频率成正比。

5. 步进电动机是一种把_____信号转换成角位移或直线位移的执行元件，伺服电动机的作用是将输入_____信号转换为轴上的角位移或角速度信号输出。

6. 交流异步测速发电机在结构上分为_____和_____两种类型。为了提高系统的快速性和灵敏度，减小转动惯量，_____异步测速发电机的应用最为广泛。

7. 电磁式直流伺服电动机一般采用_____结构，磁极由励磁绕组构成，通过单独的励磁电源供电。

8. 为了减小交流伺服电动机的转动惯量，转子结构采用_____材料制成的_____。

9. 步进电动机是由_____信号进行控制的，其转速大小取决于控制绕组的脉冲频率、_____和_____，与_____、_____和_____等因素无关，其旋转方向取决于_____的轮流通电顺序。

二、判断题

1. 对于交流伺服电动机，改变控制电压大小就可以改变其转速和转向。　　　（　　）

2. 交流伺服电动机取消控制电压就不能自转。　　　（　　）

3. 步进电动机的转速与电脉冲的频率成正比。　　　（　　）

4. 单拍控制的步进电动机控制过程简单，应多采用单相通电的单拍制。　　　（　　）

5. 改变步进电动机的定子绕组通电顺序，不能控制电动机的正反转。　　　（　　）

6. 控制电机在自动控制系统中的主要任务是完成能量转换、控制信号的传递和转换。
　　　（　　）

7. 交流伺服电动机与单相异步电动机一样，当取消控制电压时仍能按原方向自转。
　　　（　　）

8. 测速发电机的转速不得超过规定的最高转速，否则线性误差加大。　　　（　　）

9. 测速发电机在控制系统中，输出绕组所接的负载可以近似作开路处理。如果实际连接的负载不大，则应考虑其对输出特性的影响。　　　（　　）

10. 由于转子的惯性作用，永磁式同步电动机的启动比较容易。　　　（　　）

三、单项选择题

1. 直流控制电机中，作为执行元件使用的是（　　　）。
  A. 测速发电机　　B. 伺服电动机　　C. 步进电动机　　　D. 自整角机

2. 直流伺服电动机在没有控制信号时，定子内（　　　）。
  A. 没有磁场　　　　　　　B. 只有旋转磁场
  C. 只有恒定磁场　　　　　D. 只有脉振磁场

3. 伺服电动机将输入的电压信号变换成（　　　），以驱动控制对象。
  A. 动力　　　　B. 位移　　　　C. 电流　　　　　D. 转矩和速度

4. 测速发电机是一种将旋转机械的转速变换成（　　　）输出的小型发电机。
  A. 电流信号　　　B. 电压信号　　　C. 功率信号　　　D. 频率信号

5. 直流测速发电机在负载电阻较小、转速较高时，输出电压随转速升高而（　　　）。
  A. 增大　　　　B. 减小　　　　C. 线性上升　　　D. 不变

6. 若被测机械的转向改变，则交流测速发电机输出电压的（　　　）。

    A. 频率改变   B. 大小改变

    C. 相位改变 90°   D. 相位改变 180°

7. 三相六极步进电动机的转子上有 40 齿，采用单三拍供电，则电动机步距角为（　　　）。

    A. 3°   B. 6°   C. 9°   D. 12°

8. 步进电动机是利用电磁原理将电脉冲信号转换成（　　　）信号的。

    A. 电流   B. 电压   C. 位移   D. 功率

9. 步进电动机的步距角是由（　　　）决定的。

    A. 转子齿数   B. 脉冲频率

    C. 转子齿数和运行拍数   D. 运行拍数

10. 在使用同步电动机时，如果负载阻转矩（　　　）最大同步转矩，将出现"失步"现象。

    A. 等于   B. 大于   C. 小于   D. 以上都有可能

四、简答题

1. 为什么交流伺服电动机的转子转速总是比磁铁转速低？

2. 简述直流测速发电机的输出特性；负载增大时输出特性如何变化？

3. 直流伺服电动机调节特性死区大小与哪些因素有关？在不带负载时，其调节特性有无死区？

4. 直流测速发电机的电枢反应对其输出特性有何影响？在使用过程中如何确保电枢反应产生的线性误差在限定的范围内？

五、计算题

已知一台交流伺服电动机的技术数据上标明空载转速是 1000r/min，电源频率为 50Hz，请问这是几极电动机？空载转差率是多少？

模块 5　常用低压电器

学 习 引 导

　　低压电器是一种能根据外界的信号和要求，手动或自动地接通、断开电路，以实现对电路或非电对象的切换、控制、保护、检测、变换和调节的元件或设备。常用低压电器可分为低压配电电器和低压控制电器两大类，常见的低压电器有开关、熔断器、接触器、漏电保护器和各种继电器等，低压电器是成套电气设备的基本组成元件。

　　当今社会，无论是在工业、农业、交通、国防等领域还是在各种用电部门中，大多数采用低压供电，因此低压电器的用途极为广泛。一个工厂所用的低压电器产品往往有几千件，涉及几百个品种规格。随着科学技术的进步，电器产品的型号不断更新，低压电器也在发展，且这种发展取决于国民经济的发展水平和现代工业自动化发展的需要，以及新技术、新工艺、新材料的研究与应用，目前低压电器正朝着高性能、高可靠性、小型化、数模化、模块化、组合化和零部件通用化的方向发展。

学 习 目 标

【知识目标】

　　掌握各种常用低压电器的名称、用途、规格、基本结构、工作原理、图形符号与文字符号；了解常用低压电器的交、直流灭弧装置的构造与灭弧方法；掌握常用低压电器的基本知识。

【技能目标】

　　具有正确识别和选择各种类型低压电器的能力，具有对低压电器进行正确拆卸和安装的能力，具有对低压电器进行质量检测以及维护的能力。

【素养目标】

　　科技兴则民族兴，科技强则国家强，核心科技是国之重器。作为未来的电力工程技术人员，应增强个人的创新能力和团队合作能力及沟通能力，对常用低压电器具有一定的了解和认识，增强解决问题的能力和应用技能，持续提高自身的专业水平和竞争水平。

5.1 常用低压电器的基础知识

提出问题

你对常用低压电器了解多少？你了解高压电器和低压电器如何划分吗？你掌握多少低压电器触点的接触形式？你对电弧的产生和灭弧方法了解多少？什么是低压电器的电磁机构及执行机构？

知识准备

低压电器可以分为低压配电电器和低压控制电器两大类，是成套电气设备的基本组成元件。在工业、农业、交通、国防等领域以及各种用电部门中，大多数采用低压供电，因此低压电器的质量将直接影响低压供电系统的可靠性。常用的低压电器包括低压开关电器、熔断器、交流接触器、各种继电器以及低压执行电器等。

本节主要介绍低压电器的一些基础知识，包括低压电器的分类、低压电器的电磁机械及执行机构、低压电器的发展等。

5.1.1 低压电器的分类

低压电器是用于控制、保护和监测电力系统的关键元件，因此种类繁多，功能多样，用途广泛，结构各异，工作原理各不相同，分类方法也多种多样。

1. 按动作方式分类

（1）手动电器：依靠人力直接操作进行切换的电器，如刀开关、按钮开关等。

（2）自动电器：依靠电磁或气动机构而自动动作的电器，如接触器、继电器等。

2. 按用途分类

（1）低压配电电器：主要用于低压供电系统，包括刀开关、转换开关、熔断器、断路器等。它们的主要功能是分断电路、隔离电源、限流和保护电路。要求这类电器分断能力强、限流效果好、动稳定性和热稳定性好。

（2）低压控制电器：主要用于电力拖动和自动控制系统，包括接触器、继电器、启动器等。它们的主要功能是通过电磁或气动机构动作来控制电路的接通与分断、保护电动机和其他电力负载，以及实现远程控制。要求这类电器有一定的通断能力，能够耐受高频操作、具有较长的电气寿命和机械寿命。

（3）低压主令电器：用来发送控制指令的电器，如按钮、行程开关、主令控制器和转换开关等。要求这类电器耐受高操作频率、机械寿命长和抗冲击性能好。

（4）低压保护电器：用来保护电路及用电设备的电器，如熔断器、热继电器、电压继电器和电流继电器等。要求这类电器可靠性高、反应灵敏，具有一定的通断能力。

（5）低压执行电器：用来完成某种动作或传送功能的电器，如电磁阀、电磁离合器等。要求这类电器可靠性高、反应灵敏，具有一定的通断能力。

3. 按工作原理分类

（1）电磁式低压电器：依据电磁感应原理来工作的电器，如交直流接触器、各种电磁式继电器等。

（2）非电量控制电器：靠外力或某种非电物理量的变化而动作的电器，如刀开关、速度继电器、压力继电器、温度继电器等。

4．按使用场合分类

低压电器按使用场合可分为一般工业用电器、特殊工矿用电器、航空工程用电器、船舶工程用电器、建筑工程用电器、农业用电器等。

5.1.2　低压电器的电磁机构及执行机构

对低压电器的电磁机构及执行机构的学习，可以强化对低压电器的工作原理的理解，在低压电器应用于电气控制系统、提高安全性等方面为相关技术人员提供了必要的知识基础。

电气控制系统中以电磁式低压电器的应用最为普遍。电磁式低压电器是一种用电磁现象实现电器功能的低压电器，此类电器在工作原理及结构组成上大体相同，结构上主要由电磁机构和执行机构（触点系统）组成，其次还有灭弧系统或其他缓冲机构等。

1．电磁机构

（1）结构形式：电磁机构是电磁式低压电器的感测部件，其作用是将电磁能量转换成机械能量，带动触点动作，使之闭合或断开，从而实现电路的接通或分断。电磁机构通常由电磁线圈、铁芯（静铁芯）和衔铁（动铁芯）3 部分组成。电磁机构的结构形式按衔铁的运动方式可分为直动式和拍合式，其中拍合式又分为衔铁沿棱角转动和衔铁沿轴转动两种，如图 5.1 所示。

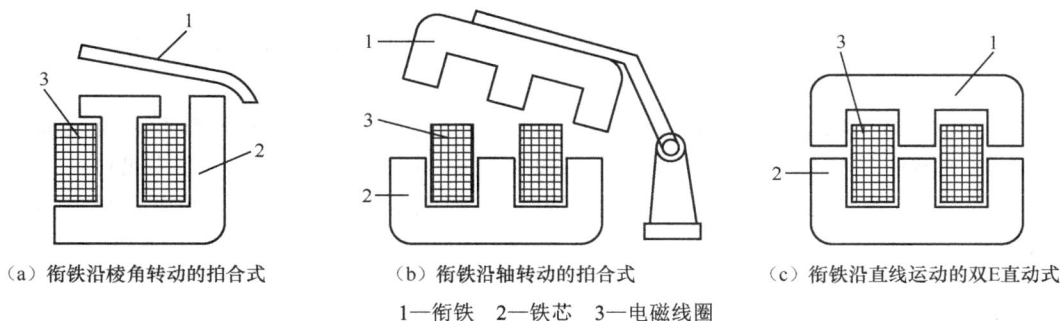

（a）衔铁沿棱角转动的拍合式　　　（b）衔铁沿轴转动的拍合式　　　（c）衔铁沿直线运动的双E直动式

1—衔铁　2—铁芯　3—电磁线圈

图 5.1　低压电器的电磁机构形式

衔铁做直线运动的直动式铁芯多用于交流接触器、交流继电器以及其他交流电磁机构的电磁系统；衔铁沿棱角转动的拍合式铁芯广泛应用于直流电器中；衔铁沿轴转动的拍合式铁芯的形状有 E 形和 U 形两种，此结构类型多用于触点容量较大的交流电器中。

通以直流电的线圈都称为直流线圈，通入交流电的线圈称为交流线圈。对于直流线圈和交流线圈，其铁芯通常由硅钢片叠压而成，以减少铁损耗。

交流电磁机构和直流电磁机构的铁芯（衔铁）有所不同，直流电磁机构的铁芯为整体结构，其衔铁和铁芯均由软钢或工程纯铁制成。铁芯不发热，只有线圈发热，所以直流电磁线圈做成长而薄的形状，且不设线圈骨架，使线圈与铁芯直接接触，易于散热。交流电磁机构的铁芯中存在磁滞损耗和涡流损耗，为减小和限制铁芯的发热程度，交流电磁线圈设有骨架，使铁芯与线圈隔离，铁芯采用硅钢片叠制而成，并将线圈制成短而厚的形状，有利于线圈和铁芯的散热。此外，交流电磁机构的铁芯装有短路环，以防止电流过零时（滞后90°）电磁吸力不足使衔铁振动。短路环起到磁通分相的作用，把极面上的交变磁通分成两个交变磁通，并且使这两个磁通之间产生相位差，那么它们所产生的吸力间有一个相位差，这样，两部分吸力不会同时达到零值。当然合成后的吸力就不会有零值的时刻。如果使合成后的吸力在任一时刻都大于弹簧拉力，就消除了振动。

另外，根据线圈在电路中的连接方式可将其分为串联线圈（电流线圈）和并联线圈（电压线圈）。电流线圈串接于线路中，流过的电流较大，为减少对电路的影响，所用的线圈导线粗，匝数少，线圈的阻抗较小；电压线圈并联于线路上，为减小分流作用，降低对原电路的影响，需较大的阻抗，所以线圈导线细且匝数多。

（2）工作原理：衔铁在电磁吸力作用下产生机械位移使铁芯与之吸合。

当电磁线圈中通入电流时，线圈中产生磁通作用于衔铁，产生电磁吸力，从而使衔铁产生机械位移，带动触点动作。当线圈断电后，衔铁失去电磁吸力，由回位弹簧将其拉回原位，从而带动触点复位。因此作用在衔铁上的力有两个，即电磁吸力与反力。电磁吸力由电磁机构产生，反力则由回位弹簧和触点弹簧产生。

若要使电磁机构吸合可靠，在整个吸合过程中，吸力都必须大于反力，但也不宜过大，否则会影响电器的机械寿命。这就要求吸力和反力尽可能接近。在释放电磁铁时，其反力必须大于剩磁吸力，才能保证衔铁的可靠释放。电磁机构应确保电磁吸力和反力的正确配合。

2. 执行机构

电磁系统的执行机构是由静触点和动触点构成的，起接通和分断电路的作用，因此必须具有良好的接触性能。

对于电流容量较小的低压电器，如机床电气控制电路所应用的接触器、继电器等，常采用银质材料制作触点，其优点是银的氧化膜电阻率与纯银相近，与其他材质（比如铜）相比，可以避免长时间工作使触点表面氧化膜电阻率增加，造成触点接触电阻增大的问题。

（1）触点的接触形式分为点接触、线接触和面接触3种，如图5.2所示。

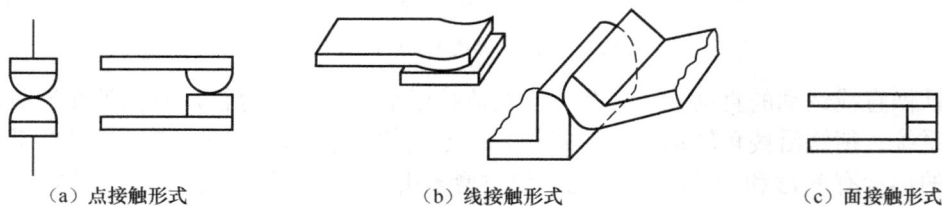

（a）点接触形式　　　　（b）线接触形式　　　　（c）面接触形式

图5.2　低压电器的触点接触形式

点接触由两个半球形触点或一个半球形与一个平面触点构成，常用于小电流的电器中，如接触器的辅助触点和继电器触点多采用这种形式；线接触常做成指形触点结构，接触区是一条直线，触点通断过程是滚动接触并产生滚动摩擦，适用于通电次数多、电流大的场合，多用于中容量电器；面接触触点一般在接触表面镶有合金，允许通过较大电流，中、小容量接触器的主触点多采用这种形式。

（2）触点的结构形式：触点在接触时，要求其接触电阻尽可能小，为使触点接触更加紧密而减小接触电阻、消除开始接触时产生的振动，在触点上装有接触弹簧，使触点刚刚接触时产生初压力，触点初压力随着触点闭合过程逐渐增大。

触点按线圈未通电时触点的原始状态可分为常开触点和常闭触点。原始状态时打开、线圈通电后闭合的触点叫作常开触点或动合触点；原始状态时闭合、线圈通电后打开的触点叫作常闭触点或动断触点，线圈断电后所有触点均恢复到原始状态。

触点一般有主触点和辅助触点之分。主触点是用来接通主回路也就是连接电源和负载的，所以主触点的触点容量一般都比较大，因为它不但要通过设备运行当中的运行电流，投运和停运时还要承担瞬间的过电流，电流较大时会有电弧产生，会给其动、静触点带来烧灼现象，甚至会将其熔化，主触点都是常开触点形式。接触器的辅助触点或继电器的触点都是连接于控制、信号、保护等小电流回路的，因此相对容量小很多，一般有常开和常闭之分，可根据实际需要进行配置。由于辅助触点与主触点同步动作，因此在这些回路中起到间接指示接触器动作的作用，另外回路电流较小时，中间继电器的触点可以起到增加触点数量的作用。触点的结构形式主要有桥式触点和指形触点，如图 5.3 所示。

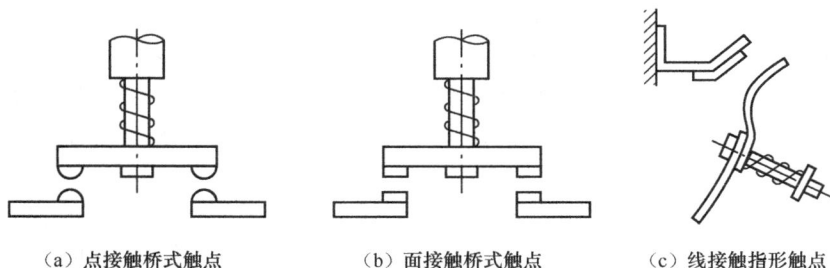

（a）点接触桥式触点　　　　　（b）面接触桥式触点　　　　　（c）线接触指形触点

图 5.3　低压电器的触点结构形式

桥式触点的接通与断开由两个触点共同完成，有利于灭弧，这类触点结构的接触形式一般是点接触和面接触。指形触点在接通或断开时产生滚动摩擦，能去掉触点表面的氧化膜，从而减小触点的接触电阻，指形触点多采用线接触。

（3）接触电阻：触点闭合且有工作电流通过时的状态称为电接触状态，电接触状态时触点之间的电阻称为接触电阻，其大小直接影响电路的工作情况。如果接触电阻较大，电流流过触点时会造成较大的电压降，对弱电控制系统的影响较大，同时电流流过触点时电阻损耗大，将使触点发热导致温度升高，严重时可使触点熔焊，会影响工作的可靠性，缩短触点寿命。触点接触电阻的大小主要与触点的接触形式、接触压力、触点材料及触点表面状况等有关。减小接触电阻，首先应选用电阻率小的材料，尽量减小触点本身的电阻，增加触点的接触压力，一般在动触点上安装触点弹簧。实际使用中还要注意尽量保持触点的清洁，改善触点表面状况，避免或减少触点表面氧化膜的形成。

3. 电弧的产生和灭弧方法

（1）电弧的产生。当用开关电器断开电流时，如果电路电压、电流达到一定的值，电器的触点间便会产生电弧。电弧的产生通常经历以下 4 个物理过程。

① 强电场发射：电弧的形成是触点间中性质子（分子和原子）被游

电弧的产生和灭弧方法

离的过程。触点分离时，触点间距离很小，电场强度很高，当电场强度超过 $3 \times 10^6 \text{V/m}$ 时，阴极表面的电子就会被电场力拉出而形成触点空间的自由电子。这种游离方式称为强电场发射。

② 撞击电离：从阴极表面发射出来的自由电子和触点间原有的少数电子，在电场力的作用下向阳极做加速运动，途中不断地和中性原子相碰撞。只要电子的运动速度足够高，电子的动能足够大，就可能从中性原子中撞击出电子，形成自由电子和正离子，称为撞击电离。

③ 热电子发射：新形成的自由电子也向阳极做加速运动，同样地会与中性原子碰撞而发生撞击电离。撞击电离连续进行的结果是触点间充满了电子和正离子，具有很大的电导，在外加电压下，介质被击穿而产生电弧，电路再次被导通。触点间电弧燃烧的间隙称为弧隙。电弧形成后，弧隙间的高温使阴极表面的电子获得足够的能量而向外发射，形成热电子发射。

④ 高温游离：在高温的作用下（电弧中心部分维持的温度可达 10000℃以上），气体中的中性原子的不规则热运动速度增加。当电弧温度达到或超过 3000℃时，气体分子发生强烈的不规则热运动并造成相互碰撞，中性原子被游离而形成电子和正离子，这种因高温使分子撞击所产生的游离称为高温游离。

随着触点分开的距离增大，触点间的电场强度逐渐减小，这时电弧的燃烧主要是依靠高温游离维持的。在开关电器的触点间，发生游离过程的同时，还发生着使带电质点减少的去游离过程。

在电力系统中开关分断电路时会出现电弧放电。由于电弧弧柱的电位梯度小，如大气中几百安以上电弧的电位梯度只有 15V/cm 左右。在大气中开关分断 100kV、5A 电路时，电弧长度超过 7m。电流再大，电弧长度可达 30m。因此要求高压开关能够迅速地在很小的封闭容器内使电弧熄灭，为此，专门设计出各种各样的灭弧室。高压电器灭弧室常采用六氟化硫、真空和油等介质，低压电器采用气吹、磁吹等方式快速从电弧中导出能量和迅速拉长电弧。直流电弧要比交流电弧难以熄灭。

（2）灭弧方法。灭弧的基本方法主要有以下几种。

① 电动力吹弧：电弧在电动力作用下发生运动的现象，叫作电动力吹弧。由于电弧在周围介质中运动，它起着与气吹同样的效果，从而达到灭弧的目的。这种灭弧方法在低压开关电器中应用得较为广泛。图 5.4 所示为一种桥式双断口电动力吹弧触点。

当触点断开电路时，在断口处产生电弧，电弧电流在两电弧之间产生图 5.4 所示的磁场，根据左手定则判断，电弧电流受到指向外侧的电磁力 F 的作用，使电弧向外运动并拉长，保证电弧迅速冷却并熄灭。此外，这种装置还可以通过将电弧一分为二的方法来削弱电弧的作用。

② 磁吹灭弧：在触点电路中串入磁吹线圈，如图 5.5 所示。该线圈产生的磁场由导磁夹板引向触点周围。

磁吹线圈产生的磁场与电弧电流产生的磁场相互叠加，导致电弧下方的磁场强于上方的

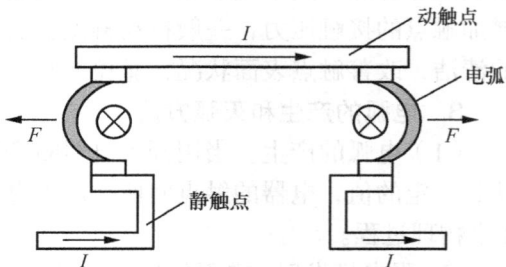

图 5.4 桥式双断口电动力吹弧触点

磁场。在下方磁场作用下，电弧受到力 F 的作用被吹离触点，经引弧角引进灭弧罩，使电弧熄灭。这种方法常用于直流灭弧装置中。

③ 栅片灭弧：如图 5.6 所示，用铁磁物质制成金属灭弧栅。

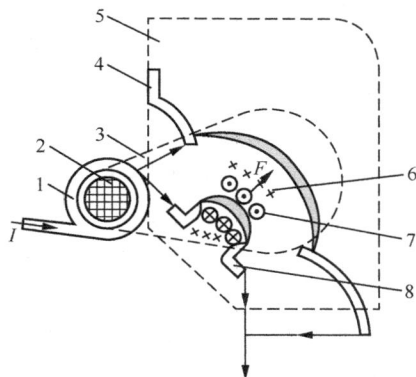

1—磁吹线圈　2—铁芯　3—导磁夹板　4—引弧角　5—灭弧罩
6—磁吹线圈磁场　7—电弧电流磁场　8—动触点

图 5.5　磁吹灭弧

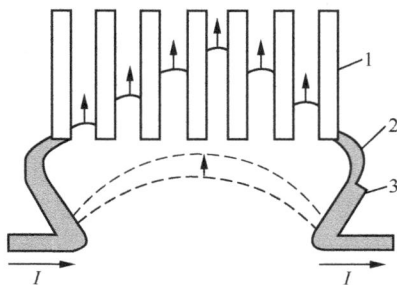

1—栅片　2—电弧　3—触点

图 5.6　栅片灭弧

当电弧产生后，立刻把电弧吸引到栅片内，将长弧分割成一串短弧，当电弧过零时，每个短弧的附近的介质强度为 150～250V，如果作用于触点间的电压小于各个介质强度的总和，电弧就立即熄灭。这种灭弧方法在低压开关电器中应用得较多。

除以上几种灭弧方法，还有窄缝灭弧、介质灭弧、多断口灭弧等多种灭弧方法，在此不一一赘述。

5.1.3　低压电器的发展

近年来整体解决方案（CPS）的概念引入电动机控制与保护装置中，将电动机保护断路器、接触器、保护继电器直接组装成紧凑型的电动机启动器，并在元器件设计时就从外观、尺寸、端子连接及性能配合等方面考虑了相互的组合要求。随着技术的发展和需求的增加，整体式的 CPS 也已出现，其结构更为紧凑、合理，功能更为强大。整体式的 CPS 以施耐德的 TesysU 系列产品为代表，高度集成不仅使其体积比组合式大大减小，而且使其保护性能完善、功能强大，因此整体式 CPS 极有可能成为今后 CPS 发展的主流。

电子式电动机保护器是随着电子技术的发展而诞生的专业用于保护电动机等设备的电器，根据电动机保护要求的高低分成高端、中端、低端产品系列。电子式电动机保护器在功能扩展上呈现方案多样化，保护范围不仅包括电动机保护，也扩展到其他设备保护，例如变电站保护、变压器保护等。低档和中档的电子式电动机保护器的机械结构和功能与传统的热保护继电器类似，可直接与同等级的接触器组装成紧凑型电动机启动器，但功能比热继电器更强大，将逐步替代热继电器，在电动机的控制与保护领域占有一席之地。

软启动器的发展也非常快，基本上取代了原来的降压启动器、自耦减压启动器等产品，成为一种重要的电动机启动器，一般有经济型和高级型两个系列的软启动器。经济型软启动器一般功能简单，仅具有软启动功能，没有其他保护功能，但成本较低，结构紧凑，体积小巧，有的经济型软启动器还可兼作半导体接触器。高级型软启动器，除了具有软启动功能外，还具有其他多种保护功能。

另外，电动机变频调速装置（变频器）可以通过改变电源输出频率任意调节电动机转速，实现平滑的无级调速，因此在需要调速的工业控制中得到广泛的应用和发展。新一代变频器的特点是：高性能；易用性强，安装及初始化设置进一步简单化；具有很宽的功率范围，优良的速度控制和转矩控制特性；功率结构与控制单元模块化，控制单元支持即插即用功能；智能化，支持多总线通信，提供开放的现场可编程结构；高功率密度，体积紧凑；受 EMI/RFI 谐波的影响较小。随着变频器控制技术的发展，其高级型的产品具有很强的控制性能，不仅能控制交流异步电动机，而且能控制交流永磁同步电动机，其控制性能水平达到了通用伺服控制器的水平。电动机一体化变频器和组件式变频器得到了快速的发展。这类变频器形式将成为小型变频器的发展主流。

作为终端器中的主要产品，微型断路器的发展始终主导着终端器的发展。带选择性保护的微型断路器如 ABB 的 S700 系列等的诞生，彻底解决了终端配电系统上下级的选择性保护问题，使用电的安全性、可靠性大大提高。随着 P + N 结构与微型断路器技术的突破，更小体积的微型断路器在不久的将来面世，这将迎来微型断路器又一发展高峰。

随着我国经济的快速发展，近些年来低压电器行业也在迅速发展，呈现出以下几个发展趋势。

（1）智能化发展：随着科技的不断进步，智能化成为低压电器行业的主要发展趋势。智能化的低压电器通过应用物联网技术、云计算技术、大数据技术等，实现了远程监控、自动化控制、故障预警等功能，大大提高了电力系统的效率和质量。

（2）绿色化发展：随着环保意识的提高，消费者对环保产品的需求不断增长，低压电器行业需要注重研发环保产品，减少能源消耗，降低排放量，从而提高电力系统的效率和质量。因此，绿色化是低压电器行业发展的必然趋势。

（3）模块化发展：将不同功能的模块按不同的需求组合成模块化组合电器，是当今低压电器行业的重要发展方向。在接触器的本体上加装辅助触点组件、延时组件、自锁组件、接口组件、机械连锁组件及浪涌电压组件等，可以适应不同场合的要求，从而扩大产品适用范围，简化生产工艺，方便用户安装、使用与维修。可见，模块化的低压电器产品可以通过不同的组合，满足不同领域的需求，提高产品的可扩展性和可配置性。

（4）小型化发展：随着电力需求的不断增加，电力系统需要更加高效、灵活的设备。小型化的低压电器产品占用空间小、重量轻、易于安装，能够满足消费者对高效、灵活设备的需求。因此，小型化是低压电器行业的又一个发展趋势。

综上所述，智能化、绿色化、模块化、小型化是低压电器行业的主要发展趋势。目前，我国低压电器行业有着广阔的市场前景。

💡 工程实例

【观察交流接触器的触点结构形式及接触形式】

案例：通过对实验室中交流接触器实物的观察，确定交流接触器的触点结构形式和接触形式。

案例操作：首先把交流接触器放在实验桌台面上进行拆卸，对照图 5.2 和图 5.3，认真观察接触器中的三对主触点以及辅助常闭触点、辅助常开触点，观察并分析这些触点的结构形式和接触形式。

通过观察对照可知，接触器三对主触点及一对辅助常闭触点和一对辅助常开触点的结构形式是桥式触点，电动机主电路电流的接通与断开由接触器的三对主触点共同完成，有利于灭弧，并且三对主触点及一对辅助常闭触点和一对辅助常开触点的接触形式均为点接触形式，从而可减小触点的接触电阻。

结论：触点结构形式是桥式触点，触点接触形式为点接触形式。

思考与问题

1. 高压电器和低压电器是根据什么来划分的？低压电器是如何定义的？
2. 触点的接触形式有哪几种？其结构形式又有哪几种？
3. 什么是撞击电离？
4. 试述栅片灭弧原理。

5.2　开关电器和主令电器

提出问题

你了解低压断路器在电路中的作用以及保护功能吗？你理解开关电器和主令电器在用途上有何不同吗？行程开关在电动机控制电路中起什么作用？组合开关主要用于哪些场合？组合开关能控制电动机主电路中的电流吗？主令控制器呢？

知识准备

开关电器是指低压电器中作为不频繁地手动接通和分断电路的开关，或作为机床电路中电源的引入开关，主要有刀开关、组合开关等，广泛应用于企业工厂的电气控制设备上。

主令电器主要用于切换控制电路，用来命令电动机及其他控制对象的启动、停止或工作状态的变换。常用的主令电器有控制按钮、行程开关、万能转换开关和主令控制器等。

低压开关电器

5.2.1　低压开关电器

1. 刀开关

刀开关又称闸刀开关或隔离开关，是手控电器中十分简单且使用又较广泛的一种低压电器，图 5.7 所示为 HK 系列瓷瓶底胶盖刀开关，是十分简单的手柄操作式单级开关。

刀开关的主要作用是隔离电源，或用于不频繁地接通和断开电路。刀开关主要由静夹座、触刀、操作手柄和绝缘底板组成。

刀开关的种类很多。按刀的极数可分为单极、双极和三极；按是否带灭弧装置可分为带灭弧装置和不带灭弧装置；按刀的转换方向又可分为单掷和双掷；等等。图 5.8 所示为部分刀开关产品实物。

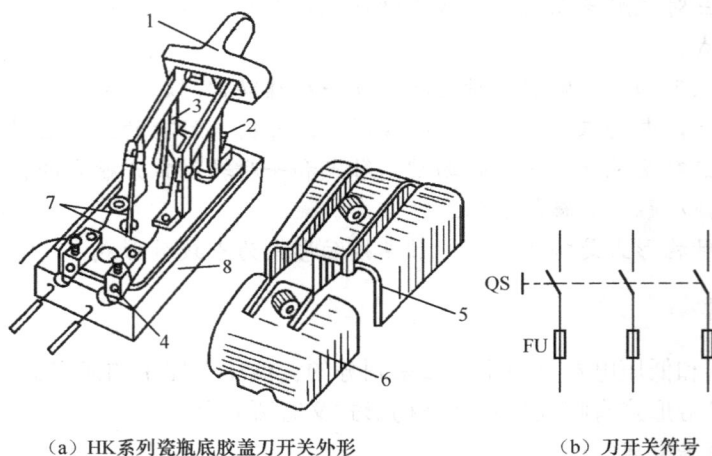

（a）HK 系列瓷瓶底胶盖刀开关外形　　　　（b）刀开关符号

1—瓷质手柄　2—进线座　3—静夹座　4—出线座　5—上胶盖　6—下胶盖　7—熔丝　8—瓷底座

图 5.7　HK 系列瓷瓶底胶盖刀开关

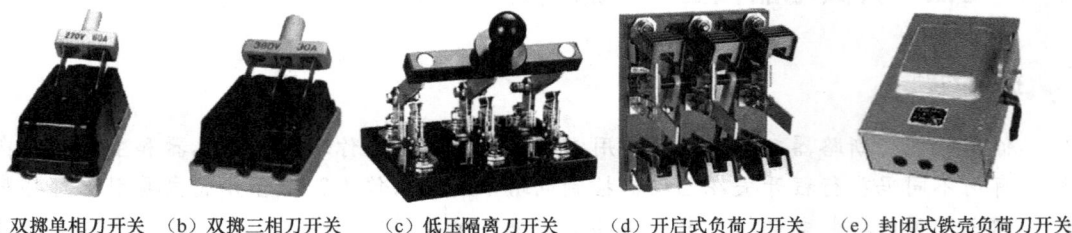

（a）双掷单相刀开关　（b）双掷三相刀开关　（c）低压隔离刀开关　（d）开启式负荷刀开关　（e）封闭式铁壳负荷刀开关

图 5.8　部分刀开关产品实物

安装刀开关时，应使合上开关时手柄在上方，不得倒装或平装，因为倒装时可能因为手柄自身重力下滑而引起误操作造成人身安全事故。接线时，将电源连接在熔丝上端，负载连接在熔丝下端，拉闸后刀开关与电源隔离，便于更换熔丝。

表 5.1 所示为 HK2 系列刀开关技术数据。

表 5.1　　　　　　　　　　　　　　HK2 系列刀开关技术数据

额定电压/V	额定电流/A	极数	熔体极限分断能力/A	控制电动机最大容量/kW	机械寿命/次	电气寿命/次
250	10	2	500	1.1	10000	2000
	15		500	1.5		
	30		1000	3.0		
500	15	3	500	2.2	10000	2000
	30		1000	4.0		
	60		1000	5.5		

应根据负载额定电压来选择刀开关的额定电压。正常情况下，普通负载可根据负载额定电流来决定刀开关的额定电流。若用刀开关控制电动机，考虑电动机的启动电流，刀开关应降低容量使用，一般刀开关的额定电流应是电动机额定电流的 3 倍。

图 5.8（e）所示的封闭式铁壳负荷刀开关是在图 5.8（d）所示的开启式负荷刀开关的基础上改进设计的一种开关，其灭弧性能、操作性能、通断能力和安全防护能力等方面都优于开启式负荷刀开关。因其外壳多为铸铁或用薄钢板冲压而成，俗称铁壳开关。铁壳开关通常用于手动不频繁接通和分断的负载电路，还可作为线路尾端的短路保护，也可控制 15kW 以下的交流电动机不频繁的直接启动和停止。

封闭式铁壳负荷开关 HR5 系列与熔体电流配用关系如表 5.2 所示。

表 5.2　　　　　　　　　　HR5 系列开关与熔体电流配用关系

型　号	熔体号码	熔体电流值/A
HR5-100	0	4，6，10，16，20，25，32，35，40，50，63，80，100，125，160
HR5-200	1	80，100，125，160，200，224，250
HR5-400	2	125，160，200，224，250，300，315，355，400
HR5-630	3	315，355，400，425，500，630

常用的封闭式铁壳负荷刀开关还有 HH3 系列［如图 5.8（e）所示］、HH4 系列等。

HH4 系列为全国统一设计产品，结构如图 5.9 所示。HH4 系列产品主要由刀开关、熔断器、操作机构和外壳组成。其主要特点有两个：一是采用储能分合闸机构，提高了通断能力，延长了使用寿命；二是设置联锁装置，当打开防护铁盖时，不能将开关合闸，确保了操作的安全性。

2.　组合开关

组合开关又称转换开关，是由多节触点组合而成的刀开关。它在电气控制电路中常被用作电源的引入开关，可以用来直接启动、停止小功率电动机或使电动机正反转，额定持续电流有 10A、25A、60A、100A等多种。与普通刀开关的区别是，组合开关用动触点代替触刀，操作手柄在平行于安装面的平面内可左、右转动。常用的组合开关有 HZ10 系列，其结构、电路图形符号和产品实物如图 5.10 所示。

图 5.10 中的三极组合开关有 3 对静触点和 3 个动触点，分别装在 3 层绝缘底板上。静触点一端固定在胶木盒内，另一端伸出盒外，以便和电源或负载相连接。3 个动触点由两个磷铜片或硬紫铜片和消弧性能

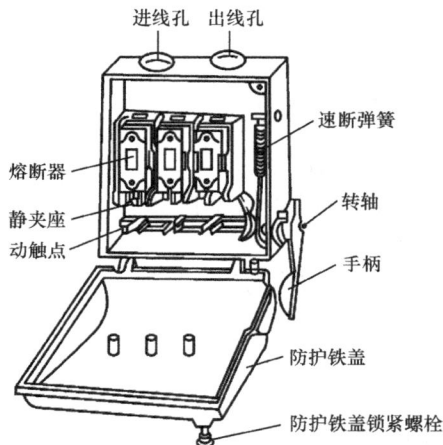

图 5.9　HH4 系列封闭式铁壳负荷刀开关结构

良好的绝缘钢纸板铆合而成，和绝缘垫板一起套在附有手柄的绝缘方杆上，每次可使绝缘方杆按正或反方向进行 90° 转动，带动 3 个动触点分别与 3 对静触点接通或断开，完成电路的通断动作。组合开关结构紧凑，安装面积小，操作方便，广泛用作机床设备的电源引入开关，也可用来接通或分断小电流电路，控制 5kW 以下电动机。其额定电流一般选择为电动机额定值的 1.5～2.5 倍。由于组合开关通断能力较差，因此不适用于分断故障电流。

组合开关的顶盖部分是由滑板（图 5.10 中未标出）、凸轮、弹簧和手柄等构成的操作机构。由于采用了扭簧储能，其可使触点快速闭合或分断，从而提高了开关的通断能力。

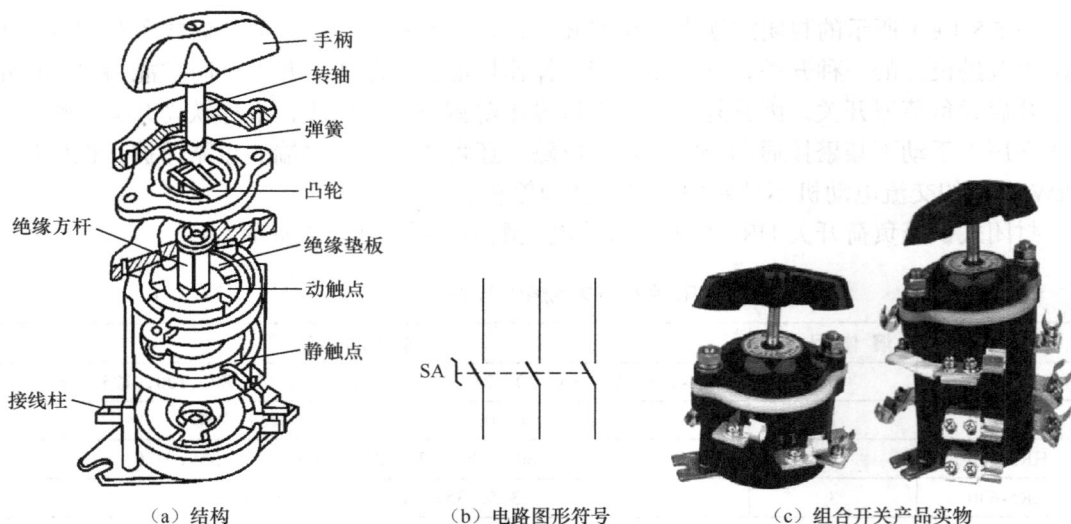

（a）结构　　　　　　　（b）电路图形符号　　　　　（c）组合开关产品实物

图 5.10　HZ10 系列组合开关结构、电路图形符号及产品实物

常用的组合开关产品有 HZ5、HZ6、HZ10、HZ15 系列。表 5.3 所示为 HZ5 系列组合开关额定电流及控制电动机功率。

表 5.3　　　　　　　　　　　HZ5 系列组合开关额定电流及控制电动机功率

型　号	HZ5-10	HZ5-20	HZ5-40	HZ5-60
额定电流/A	10	20	40	60
控制电动机功率/kW	1.7	4.0	7.5	10

3. 断路器

断路器即低压自动空气开关，又称自动空气断路器。

（1）结构与工作原理。图 5.11 所示为 DZ 型低压断路器结构原理及产品实物。

低压断路器按结构形式可分为塑料外壳式（又称装置式）、框架式（又称万能式）两大类。框架式断路器主要用作配电网络的保护开关，而塑料外壳式断路器除用作配电网络的保护开关外，还用作电动机、照明线路的控制开关。在此重点介绍塑料外壳式的低压断路器。

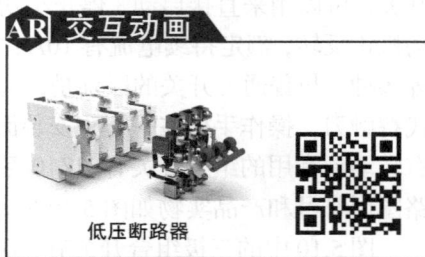
AR 交互动画
低压断路器

工作原理：如图 5.11（a）所示，低压断路器的 3 对主触点串联在被保护的三相主电路中，由于搭钩钩住弹簧，使主触点保持闭合状态。线路正常工作时，电磁脱扣器线圈产生的吸力不能将衔铁吸合。当线路短路产生较大过电流时，电磁脱扣器的线圈所产生的吸力增大，将衔铁吸合，同时杠杆沿支点转动，把搭钩顶上去，回位弹簧拉动主触点切断主电路，实现了短路保护。当线路上电压下降或突然失去电压时，欠电压脱扣器的吸力减小或失去吸力，衔铁在支点处受右边弹簧拉力而向上撞击杠杆，把搭钩顶开，切断主触点，实现了欠电压及失电压保护。当电路中出现过载现象时，绕在热脱扣器的双金属片上的线圈中电流增大，致使双金属片受热弯曲向上顶开搭钩，切断主触点，从而实现了过载保护。

（2）DZ10 型低压断路器。DZ10 型低压断路器如图 5.11（b）中左图所示，属于大电流系列，其额定电流的等级有 100A、250A、600A 这 3 种，分断能力为 7～50kA。在机床电气系统中常用 250A 以下的等级，作为电气控制柜的电源总开关。通常将它装在电气控制柜内，将操作手柄伸在外面，露出"分"与"合"的字样。

（a）DZ 型低压断路器的结构原理　　　（b）DZ 系列低压断路器的产品实物

图 5.11　DZ 型低压断路器结构原理及产品实物

DZ10 型低压断路器可根据需要装设热脱扣器（用双金属片实现过负荷保护）、电磁脱扣器（只实现短路保护）和复式脱扣器（可同时实现过负荷保护和短路保护）。

DZ10 型低压断路器的操作手柄有 3 个位置。

① 合闸位置。手柄向上扳，搭钩被锁扣扣住，主触点闭合。

② 自由脱扣位置。搭钩被释放（脱扣），手柄自动移至中间，主触点断开。

③ 分闸和再扣位置。手柄向下扳，主触点断开，使搭钩又被锁扣扣住，从而完成了"再扣"的动作，为下一次合闸做好了准备。如果断路器自动跳闸后，不把手柄扳到再扣位置（即分闸位置），不能直接合闸。

DZ10 型低压断路器采用钢片灭弧栅，因为脱扣机构的脱扣速度快，灭弧时间短，一般断路时间不超过一个周期（0.02s），断流能力就比较强。

（3）漏电保护断路器。漏电保护断路器通常称作漏电开关，是一种安全保护电器，在线路或设备出现对地漏电或人身触电时，可迅速自动断开电路，能有效地保证人身和线路的安全。电磁式电流动作型漏电保护断路器工作原理如图 5.12 所示。

该漏电保护断路器主要由零序互感器 TA、漏电脱扣器 W_s、试验按钮 SB、操作机构和外壳组成。实质上就是在一般的自动开关中增加一个能检测电流的感受元件零序互感器和漏电脱扣器。零序互感器是一个环形封闭的铁芯，主电路的三相电源线均穿过零序互感器的铁芯，为互感器的一次侧绕组。环形铁芯上绕有二次侧绕组，其输出端与漏电脱扣器的线圈相接。在电路正常工作时，无论三相负载电流是否平衡，通过零序互感器一次侧的三相电流相量和为零，二次侧没有电流。当出现漏电和人身触电时，漏电或触电电流将经过大地流回电源的中性点，因此零序互感器一次侧三相电流的相量和就不为零，

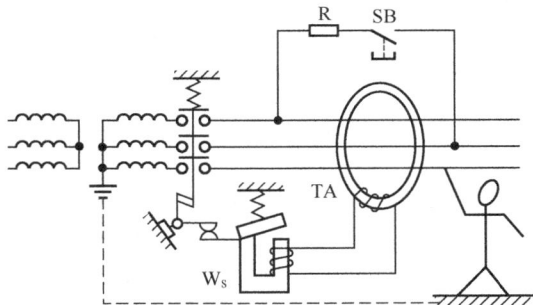

图 5.12　电磁式电流动作型漏电保护断路器工作原理

零序互感器的二次侧将产生感应电流，此电流通过漏电脱扣器线圈，使其动作，则低压断路器分闸切断了主电路，从而保障了人身安全。

为经常检测漏电开关的可靠性，开关上设有试验按钮，与一个限流电阻 R 串联后跨接于两相线路。当按下试验按钮后，漏电断路器立即分闸，证明该开关的漏电保护功能良好。

（4）塑料外壳式低压断路器的选择。塑料外壳式低压断路器的选择原则如下。

① 断路器额定电压等于或大于线路额定电压。

② 断路器额定电流等于或大于线路或设备额定电流。

③ 断路器通断能力（断路器通断能力是指在规定条件下，断路器能在给定的电压下接通和分断的预期电流值）等于或大于线路中可能出现的最大短路电流。

④ 欠电压脱扣器额定电压等于线路额定电压。

⑤ 分励脱扣器额定电压等于控制电源电压。

⑥ 长延时电流整定值等于电动机额定电流。

⑦ 瞬时整定电流：对保护鼠笼型异步电动机的断路器，瞬时整定电流为 8～15 倍电动机额定电流；对于保护绕线型异步电动机的断路器，瞬时整定电流为 3～6 倍电动机额定电流。

⑧ 6 倍长延时电流整定值的可返回时间等于或大于电动机实际启动时间。

（5）低压断路器的电路图形符号和产品型号。低压断路器的电路图形符号和产品型号如图 5.13 所示。

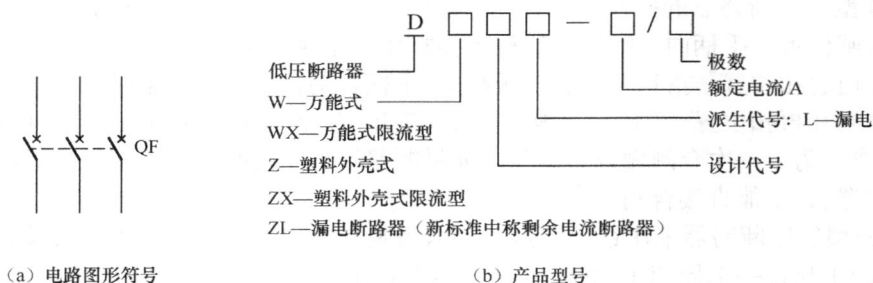

图 5.13　低压断路器的电路图形符号和产品型号

目前，我国已经在研制和开发智能型断路器产品，虽然这方面的技术还不是很完善，但可以预见，智能型断路器不但可以实现更多功能，而且结构更加灵活，性能更加可靠，还能实现与上位监控主机的双向通信，构成一个网络化的监控与保护系统，从而适应未来智能电网技术发展的需要。

5.2.2　主令电器

主令电器主要用来切换控制电路，控制接触器、继电器等设备的线圈得电与失电，进而控制电力拖动系统的启动与停止，以此改变系统的工作状态。主令电器应用广泛，种类繁多，本节只介绍其中常用的控制按钮、位置开关、万能转换开关和主令控制器。

1. 控制按钮

控制按钮是一种结构简单、应用广泛的主令电器。其产品外形、结构原理及电路图形符号如图 5.14 所示。它不直接控制主电路，而是在控制电路中发出手动"指令"控制接触器、继电器等，再用这些电器去控制主电路。控制按钮也可用来转换各种信号线路与电气

联锁线路等。

（a）产品外形　　　　　　　　（b）结构原理　　　　　（c）电路图形符号

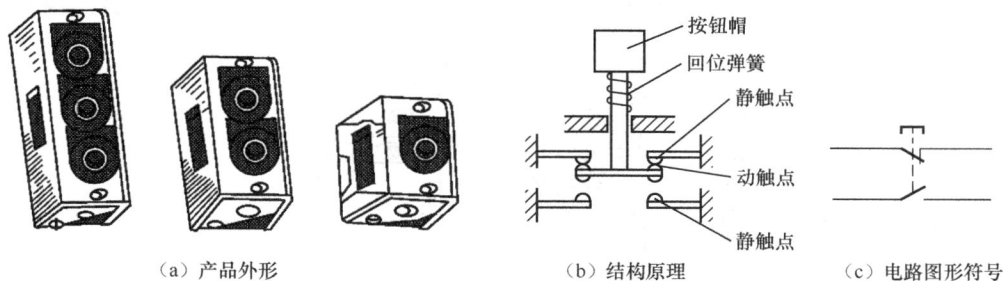

图 5.14　控制按钮的产品外形、结构原理和电路图形符号

图 5.14 所示的控制按钮是工程实际中应用较多的复合按钮，该复合按钮由按钮帽、回位弹簧、桥式触点和外壳构成。图 5.14（b）所示的动触点和上面的静触点组成常闭状态，和下面的静触点组成常开状态。按下按钮时，常闭触点断开，常开触点闭合；松开按钮时，在回位弹簧的作用下，各触点恢复原态，即常闭触点闭合，常开触点断开。

控制按钮的主要技术参数有额定电压、额定电流、结构形式、触点数及按钮颜色等，常用的控制按钮交流电压为 380V，额定工作电流为 5A。

2. 位置开关

位置开关包括行程开关（限位开关）、接近开关等。

（1）行程开关。行程开关将机械位移信号转换成电信号，使电动机运行状态发生改变，即按一定行程自动停车、反转、变速或循环，用来控制机械运动或实现安全保护。

直动式行程开关的产品外形如图 5.15（a）所示。单轮旋转式行程开关的产品外形如图 5.15（b）所示。两种行程开关的结构原理如图 5.15（d）所示。当运动机构的挡铁压到行程开关的滚轮上时，杠杆连同转轴一起转动，凸轮推动撞块使得常闭触点断开，常开触点闭合。挡铁移开后，回位弹簧使其复位。行程开关的电路图形符号如图 5.15（e）所示。

行程开关动作后，复位方式有自动复位和非自动复位两种，图 5.15（a）、图 5.15（b）所示的直动式和单轮旋转式行程开关的复位方式均为自动复位。但有的行程开关动作后不能自动复位，如图 5.15（c）所示的双轮旋转式行程开关，只有运动机械反向移动，挡铁从相反方向碰压另一滚轮时，触点才能复位。

常用的行程开关有 JLXK1、X2、LX3、LX5、LX12、LX19A、LX21、LX22、LX29、LX32 等系列。

（2）接近开关。接近开关是一种无须与运动部件进行机械直接接触操作的位置开关，又称无触点行程开关，它既有行程开关、微动开关的特性，又具有传感器性能，且动作可靠，性能稳定，频率响应快，使用寿命长，抗干扰能力强，还具有防水、耐腐蚀的特点。

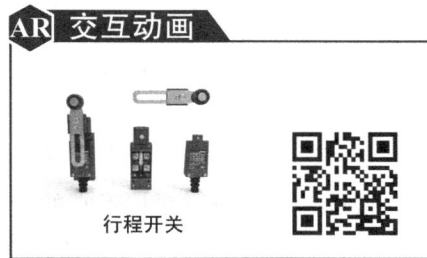

接近开关是理想的电子开关量传感器。当金属检测体接近开关的感应区域时，接近开关在无接触、无压力、无火花的情况下可发出电气指令，准确反映出运动机构的位置和行程。

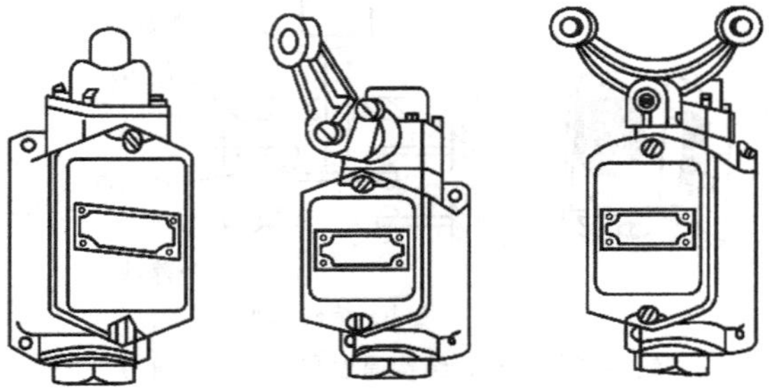

（a）直动式　　　（b）单轮旋转式　　　（c）双轮旋转式

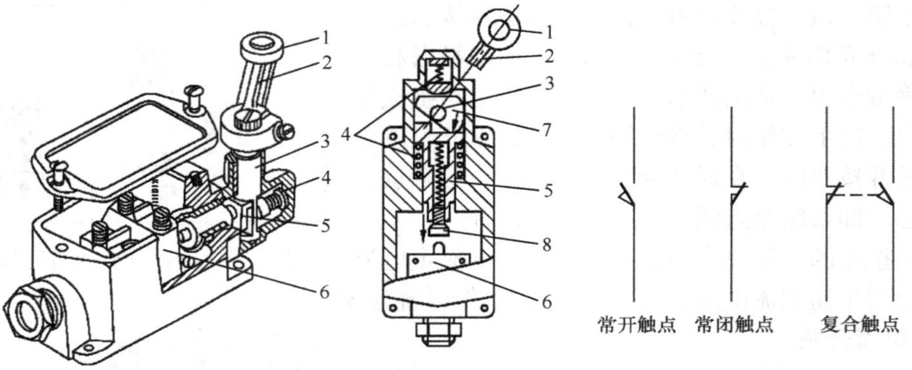

（d）直动式和单轮旋转式行程开关的结构原理　　　（e）电路图形符号

1—滚轮　2—杠杆　3—转轴　4—回位弹簧　5—撞块　6—微动开关　7—凸轮　8—调节螺钉

图 5.15　行程开关产品外形、结构原理及电路图形符号

接近开关之所以对接近它的物件有"感知"能力，是因为它内部安装有位移传感器（感应头），利用位移传感器对接近物体的敏感特性达到控制开关通或断的目的。当有物体移向接近开关并接近到一定位置时，位移传感器才能"感知"，接近开关才会动作。通常把这个距离叫作"检出距离"。不同的接近开关，其检出距离也各不相同。

接近开关即便用于一般的行程控制，其在定位精度、操作频率、使用寿命、安装调速等方面的优势和应对恶劣环境的适应能力，都是一般机械式行程开关所不能比拟的。因此，接近开关广泛应用于机床、冶金、化工、轻纺和印刷等行业。在自动控制系统中，接近开关可用于限位、计数、定位控制和自动保护环节等。

接近开关产品外形与行程开关有很大差别，其实物如图 5.16（a）所示。

（a）接近开关产品实物　　　　　（b）接近开关原理

图 5.16　接近开关产品实物和原理

接近开关较行程开关具有定位精度高、工作可靠、使用寿命长、功耗低、操作频率高以及能适应恶劣工作环境等优点。但使用接近开关时，仍要用有触点的继电器作为输出器。

接近开关的种类很多，在此只介绍高频振荡型接近开关。高频振荡型接近开关电路结构可以归纳为图 5.16（b）所示的几个组成部分。

高频振荡型接近开关的工作原理：当有金属物体靠近以一定频率稳定振荡的高频振荡器感应头时，由于感应作用，该金属物体内部会产生涡流损耗及磁滞损耗，以致振荡回路因电阻增大、能耗增加而振荡减弱，直至停止振荡。检测电路根据振荡器的工作状态控制输出电路的工作，输出信号去控制继电器或其他电器，以达到控制目的。

接近开关在航空、航天技术以及日常或工业生产中都有广泛的应用。在日常生活中，如宾馆、饭店、车库的自动门及自动热风机上都有接近开关的应用。在安全防盗方面，如资料档案馆、博物馆、金库等重地，通常都安装有由各种接近开关组成的防盗装置。在测量技术中，如长度、位置的测量，以及在控制技术中，如位移、速度、加速度的测量和控制，也都使用着大量的接近开关。

3.　万能转换开关

万能转换开关实际是多挡位、控制多回路的组合开关，是一种手动控制的主令电器，一般可用于各种配电装置的远距离控制，也可作为电压表、电流表的换向开关，还可以用于 2.1kW 以下小容量电动机的启动、调速、换向。万能转换开关由于触点挡数多而具有更多的操作位置，能够控制多个回路，满足复杂线路的要求，故有"万能"转换开关之称。

万能转换开关主要由接触系统、操作机构、转轴、手柄、定位机构等部件组成，用螺栓组装成整体。其产品外形及结构示意如图 5.17（a）、图 5.17（b）所示。

万能转换开关的接触系统由许多接触元件组成，每一接触元件均有一胶木触点座，中间装有 1 对或 3 对触点，分别由凸轮通过支架操作。操作时，手柄带动转轴和凸轮一起旋转，则凸轮即可推动触点接通或断开，如图 5.17（b）所示。由于凸轮的形状不同，当手柄处于不同的操作位置时，触点的分合情况也不同，从而达到换接电路的目的。

万能转换开关在电路图中的符号如图 5.17（c）所示。图中的横实线代表一路触点，竖虚线表示手柄位置。当手柄置于某一位置时，就在处于接通状态的触点下方的虚线上标注黑点"●"。触点的通断也可用图 5.17（d）所示的触点分合表来表示。触点分合表中"×"表示触点闭合，空白表示触点分断。

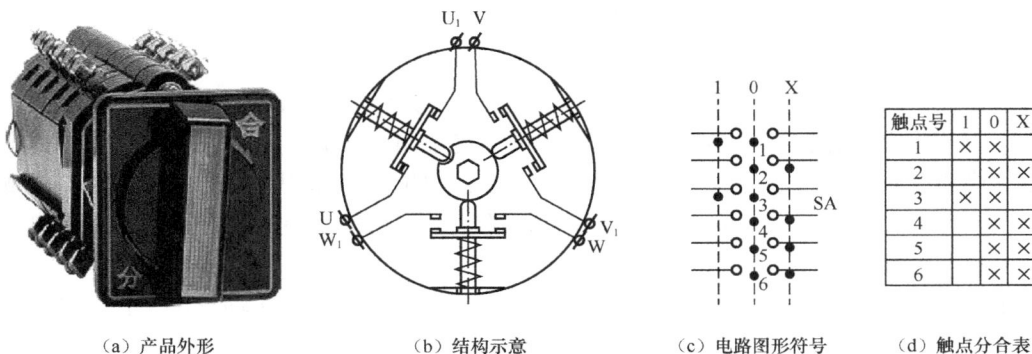

触点号	1	0	X
1	×		×
2		×	×
3	×	×	
4		×	×
5	×		×
6		×	×

（a）产品外形　　（b）结构示意　　（c）电路图形符号　　（d）触点分合表

图 5.17　万能转换开关

常用的万能转换开关有 LW5、LW6 和 LW12～LW16 等系列。LW5 系列 5.5kW 万能转换开关用途如表 5.4 所示。

表 5.4　　　　　　　　　　　LW5 系列 5.5kW 万能转换开关用途

用　途	型　号	定　位　特　性			接触装置挡数
直接启动开关	LW5 – 15/5.5Q		0°	45°	2
可逆转换开关	LW5 – 15/5.5N	45°	0°	45°	3
双速电机变速开关	LW5 – 15/5.5S	45°	0°	45°	5

4. 主令控制器

主令控制器又称主令开关，主要用于电气传动装置中，按一定顺序分合触点，达到发布命令或使其他控制电路联锁、转换的目的。主令控制器适用于频繁对电路进行接通和切断的情况，常配合磁力启动器对绕线型异步电动机的启动、制动、调速及换向实行远距离控制，广泛用在各类起重机械的拖动电动机的控制系统中。

主令控制器一般由触点系统、操作机构、转轴、齿轮减速机构、凸轮、外壳等几部分组成。其产品外形如图 5.18（a）所示。

（a）产品外形　　　　　　　（b）结构原理　　　　　　　（c）电路图形符号

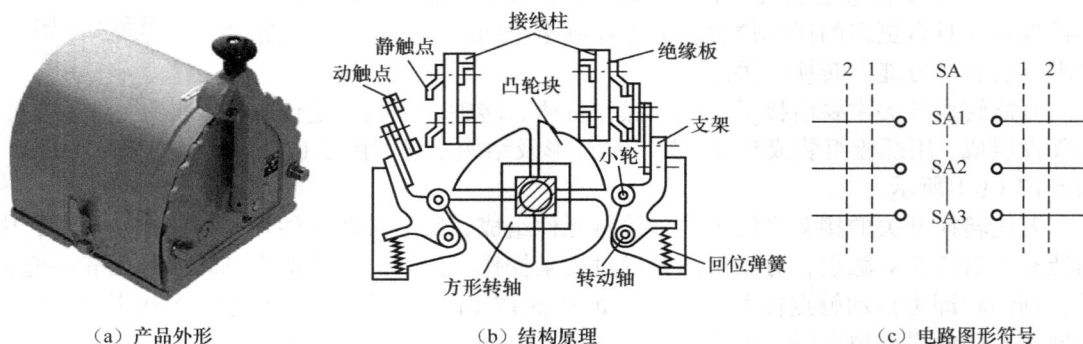

图 5.18　主令控制器

主令控制器的动作原理与万能转换开关相同，都是靠凸轮来控制触点系统的开合。但与万能转换开关相比，它的触点容量更大些，操纵挡位也较多。

不同形状凸轮的组合可使触点按一定顺序动作，而凸轮的转角是由控制器的结构决定的，凸轮数量的多少则取决于控制电路的要求。由于主令控制器的控制对象是二次电路，所以其触点工作电流不大。

主令控制器的结构原理如图 5.18（b）所示。在方形转轴上装有不同凸轮块随之转动。当凸轮块的凸起部分转到与小轮相接触时，推动支架向外张开，使动触点与静触点断开；当凸轮块的凹陷部分转到与小轮相接触时，支架在回位弹簧作用下复位，动触点与静触点闭合。因此，在方形转轴上安装一串不同的凸轮块，即可使触点按一定顺序闭合与断开，从而控制电路按一定顺序动作。

成组的凸轮块通过螺杆与对应的触点系统连成一个整体，其转轴既可直接与操作机构连接，也可经过减速器与之连接。如果被控制的电路数量很多，即触点系统挡位很多，可将它们分为 2～3 列,并通过齿轮啮合机构来联系,以免主令控制器过长。主令控制器还可组合成联动控制台,以实现多点多位控制。

配备万向轴承的主令控制器可使操纵手柄在纵横倾斜的任意方位上转动,以控制工作机械(如电动行车和起重工作机械)做上、下、前、后、左、右等方向的运动,操作控制灵活、方便。

常用的主令控制器有 LK14、LK15、LK16 和 LK17 系列,它们都属于有触点的主令控制器,对电路输出的是开关量的主令信号。如果要对电路输出模拟量的主令信号,可采用无触点主令控制器,主要有 WLK 系列。

主令控制器的选用原则:主要根据所需操作位置数、控制电路数、触点闭合顺序以及长期允许电流大小来选择。在起重机控制中,由于主令控制器是与磁力控制盘配合使用的,所以应根据磁力控制盘型号来选择相应的主令控制器。

🔦 工程实例

【认识常用低压电器】

案例:学校实验室通常都有交流接触器、部分继电器、按钮等低压电器及设备,学习低压电器的知识,我们首先要认识和区分常用低压电器。

案例操作:教师可事先把相应低压电器摆放在实验台面上,通过对一个个具体的低压电器进行简单的拆卸,并粗略介绍一下各种低压电器的结构特点,让学生认识这些低压电器。如果条件许可,也可让学生两两一组,对某低压电器小心拆卸,观察和熟悉低压电器的结构原理。最后,可根据拆卸的逆过程把电器装配起来。

结论:通过观察和实际动手,可较为深刻地理解低压电器的结构原理。

📋 思考与问题

1. 试述低压断路器有哪些保护功能。
2. 开关电器和主令电器在用途上有什么显著不同?
3. 试述行程开关的作用及主要组成部分。
4. 组合开关和主令控制器有什么相同之处和不同之处?

🔲 5.3　低压控制电器

🔦 提出问题

交流接触器通常用在什么场合?主要功能是什么?电磁式继电器主要有哪些?你对时间继电器了解多少?热继电器在电动机控制电路中起什么作用?速度继电器的应用场合有哪些?你了解熔断器的选用原则吗?常用的低压执行电器有哪些?

📋 知识准备

控制电器按工作电压的高低,以交流 1200V、直流 1500V 为界,划分为高压控制电器和低压控制电器两大类。交流 1200V、直流 1500V 及以下的控制电器均称为低压控制电器。

低压控制电器是用于控制电路和控制系统的电器，要求此类电器有较强的负载通断能力。低压控制电器的操作频率较高，所以要求具有较长的电气寿命和机械寿命。本节主要介绍交流接触器、电磁式继电器、时间继电器、热继电器及速度继电器。

交流接触器

5.3.1　交流接触器

接触器按其触点控制方式不同，可分为交流接触器和直流接触器，两者之间的差异主要是灭弧方法不同。

常用交流接触器的产品实物、结构示意以及电路图形符号如图5.19所示。

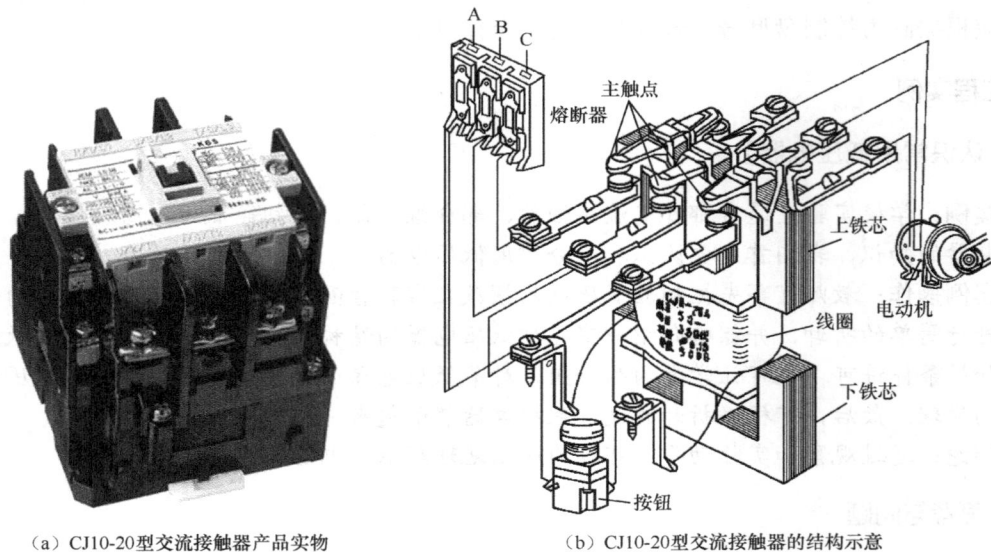

（a）CJ10-20型交流接触器产品实物　　　　　　（b）CJ10-20型交流接触器的结构示意

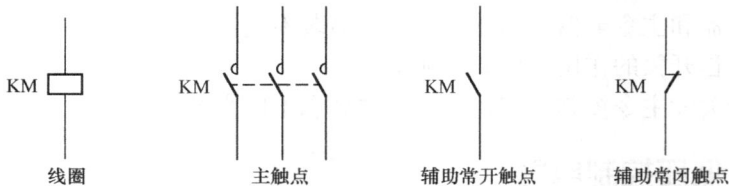

线圈　　　　　　主触点　　　　辅助常开触点　　　辅助常闭触点

（c）线圈和触点的电路图形符号

图5.19　CJ10-20型交流接触器

交流接触器是一种适用于远距离频繁接通和分断交直流主电路及控制电路的自动控制电器。其主要控制对象是电动机，也可用于其他电力负载，如电热器、电焊机等。

交流接触器具有欠电压保护、零电压保护、控制容量大、工作可靠、寿命长等优点，是自动控制系统中应用较多的一种电器。

由图5.19（a）、图5.19（b）所示的国产CJ10-20型交流接触器的产品实物及结构示意

AR　交互动画
接触器

可看出，交流接触器主要由两大部分组成：电磁系统和触点系统。电磁系统包括铁芯、衔铁和线圈，触点系统包括 3 对主触点（常开）、2 对辅助常开触点和 2 对辅助常闭触点。接触器的文字符号是 KM，线圈和触点的电路图形符号及文字符号如图 5.19（c）所示。

交流接触器的工作原理：当线圈通电时，铁芯被磁化，吸引衔铁向下运动，使得辅助常闭触点打开，主触点和辅助常开触点闭合。当线圈断电时，磁力消失，在反力弹簧的作用下，衔铁回到原来的位置，所有触点恢复原态。

选用交流接触器时，应注意它的额定电压、额定电流及触点数量等。

交流接触器使用中应注意以下几点。

（1）核对交流接触器的铭牌数据是否符合要求。

（2）交流接触器通常应安装在垂直面上，且倾斜角不得超过规定值，否则会影响交流接触器的动作特性。

（3）安装时应按规定留有适当的飞弧空间，以免飞弧烧坏相邻器件。

（4）检查接线无误后，应在主触点不带电的情况下，先使电磁线圈通电分合数次，检查其动作是否可靠，确认可靠后才能正式投入使用。

（5）使用时，应定期检查各部件，要求可动部分无卡住、坚固件无松动脱离、触点表面无积垢、灭弧罩不得破损、温升不得过高等。

5.3.2　电磁式继电器

电磁式继电器的结构和工作原理与接触器类似，其实物及结构原理如图 5.20（a）、图 5.20（b）所示。

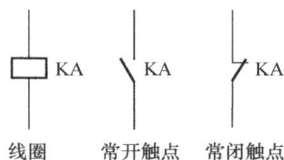

（a）中间继电器产品实物　　　（b）结构原理　　　（c）电路图形符号、文字标志

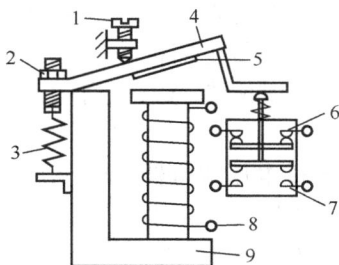

1—调节螺钉　2—调节螺母　3—反力弹簧　4—衔铁　5—非磁性垫片　6—常闭触点　7—常开触点　8—线圈　9—铁轭

图 5.20　电磁式继电器

电磁式继电器结构简单、价格低廉、使用维护方便，广泛地用在控制系统中。

由图 5.20（b）可看出，电磁式继电器也由电磁机构和触点系统两部分组成，为满足控制要求，需调节动作参数，故有调节装置。

电磁式继电器和接触器的主要区别在于：接触器只有在一定的电压信号下才动作，而电磁式继电器可对多种输入量的变化做出反应；接触器的主触点用来控制大电流电路，辅助触点控制小电流电路，电磁式继电器没有主触点，因此只能用来切换小电流的控制电路和保护电路；接触器通常带有灭弧装置，继电器因没有大电流的主触点，通常不设灭弧装置。

电磁式继电器种类很多，本小节只介绍以下几种。

1. 中间继电器

中间继电器产品实物如图 5.20（a）所示。中间继电器通常在继电保护与自动控制系统的控制回路中起传递中间信号的作用，以增加小电流的控制回路中触点的数量及容量。中间继电器的结构和原理与交流接触器基本相同，与交流接触器的主要区别在于：交流接触器的主触点串接在电动机主回路中，通过电动机的工作大电流；中间继电器没有主触点，它具有的全部都是辅助触点，数量比较多，其触点容量通常都很小，因此过载能力比较弱，只能通过小电流。所以，中间继电器只能用于小电流的控制电路中。中间继电器在电路中的图形符号如图 5.20（c）所示。

2. 电磁式电压继电器

电磁式电压继电器是一种电子控制器件，具有控制系统（又称输入回路）和被控制系统（又称输出回路），通常应用于自动控制电路中。电磁式电压继电器实际上是用较小的电流去控制较大电流的一种"自动开关"，故在电路中起着自动调节、安全保护、转换电路等作用。电磁式电压继电器主要用于发电机、变压器和输电线的继电保护装置中，作为过电压保护或低电压闭锁的启动元件。

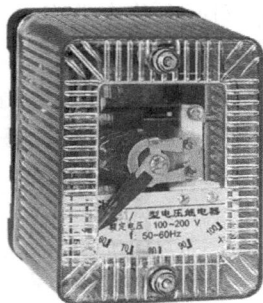

电磁式电压继电器包含凸出式固定结构、凸出式插拔结构、嵌入式插拔结构等，并有透明的塑料外罩，可以观察继电器的整定值和规格等。其产品外形如图 5.21 所示。

电磁式电压继电器分为过电压继电器和欠电压继电器两种类型，都是瞬时动作型。电磁式电压继电器的磁系统有两个线圈，线圈引线接在底座端子上，用户可以根据需要串联或并联，不同连接方式可使继电器的整定范围变化倍增。

图 5.21　电磁式电压继电器
产品外形

电磁式电压继电器铭牌的刻度值及额定值是线圈并联时的电压（以伏特为单位）。通过转动刻度盘上的指针来改变游丝的反作用力矩，从而改变电磁式电压继电器的动作值。

电磁式电压继电器的动作：对于过电压继电器，电压升至整定值或大于整定值时，继电器就动作，常开触点闭合，常闭触点断开；当电压降低到整定值的 80% 时，继电器就返回，常开触点断开，常闭触点闭合。对于低电压继电器，当电压降低到整定电压时，继电器就动作，常闭触点断开，常开触点闭合。

3. 电磁式电流继电器

电磁式电流继电器也是瞬时动作型，广泛应用于电力系统二次回路继电保护装置线路中，作为过电流启动元件。电磁式电流继电器产品外形如图 5.22 所示。

图 5.22　电磁式电流继电器
产品外形

电磁式电流继电器的磁系统有两个线圈，线圈引线接在底座端子上，用户可以根据需要串联或并联，从而使继电器整定值变化增倍。

电磁式电流继电器的铭牌刻度值及额定值是线圈串联时的电流（以安培为单位），转动刻度盘上的指针可改变游丝的反作用力矩，从而可以改变继电器的动作值。

以过电流继电器为例，说明电流继电器的动作原理：当通过电流继电器的电流升至整定值或大于整定值时，过电流继电器动作，常开触点闭合，常闭触点断开；当电流降低到整定值的 80% 时，继电器就返回，常开触点断开，常闭触点闭合。

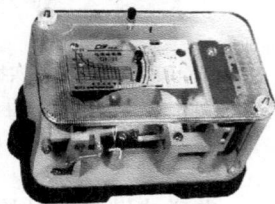

欠电流继电器正常工作时，继电器线圈流过负载额定电流，衔铁吸合动作；当负载电流降低至继电器释放电流时，衔铁释放，带动触点动作。欠电流继电器在电路中起欠电流保护作用。

5.3.3 时间继电器

时间继电器

时间继电器是电路中控制动作时间的设备，它利用电磁原理或机械动作原理来实现触点的延时接通和断开。按其动作原理与构造的不同可分为电磁式、电动式、空气阻尼式和电子式等类型。

1. 空气阻尼式时间继电器

图 5.23 所示为 JS7-A 系列时间继电器产品外形和结构原理。

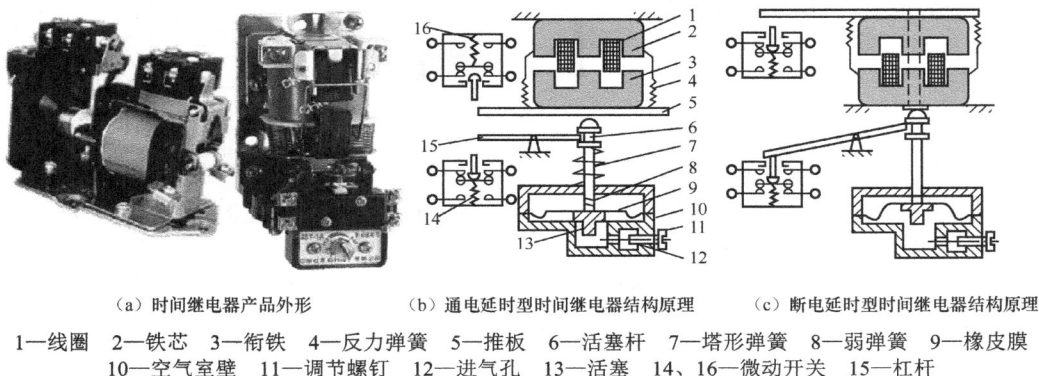

（a）时间继电器产品外形　（b）通电延时型时间继电器结构原理　（c）断电延时型时间继电器结构原理

1—线圈　2—铁芯　3—衔铁　4—反力弹簧　5—推板　6—活塞杆　7—塔形弹簧　8—弱簧　9—橡皮膜
10—空气室壁　11—调节螺钉　12—进气孔　13—活塞　14、16—微动开关　15—杠杆

图 5.23　JS7-A 系列时间继电器产品外形及结构原理

空气阻尼式时间继电器有通电延时和断电延时两种类型。通电延时型时间继电器的动作原理是：线圈通电时使触点延时动作，线圈断电时使触点瞬时复位。断电延时型时间继电器的动作原理是：线圈通电时使触点瞬时动作，线圈断电时使触点延时复位。时间继电器的电路图形符号如图 5.24 所示。

通电延时型时间继电器

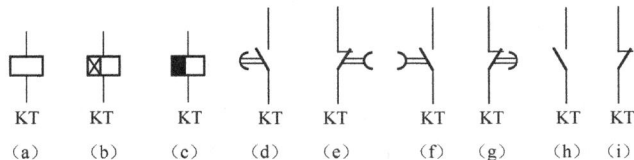

KT	KT	KT	KT	KT	KT	KT	KT	KT
（a）	（b）	（c）	（d）	（e）	（f）	（g）	（h）	（i）

图 5.24　时间继电器的电路图形符号

断电延时型时间继电器

空气阻尼式时间继电器是利用空气的阻尼作用获得延时的。此类时间继电器结构简单、价格低廉，但准确度低，延时误差大［±（10%～20%）］，一般只用于延时精度要求不高的场合。目前在交流电路中应用较多的是晶体管式时间继电器。它利用 RC 电路中电容器充电时电容器上的电压逐渐上升的原理作为延时基础，其特点是延时范围广、体积小、精度高、调节方便和寿命长。

2. 电子式时间继电器

电子式时间继电器也称为半导体时间继电器，具有机械结构简单、延时范围广、精度高、消耗功率小、调整方便及寿命长等优点，其应用越来越广泛。电子式时间继电器按结构分为阻容式和数字式两类；按延时方式分为通电延时型、断电延时型及带瞬动触点的通电延时型。

常用的 JS20 系列通电延时型电子式时间继电器是全国推广的统一设计产品，适用于交流 50Hz、电压 380V 及以下或直流 110V 及以下的控制电路，作为时间控制元件，按预定的时间延时，周期性地接通或分断电路。

JS20 系列通电延时型电子式时间继电器的产品实物和接线示意如图 5.25 所示。

JS20 系列通电延时型电子式时间继电器由电源、电容充放电电路、电压鉴别电路、输出电路和指示电路 5 部分组成。JS20 系列通电延时型电子式时间继电器的内部电路如图 5.26 所示。

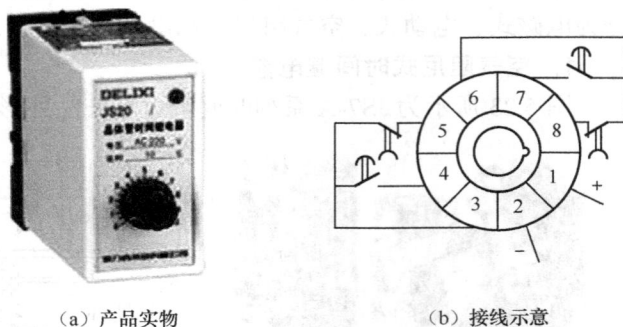

（a）产品实物 　　　　　（b）接线示意

图 5.25　JS20 系列通电延时型电子式时间继电器

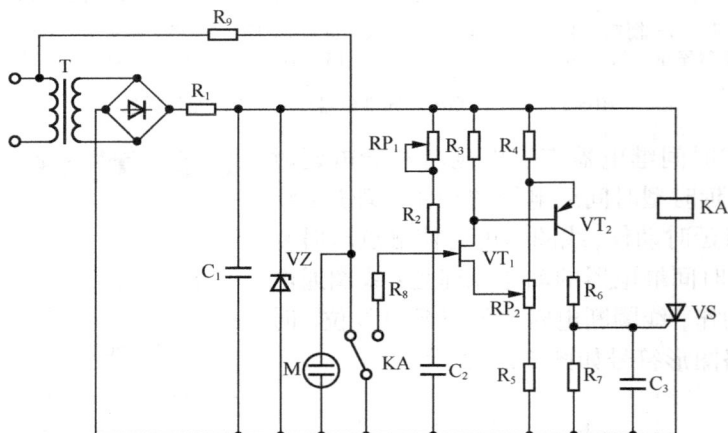

图 5.26　JS20 系列通电延时型电子式时间继电器的内部电路

当电源接通后，经桥式整流和 C_1 滤波以及 VZ 稳压后的直流电经过 RP_1 和 R_2 向电容 C_2 充电。当场效应管 VT_1 的栅源电压 U_{gs} 低于夹断电压 U_p 时，VT_1 截止，因而 PNP 型三极管 VT_2、晶闸管 VS 均处于截止状态。当 C_2 电位随着充电过程按指数规律上升，满足 U_{gs} 高于 U_p 的条件时，场效应管 VT_1 导通，VT_2、VS 相继导通，中间继电器 KA 线圈通电吸合，输出延时信号。同时，电容 C_2 通过 R_8 和 KA 的常开触点放电，为下次动作做好准备。当切断电源时，中间继电器 KA 线圈断电，触点打开，电路恢复原始状态，等待下次动作。显然，电子式时间继电器是利用 RC 电路电容充电原理实现延时的，调节 RP_1 和 RP_2 即可调整延时时间。

5.3.4　热继电器

1．热继电器的结构与工作原理

热继电器是利用电流的热效应原理来切断电路以保护电器的设备，其外形、结构及电路图形符号如图 5.27 所示。

热继电器

（a）外形　　　　　　　　（b）结构　　　　　　（c）电路图形符号

1—压簧　2—电流调节凸轮　3—手动复位按钮　4、14—双金属片　5—热元件　6—杠杆　7、8—片簧　9—推杆
10—轴 1　11—轴 2　12—弓形弹簧片　13—复位调节螺钉　15—基点　16—绝缘导板

图 5.27　热继电器

热继电器由热元件、双金属片和触点及联动机构等部分组成。双金属片是热继电器的感测元件，由两种不同膨胀系数的金属片压焊而成。双金属片上绕有阻值不大的电阻丝作为热元件，热元件串接于电动机的主电路中。热继电器的常闭触点串接于电动机的控制电路中。当电动机正常运行时，热元件产生的热量虽然能使双金属片弯曲，但不足以使热继电器动作。

AR 交互动画

热继电器

当电动机过载时，热元件上流过的电流大于正常工作电流，于是温度上升，使双金属片更加弯曲，经过一段时间后，双金属片弯曲的程度使它推动导板，引起联动机构动作而使热继电器的常闭触点断开，从而切断电动机的控制电路，使电动机停转，达到过载保护的目的。待双金属片冷却后，才能使触点复位。复位有手动复位和自动复位两种方式。

2．热继电器的选择原则

热继电器主要用于电动机的过载保护，在选用时应根据具体使用条件、工作环境、电动机类型及运行条件和要求、电动机启动情况和负荷情况综合考虑。

（1）热继电器有 3 种安装方式。独立安装式通过螺钉固定，导轨安装式在标准安装轨上安装，插接安装式直接挂接在与其配套的接触器上，具体应根据实际安装情况选择安装方式。

（2）长期流过而不引起热继电器动作的最大电流称为热继电器的整定电流，通常选择与电动机的额定电流相等或 $(1.05 \sim 1.10)I_N$ 范围的电流。如果电动机拖动的是冲击性负载或在电动机启动时间较长的情况下，选择的热继电器整定电流应比 I_N 稍大一些。对于过载能力较差的电动机，所选择的热继电器的整定电流值应适当小些。

（3）在不频繁启动的场合，热继电器在电动机启动过程中不应产生误动作。当电动机启动电流为额定电流 6 倍以下，启动时间不超过 5s 时，若很少连续启动，可按电动机额定电流选用热继电器，并采用过电流继电器作为保护装置。

（4）对定子绕组为三角形接法的异步电动机，应选用带断相保护装置的热继电器。

（5）当电动机工作于重复短时工作制时，要根据热继电器的允许操作频率选择相应的产品。因为热继电器操作频率较高时，其动作特性会变差，甚至不能正常工作。因此，对于频繁通断的电动机，不宜采用热继电器作为保护装置，可选用埋入电动机绕组的温度继电器或热敏电阻。

5.3.5 速度继电器

速度继电器是反映转速和转向的继电器，其主要作用是以旋转速度的快慢为指令信号，与接触器配合实现对电动机的反接制动控制，故又称为反接制动继电器。机床控制电路中常用的速度继电器有 JY1 型和 JFZ0 型，其中，JY1 型速度继电器产品外形、结构原理、电路图形符号如图 5.28 所示。

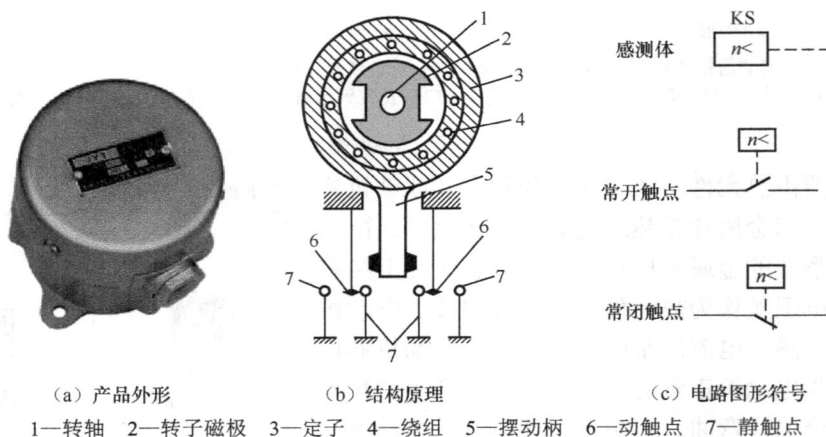

（a）产品外形　　　　（b）结构原理　　　　（c）电路图形符号
1—转轴　2—转子磁极　3—定子　4—绕组　5—摆动柄　6—动触点　7—静触点

图 5.28　JY1 型速度继电器

速度继电器是根据电磁感应原理制成的。速度继电器的转子是一个永久磁铁，与电动机或机械轴相连接，随着电动机旋转而旋转。速度继电器的转子与鼠笼型异步电动机的转子相似，内有短路条，也能围绕着转轴转动。当速度继电器的转子随电动机转动时，其磁场与定子短路条相切割，产生感应电动势及感应电流，与电动机的工作原理类似，故速度继电器的定子随着转子转动而转动起来。速度继电器的定子转动时带动摆动柄，摆动柄推动触点，使之闭合或分断。当电动机旋转方向改变时，继电器的转子与定子的转向也改变，这时定子就可以触动另外一组触点，使之分断或闭合。当电动机停止时，速度继电器的触点即恢复原来的静止状态。

由于速度继电器工作时是与电动机同轴的，不论电动机正转或反转，速度继电器的两个常开触点总有一个闭合，准备实行电动机的制动。一旦开始制动时，控制系统的联锁触点和速度继电器的备用闭合触点形成一个电动机相序反接（俗称倒相）电路，使电动机在反接制动下停车。当电动机的转速接近零时，速度继电器的制动常开触点分断，从而切断电源，使电动机制动状态结束。

　　JY1 型速度继电器可在 700～3600r/min 范围内可靠地工作，JFZ0-1 型速度继电器适用于 300～1000r/min 的范围，JFZ0-2 型速度继电器适用于 1000～3600r/min 的范围。速度继电器均具有 2 个常开触点、2 个常闭触点，触点额定电压为 380V，额定电流为 2A。一般速度继电器的转轴在 130r/min 左右即能动作，在 100r/min 时触点即能恢复到正常位置，可以通过调节螺钉来改变速度继电器动作的转速，以适应控制电路的要求。

　　速度继电器应用广泛，可以用来监测船舶、火车的内燃机发动机，以及气体、水和风力涡轮机，还可以用于造纸业、箔的生产和纺织业生产上。在船用柴油机以及很多柴油发电机组的应用中，速度继电器作为一个二次安全回路，当产生紧急情况时，能迅速切断电源。速度继电器主要根据电动机的额定转速和控制要求来选择。

工程实例

【常用低压控制电器的应用】

　　工程实例：通过实验室中的某电动机连续运转控制与保护电路，观察电路中所应用的低压控制电器包括哪些，指出各自的功能及作用。

　　案例操作与分析：以实验室中的电动机连续运转控制与保护电路为案例操作对象，教师提前把电路连接好。

　　观察电动机控制主电路，有断路器，起控制电动机主电路的通断及短路保护作用；有热继电器的发热元件串接在电动机主电路中，其常闭触点串接在电动机辅助控制电路中，起过载保护作用；有交流接触器的 3 对主触点串接在电动机主电路中，在电路中起通、断电路的作用以及失电压和欠电压保护作用，还有一对辅助常开触点并接在启动按钮常开触点的两端，起自锁作用。

思考与问题

　　1. 交流接触器在结构上有何特点？试述其工作原理。

　　2. 电磁式继电器在结构上和交流接触器有何相同点？有何不同点？它们的工作原理相同吗？

　　3. 时间继电器在电路中的作用是什么？

　　4. 热继电器在电动机电路中起什么作用？它能起短路保护作用吗？

　　5. 速度继电器通常在电动机电路中起什么作用？它是依据什么原理工作的？

5.4　熔断器

提出问题

　　熔断器在电路起什么作用？你了解熔断器熔体的选用原则吗？

知识准备

　　熔断器是一种当电流超过规定值一定时间后，以它本身产生的热量使熔体熔化而分断电路的电器，由于它具有结构简单、价格便宜、使用维护方便等优点，因此广泛应用于低压配电系统及用电设备中作为短路或过电流保护装置，主要用作短路保护装置。

5.4.1　熔断器的分类与常用型号

熔断器

工程实际应用中的熔断器种类繁多，按结构形式主要分为半封闭插入式、无填料密封管式、有填料密封管式等；按用途可分为工业用熔断器、半导体器件保护用熔断器、特殊用途熔断器等。图 5.29 所示为几种常用类型熔断器的产品实物。

图 5.29 所示的 3NA 系列熔断器为有填料密封管式快速熔断器，由熔管、触点底座、动作指示器和熔体组成。熔体为银质窄截面或网状形式，熔体为一次性的，不能自行更换。由于其具有快速动作性，一般作为保护用半导体整流元件。

（a）3NA系列熔断器　（b）R11型熔断器　（c）RM10系列熔断器　（d）电子元器件熔断器　（e）RO17型熔断器

图 5.29　不同类型的熔断器

图 5.29 所示的 RO17 型熔断器为无填料管式熔断器，其熔管由纤维物制成。使用的熔体为变截面的锌合金片。熔体熔断时，纤维熔管的部分纤维物因受热而分解，产生高压气体，使电弧很快熄灭。无填料管式熔断器具有结构简单、保护性能好、使用方便等特点，一般与刀开关组成熔断器刀开关组合使用。

图 5.30 所示的螺旋式熔断器，其额定电流为 5～200A，主要用于短路电流大的分支电路或有易燃气体的场所。螺旋式熔断器在熔管中装有石英砂，熔体埋于其中，熔体熔断时，石英砂喷向电弧及其缝隙，可使其迅速降温而熄灭。为了便于监视，熔断器一端装有色点，不同的颜色表示不同的熔体电流，熔体熔断时，色点跳出，示意熔体已熔断。

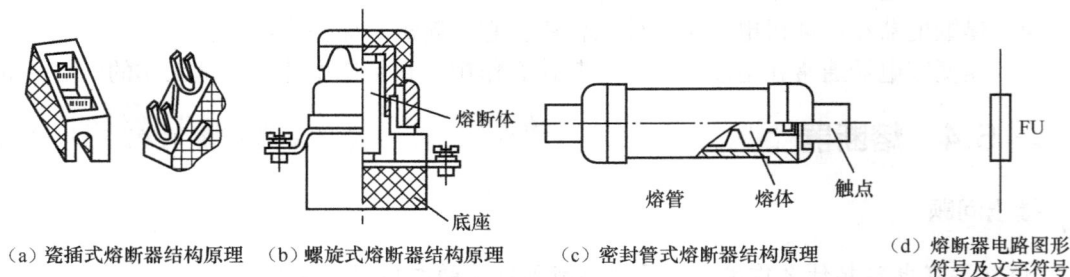

（a）瓷插式熔断器结构原理　（b）螺旋式熔断器结构原理　（c）密封管式熔断器结构原理　（d）熔断器电路图形符号及文字符号

图 5.30　熔断器结构原理与电路图形符号

熔断器的主要部件就是熔体。熔体材料分为低熔点材料和高熔点材料。其中低熔点材料主要有铅锡合金、锌等，高熔点材料主要有铜、银、铝等。图 5.30 所示为熔断器的结构原理与电路图形符号和文字符号。

日常生活中常见的是瓷插式熔断器，而机床电路广泛采用的则是螺旋式熔断器。在电子设备中使用的熔断器内只有一根很细的熔丝，常称为保险丝。密封管式熔断器通常用于较大电流的短路保护或过载保护。熔断器无论型号如何和安装如何，或者其附加功能如何，主要作用只有一个，就是电流过大后其熔体过热而熔断，从而断开电路，保护电路中的用电设备。

5.4.2　熔断器的技术参数和熔体选用

1. 熔断器的技术参数

熔断器的技术参数主要有以下几点。

（1）额定电压：熔断器长期正常工作时能够承受的工作电压。

（2）额定电流：熔断器长期工作时允许通过的最大电流。熔断器起短路保护作用，当负载正常工作时，电流基本不变，熔断器的熔体要根据负载的额定电流进行选择，只有选择合适的熔体，才能真正起到保护电路的作用。

（3）极限分断能力：熔断器在规定的额定电压下能够分断的最大电流值取决于熔断器的灭弧能力，与熔体的额定电流无关。

2. 熔体的选用

选择熔断器主要是选择熔体的额定电流。选用的原则如下。

（1）一般照明线路：熔体额定电流≥负载工作电流。

（2）单台电动机：熔体额定电流≥（1.5～2.5）倍电动机 I_N，但对不经常启动而且启动时间不长的电动机，系数可选得小一些，主要以启动时熔体不熔断为准。

（3）多台电动机：熔体额定电流≥（1.5～2.5）倍最大电动机 I_N + 其余电动机 I_N。

其中，I_N 为电动机额定电流。使用熔断器过程中应注意：安装、更换熔丝时，一定要切断电源，将闸刀拉开，不要带电作业，以免触电。熔丝烧坏后，应换上同样材料、同样规格的熔丝，千万不要随便加粗熔丝，或用不易熔断的其他金属去替换。

工程实例

【电动机控制电路中熔体的选择】

案例：一台 Y112M-2 型 4kW 电动机，额定电压为 380V，额定电流 8.2A，试选择该电动机控制电路中的熔体。

分析：熔体额定电流的经验公式为：熔体额定电流 = 电动机额定电流×3。实际工程中熔体额定电流的速算口诀为"熔体保护，千瓦乘6"。

根据经验公式可算出该电动机控制电路中的熔体约选择

$$熔体额定电流 = 电动机额定电流 \times 3 = 8.2 \times 3 = 24.6（A）$$

根据速算口诀，该电动机控制电路中的熔体额定电流约选择 4×6 = 24（A）。

结论：应配用 RL1-60 型熔断器，熔体额定电流为 25A。

思考与问题

1. 熔断器能在电路中起过载保护作用吗？为什么？

2. 熔断器在电路中起什么作用？家用电器瓷插式熔断器的熔丝烧掉后，能否用一根铜丝代替？为什么？

5.5 低压执行电器

提出问题

电磁阀在电路中的功能和作用你了解多少？你理解电磁阀在机床电气控制电路中的作用和原理吗？

知识准备

常用低压执行电器有电磁阀、电磁离合器等。

电磁阀是用电磁控制的工业设备，是用来控制流体的自动化基础元件，属于执行器。电磁阀有很多种，不同的电磁阀在控制系统的不同位置发挥作用，常用的有单向阀、安全阀、方向控制阀、速度调节阀等。

电磁离合器是指由电磁力产生压紧力的摩擦式离合器。由于电磁离合器能实现无距离操纵，控制能量小，因此便于实现机床自动化，同时传动快、结构简单，也获得了广泛的应用。

电磁阀

5.5.1 电磁阀

1. 特点及用途

电磁阀的应用并不限于液压、气动，还可以配合不同的电路来实现预期的控制，而且控制的精度和灵活性都能够得到保证。图 5.31 所示为各种类型的电磁阀产品实物。

（a）消防专用电磁阀　（b）熄火电磁阀　（c）超高温电磁阀　（d）燃气电磁阀　（e）通用两位三通电磁阀

图 5.31　电磁阀产品实物

电磁阀的主要特点如下。

（1）外漏堵绝，内漏易控，使用安全。内外泄漏是危及安全的要素。其他自控阀通常将阀杆伸出，由电动、气动、液动执行机构控制阀芯的转动或移动。这都要解决长期动作阀杆动密封的外泄漏难题。唯有电磁阀是通过电磁力作用于密封在电动调节阀隔磁套管内的铁芯来完成的，不存在动密封，所以外漏易堵绝。电动阀力矩不易控制，容易产生内漏，甚至拉断阀杆头部；电磁阀的结构容易控制内泄漏，直至降为零。所以，电磁阀使用特别安全，尤其适用于具有腐蚀性、有毒或高低温的介质。

（2）系统简单，方便与计算机相连，且价格低廉。电磁阀结构简单，比起调节阀等其他种类执行器更易于安装维护。其所组成的自控系统更简单，价格要更低。由于电磁阀采用开关信号控制，因此与工控计算机连接十分方便。在当今计算机普及、价格大幅下降的时代，电磁阀的优势就更加明显。

（3）响应极快，功率微小，外形小巧。电磁阀响应时间可以短至几毫秒，即使是先导式电磁阀也可以控制在几十毫秒内。由于自成回路，电磁阀比其他自控阀反应更灵敏。设计得当的电磁阀线圈功率很小，属于节能产品；电磁阀还可做到只需触发动作，自动保持阀位，平时基本不耗电。电磁阀外形尺寸小，既节省空间，又轻巧美观。

（4）调节精度受限，适用介质受限。电磁阀通常只有开和关两种状态，阀芯只能处于两个极限位置，不能连续调节，所以调节精度会受到一定限制。另外，电磁阀对介质纯净度有较高要求，含颗粒状物质的介质不适用，如含杂质须先滤去；黏稠状介质也不适用，特定产品的适用介质黏度范围相对较窄。

（5）型号多样，用途广泛。电磁阀虽有一些不足，但其优点仍十分突出，所以设计成多种多样的产品，满足各种不同的需求，用途极为广泛。电磁阀技术的进步也都是围绕着如何克服不足，如何更好地发挥固有优势而展开的。

2. 工作原理

电磁阀里有密闭的腔，在不同位置开有通孔，每个孔连接不同的油管，腔中间是活塞，两面是两块电磁铁，哪面的磁铁线圈通电，阀体就会被吸引到哪边，通过控制阀体的移动来开启或关闭不同的排油孔，而进油孔是常开的，液压油会进入不同的排油管，然后通过油的压力来推动油缸的活塞，活塞又带动活塞杆，活塞杆带动机械装置。这样通过控制电磁铁的电流通断就控制了机械运动。

3. 分类

电磁阀从原理上可分为 3 类。

（1）直动式电磁阀。直动式电磁阀通电时，电磁线圈产生电磁力把关闭件从阀座上提起，阀门打开；断电时，电磁力消失，弹簧把关闭件压在阀座上，阀门关闭。

特点：在真空、负压、零压时均能正常工作，但通径一般不超过 25mm。

（2）先导式电磁阀。先导式电磁阀通电时，电磁力把先导孔打开，上腔室压力迅速下降，在关闭件周围形成上低下高的压差，流体压力推动关闭件向上移动，阀门打开；断电时，弹簧力把先导孔关闭，入口压力通过旁通孔迅速在腔室关闭件周围形成下低上高的压差，流体压力推动关闭件向下移动，关闭阀门。

特点：流体压力范围上限较高，可任意安装（需定制），但必须满足流体压差条件。

（3）分步直动式电磁阀。分步直动式电磁阀是直动式电磁阀和先导式电磁阀相结合的电磁阀。当入口与出口没有压差时，通电后，电磁力直接把先导小阀和主阀关闭件依次向上提起，阀门打开。当入口与出口达到启动压差时，通电后，电磁力作用于先导小阀，使主阀下腔压力上升，上腔压力下降，从而利用压差把主阀向上推开；断电时，先导小阀利用弹簧力或介质压力推动关闭件向下移动，使阀门关闭。

特点：在零压差或真空、高压时均能动作，但功率较大，要求必须水平安装。

4. 选型原则

电磁阀选型首先应该依次遵循安全性、可靠性、适用性、经济性四大原则，其次是根据 6 个方面的现场工况，即管道参数、流体参数、压力参数、电气参数、动作方式、特殊要求进行选择。

5.5.2　电磁离合器

电磁离合器又称电磁联轴节，可利用表面摩擦和电磁感应原理，在两个做旋转运动的物体间传递转矩。电磁离合器可分为干式单片电磁离合器、干式多片电磁离合器、湿式多片电磁离合器、磁粉离合器、转差式电磁离合器等。电磁离合器按照工作方式又可分为通电结合式和断电结合式。图 5.32 所示为不同类型的电磁离合器产品实物和电路图形符号。

（a）不同产品实物　　　　　　　　（b）电路图形符号

图 5.32　电磁离合器产品实物和电路图形符号

电磁离合器由于便于远距离控制，控制能量小，动作迅速、可靠，结构简单，因此广泛应用于机床的电气控制。其中，摩擦片式电磁离合器应用较为普遍，一般分为单片式和多片式。

工作原理：电磁离合器的主动轴与旋转动力源连接，主动轴转动后，主动摩擦片随同旋转。当线圈通电后，产生磁场，将摩擦片吸向铁芯，衔铁也被吸住，紧紧压住各摩擦片，于是依靠主动摩擦片与从动摩擦片之间的摩擦力，使从动齿轮随主动轴转动，实现转矩的传递。线圈断电后，由于弹簧垫圈的作用，使摩擦片恢复自由状态，从动齿轮停止旋转。

电磁离合器靠线圈的通断电来控制离合器的接通与分断，由于此特点而被广泛应用于机床、包装、印刷、纺织、轻工及办公设备中。电磁离合器一般使用的环境温度为 −20～50℃，湿度小于 85%，在无爆炸危险的介质中，其线圈电压波动不超过额定电压的 ±5%。

💡 **工程实例**

【电磁离合器在工程中的实际应用】

案例： 通过网络查阅一下电磁离合器在工程中的实际应用。

案例操作： 上网查阅电磁离合器的工程应用实例，可看到电磁离合器的在工程中具有广泛的应用。

例如，电磁离合器可用于控制风能发电机组，并允许其开始旋转。当风能发电机组需要停止转动时，通过断电使电磁离合器失去吸附力，从而降低旋转负载并缩短停机时间。

还有，电磁离合器在铁路机车中可用于控制变速器和液压泵。当机车行驶时，离合器允许动力从发动机传递到变速器，从而实现车轮驱动。当机车需要减速或停止时，通过切断激磁线圈电源使离合器失去吸附力，从而实现制动。

再有，电磁离合器广泛应用于印刷机的印刷杆控制。当输纸器传送纸张到印刷机台面上时，通过切断电磁离合器的电源来控制印刷杆的升降，使印刷杆能够及时地与纸张接触。

结论： 电磁离合器因其具有可靠、结构简单和操作方便等优点，在工业生产中应用广泛。

思考与问题

1. 电磁阀在电路中起什么作用？试述其选型原则。
2. 试述机床电气控制中电磁离合器的工作原理。

拓展阅读

　　人类的技术发展是艰难的，发明创造也是永无止境的。任何一项新技术的出现都需要想象，需要创新，需要付出艰苦的努力和劳动。当今我们的国家日益强大，每一个人都应对国家的前进和发展负有责任，我们要学习前辈科学家勇于探究、勇于开拓创新、默默耕耘的奋斗精神，用自己学到的新技术、新技能服务社会，实现自我价值。

应用实践

常用低压电器的结构、原理及检测

一、实训目的

　　熟悉常用低压电器的内部结构，进一步理解其动作原理，了解其型号、规格及选择方法，掌握常用低压电器的一般故障判断及维修方法。

二、实训重点和难点

　　常用低压控制电器的动作原理的理解和掌握；常用低压控制电器的一般故障维修方法。

三、实训内容

1. 接触器的拆装，接触器的故障判断与维修方法。

2. 通过对热继电器的拆装认识其结构原理，练习热继电器的电动机电路连线及其动作值的调节。

3. 通过对行程开关的拆装观察，认识其结构原理，练习电路连接方法，了解其故障判断及维护、维修常识。

4. 通过对组合开关的拆装，认识其内部结构原理，练习电路连接方法，了解其故障判断及维护、维修常识。

四、实训设备

　　与实训内容相对应的常用低压电器若干。

五、实训小结

　　通过本次实训，将实训的收获和体会写成总结并上交。

模块 5 自测题

一、填空题

1. ＿＿＿＿＿＿开关、＿＿＿＿＿＿开关和＿＿＿＿＿＿开关都是低压开关电器。

2. 交流接触器中包含＿＿＿＿＿＿系统和＿＿＿＿＿＿系统两大部分。它不仅可以控制电动机电路的通断，还可以起＿＿＿＿＿＿和＿＿＿＿＿＿保护作用；交流接触器在控制电路中的文字符号是＿＿＿＿＿＿。

3. 在小型电动机电路中起过载保护的低压电器是＿＿＿＿＿＿。其串联在电动机主电路中的是它的_____元件；串接在控制电路中的部分是其_____。

4. 控制按钮在电气控制图中的文字符号是_____；行程开关在电气控制图中的文字符号是_____；时间继电器在电气控制图中的文字符号是_____。

5. 熔断器在电路中起_____保护作用。熔断器在电气控制图中的文字符号是_____。

6. 低压断路器在电路中有多种保护功能，除_____保护和_____保护外，还具有_____及_____保护作用，有的还具有_____保护作用。

7. 低压电器按照职能的不同可分为控制电器和保护电器两类。其中，交流接触器属于_____类电器，熔断器属于_____类电器。

8. 可以用中间继电器来_____控制回路的数目。中间继电器是把一个输入信号转换为_____的继电器。

9. JW2型行程开关是一种具有_____快速动作的_____开关。

10. 空气阻尼式时间继电器如果要调整其延时时间，可改变_____的大小，进气快则_____，反之则_____。

11. 20A以上的交流接触器通常装有灭弧罩，用灭弧罩来迅速熄灭_____时所产生的_____，以防止_____，并使接触器的分断时间_____。

12. 组合开关多在机床电气控制系统中作_____开关用，通常是不带负载操作的，但也能用来_____和_____小电流的电路。

二、判断题

1. 速度继电器的笼型空心杯是由非磁性材料制作的，转子是永磁体。（   ）
2. 只要外加电压不变化，交流电磁铁的吸力在吸合前后是不变的。（   ）
3. 一定规格的热继电器，所安装的热元件规格可能是不同的。（   ）
4. 一台额定电压为220V的交流接触器在直流220V的电源上也可使用。（   ）
5. 主令控制器是用来频繁切换复杂多回路控制电路的主令电器。（   ）
6. 低压断路器不仅具有短路保护、过载保护功能，还具有失电压保护功能。（   ）
7. 交流接触器的辅助常开触点应连接于小电流的控制电路中。（   ）
8. 热继电器在电路中起的作用是短路保护。（   ）
9. 行程开关、限位开关、终端开关是同一种开关。（   ）
10. 电压继电器与电流继电器相比，其线圈匝数多、导线粗。（   ）

三、选择题

1. 刀开关的文字符号是（   ）。
   A. SB   B. QS   C. FU

2. 自动空气开关的热脱扣器用作（   ）。
   A. 过载保护   B. 断路保护   C. 短路保护   D. 失电压保护

3. 交流接触器线圈电压过低将导致（   ）。
   A. 线圈电流显著增大   B. 线圈电流显著减小
   C. 铁芯涡流显著增大   D. 铁芯涡流显著减小

4. 热继电器用作电动机的保护时，适用于（   ）。
   A. 重载启动间断工作时的过载保护   B. 轻载启动连续工作时的过载保护
   C. 频繁启动时的过载保护   D. 任何负载和工作制的过载保护

5. 行程开关的常开触点和常闭触点的文字符号是（　　　　）。

    A. QS   B. SQ   C. KT

6. 电压继电器的线圈与电流继电器的线圈相比，特点是（　　　　）。

    A. 电压继电器的线圈与被测电路串联

    B. 电压继电器的线圈匝数多、导线细、电阻大

    C. 电压继电器的线圈匝数少、导线粗、电阻小

    D. 电压继电器的线圈匝数少、导线粗、电阻大

7. 复合按钮在按下时其触点动作情况是（　　　　）。

    A. 常开触点先接通，常闭触点后断开   B. 常闭触点先断开，常开触点后接通

    C. 常开触点接通与常闭触点断开同时进行   D. 无法判断

8. 下列电器不能用来通断主电路的是（　　　　）。

    A. 接触器   B. 自动空气开关   C. 刀开关   D. 热继电器

9. 下面关于继电器叙述正确的是（　　　　）。

    A. 继电器实质上是一种传递信号的电器   B. 继电器是能量转换电器

    C. 继电器是电路保护电器   D. 继电器是一种开关电器

10. 时间继电器具有的控制功能是（　　　　）。

    A. 定时   B. 定位   C. 控制速度或温度   D. 控制温度

11. 低压电器按其在电源线路中的地位和作用，可分为（　　　　）两大类。

    A. 开关电器和保护电器   B. 操作电器和保护电器

    C. 配电电器和操作电器   D. 控制电器和配电电器

12. 小容量交流接触器一般采用（　　　　）灭弧装置。

    A. 电动力   B. 磁吹式   C. 栅片式   D. 窄缝式

13. 熔断器的额定电流是指（　　　　）。

    A. 熔管额定电流值

    B. 熔体额定电流值

    C. 被保护电气设备的额定电流值

    D. 其本身载流部分和接触部分发热允许电流值

14. 主令电器的任务是（　　　　）。

    A. 切换主电路   B. 切换信号电路   C. 切换测量电路   D. 切换控制电路

15. 速度继电器主要由（　　　　）组成。

    A. 定子、转子、端盖和机座   B. 定子、转子、端盖可动支架、触点系统等

    C. 电磁装置和触点装置   D. 电磁机构和灭弧装置

四、简答题

1. 熔断器主要由哪几部分组成？各部分的作用是什么？

2. 如何正确选用控制按钮？

3. 交流接触器主要由哪几部分组成？

4. 热继电器能否用作短路保护？为什么？

5. 低压电器是如何划分的？

6. 什么是接近开关？与行程开关相比，有何特点？

模块 6 电气控制电路的基本环节

学 习 引 导

生产机械的运动形式多种多样，它们的控制要求也各不相同，相应的控制电路也千变万化、存在差异。但生产机械的电气控制环节不管是简单的还是复杂的，都由电动机拖动，通过不同的控制电路实现运动控制，无论多么复杂的控制电路，也都是由基本的控制环节组成的。因此，理解和掌握电气控制电路的基本控制环节至关重要。通过掌握这些基本控制环节以及启动控制环节、调速控制环节、制动控制环节，可以更好地理解和分析电气控制电路的工作原理，从而实现对生产机械的准确控制和维护。

本模块中，电气控制电路基本的控制环节、电气控制电路图的识读是理解电气控制电路的基础，熟练掌握它们，是熟练分析电气控制电路工作原理和维修的关键，也是成功设计控制系统的基础。

学 习 目 标

【知识目标】

通过对本模块的学习，应理解和掌握电动机控制电路中的点动控制、连续运转控制、正反转控制、行程控制、多地控制等基本环节的控制原理，重点掌握电气原理图的识读方法，为下一步分析较复杂的控制电路打下基础。

【技能目标】

具有对电气控制系统中电气原理图、电器布置图及安装接线图的识读能力，具有熟悉电气原理图中元件的符号表示和连接方式的能力，具有对电气控制环节中电气故障的识别和排除、简单维修的能力。

【素养目标】

具备良好的技术理解能力和较强的逻辑思维能力，能够快速准确地解决电气控制系统中的相关技术问题，具备良好的团队合作意识、安全意识以及持续学习与更新知识的意识。

6.1　低压电气基本控制电路

提出问题

　　你对点动控制、单向连续运转控制理解多少？自锁、互锁指的是什么？电动机的正反转控制环节中重要的是哪些？多地控制、顺序控制通常应用于哪些场合？工作台的自动往返控制你掌握多少？

知识准备

　　低压电气基本控制电路是电气工程领域的基础知识之一，在工程实践中，许多电气设备和系统都是基于低压电气基本控制电路设计和构建的，掌握这些基础知识对于理解和应用更高级别的电气控制技术至关重要。

6.1.1　点动控制

　　点动控制是一种常见的电气控制方式，广泛应用于机械设备、工业自动化领域，在实际工程中具有非常重要的作用。例如使用点动控制可以方便地对电动机进行简短的转动控制，以便于进行调试和维护；有些机器设备需要对物体进行定位，如机床刀架的对刀调整，横梁、立柱的快速移动等，使用点动控制可以实现精准的位置控制。

　　所谓点动，实际上就是通过按钮给接触器线圈通电，接触器线圈得电后吸引其电磁铁，使其常开触点闭合，电动机运转；松开按钮后接触器线圈断电，接触器触点分断，电动机停转。点动按钮，电动机转动；松开按钮，电动机停转，即点动控制。

　　点动控制是电动机中最简单的控制方式，三相异步电动机的点动控制电路如图 6.1 所示。

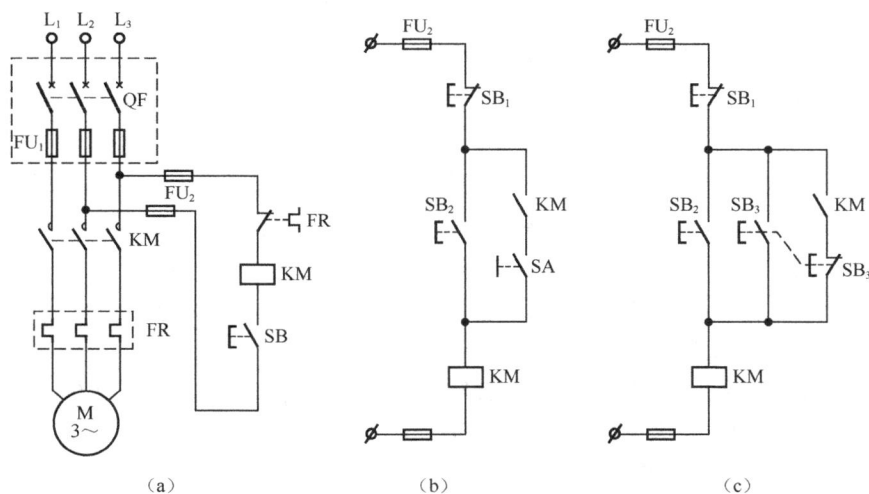

图 6.1　三相异步电动机的点动控制电路

　　三相电源的 3 根火线分别用 L_1、L_2 和 L_3 表示，图 6.1 中三相电源通过三相空气开关 QF、三相熔断器 FU、交流接触器的 3 个主触点 KM、热继电器的 3 个发热元件 FR 与三相

异步电动机串联后构成电动机点动控制电路的主回路，其中通过的电流为电动机的工作大电流；而点动控制按钮的一对常开触点、交流接触器的线圈和热继电器的常闭触点相串联后连接于电源 L_2 和 L_3 两相，构成点动控制电路的小电流控制回路。读这种电气控制图时，需注意主回路读图顺序应自上而下；控制回路读图顺序应由左至右（见图 6.1 垂直绘制时）或自上而下（水平绘制时）。

点动控制电路的工作原理如下。

当电动机需要点动运转时，先合上空气开关 QF，再手动按下控制按钮 SB，控制回路闭合接通，接触器 KM 的线圈得电，吸引接触器衔铁动作，使接触器的 3 对主触点向下运动闭合电动机主回路，三相异步电动机 M 得电运转；电动机需要停转时，松开控制按钮 SB，接触器线圈即刻失电，释放衔铁，3 对主触点断开，电动机停转。

图 6.1（b）所示为采用开关 SA 选择点动运行状态的控制电路，图 6.1（c）所示为采用按钮 SB₃ 来实现对电动机进行点动控制的控制电路。学习者可按照对图 6.1（a）的分析步骤来解读这两个控制电路的原理。

6.1.2 电动机单向连续运转控制

大多数生产机械如输送线、风机和水泵、搅拌机、切割机、车床、铣床、冲床等在工作时都需要拖动电动机的连续运转实现其控制。因此，应熟练掌握电动机单向连续运转控制电路的工作过程。图 6.2 所示为电动机单向连续运转控制电路。

操作过程与原理：合上空气开关 QF，为电动机启动做好准备；按下启动按钮 SB₁（由复合按钮的一对常开触点构成）→接触器 KM 线圈得电→KM 的一对主触点和辅助常开触点同时闭合→KM 主触点使电动机主电路接通，电动机启动运转；KM 辅助常开触点由于并接在启动按钮 SB₁ 两端，因此两条线路给 KM 线圈供电，这时即便松开 SB₁，KM 线圈仍能通过自身辅助常开触点这一通路保持通电状态，使电动机继续连续单向运转。这种依靠接触器自身辅助触点保持接触器线圈持续通电的现象称为自锁。为此，常把接触器 KM 的辅助常开触点称为自锁触点。

若要图 6.2 中的电动机停止转动，按下停止按钮 SB₂（由复合按钮的一对常闭触点构成）→接触器 KM 线圈失电→KM 的 3 对主触点和自锁触点均断开→电动机停转。

如果电动机发生过载，主电路中过载电流通过热继电器 FR 时，其串接在主回路中的 FR 热元件发热弯曲，推动串联在控制回路中的常闭触点 FR 断开，KM 线圈失电，电动机停转，实现了过载保护作用。熔断器 FU 在主、辅电路中起短路保护作用。

图 6.2　电动机单向连续运转控制电路

问题：图 6.1（b）、图 6.1（c）所示的控制回路能实现电动机的连续运转吗？试分析说明。

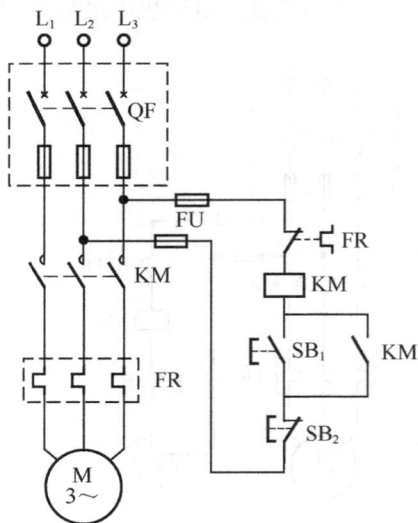

6.1.3　自锁与互锁控制及电动机正反转控制

工程实际中，电梯的上行和下行、机床工作台的移动、横梁的升降，其本质都是由电动机的正反转实现的。

在电动机的电气控制电路中自锁与互锁的控制应用十分广泛，自锁与互锁统称为电气联锁控制，在电动机的电气控制中属于基本控制。

根据前面所学知识可知，只需任调电动机与三相电源连接的 3 根火线中两根火线的连接位置即可实现电动机的正反转。图 6.3 所示为几种电动机正反转的典型基本控制电路。

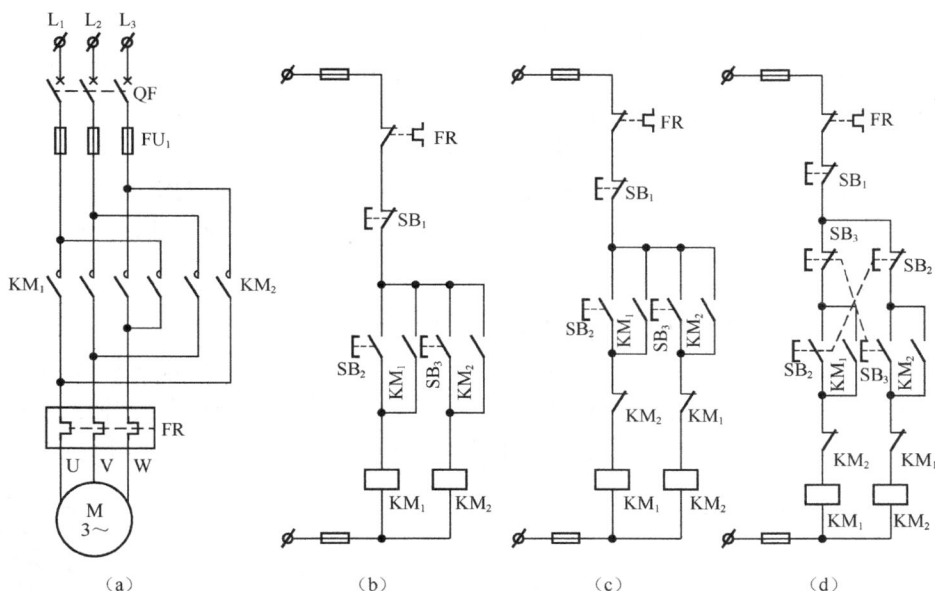

图 6.3　电动机正反转的典型基本控制电路

图 6.3（a）所示为电动机正反转控制的主回路，其中接触器 KM_1 主触点闭合时电动机为正向运转，接触器 KM_2 主触点闭合时电动机为反向运转。由前面所学知识可知，KM_1 和 KM_2 的主触点是不能同时闭合的，否则将造成三相电源短路事故。为此，电动机控制回路中必须设置联锁控制环节。

图 6.3（b）所示为基本的电动机正反转控制回路。

闭合主回路中的空气开关 QF，为电动机启动做好准备。

正转控制过程：按下控制回路中的正转启动按钮 SB_2→正转控制回路线圈 KM_1 线圈得电→KM_1 的 3 对主触点闭合，电动机正向启动运转，同时 KM_1 辅助常开触点闭合自锁→电动机连续正转运行。

结束正转，需按下停止按钮 SB_1，控制回路断开，KM_1 线圈失电，主触点和辅助触点均断开，电动机正向运转停止。

反转启动控制由按钮 SB_3 控制，控制过程与正转控制过程类似。

上述正反转控制存在一个大问题：正反转控制回路中没有联锁控制，当电动机正转时如果按下反转控制按钮，就会发生三相电源短路事故。显然此控制电路不实用。

观察图 6.3（c）所示的电动机正反转控制回路。其控制过程如下。

正转控制过程：按下控制回路中的正转启动按钮 SB_2→正转控制回路 KM_1 线圈得电→串接在反转控制电路中的 KM_1 的辅助常闭触点打开互锁，并接在 SB_2 两端的 KM_1 辅助常开触点闭合，正转控制电路自锁，同时正转控制主回路中 KM_1 的 3 对主触点闭合，正转控制回路接通→电动机正转启动运行。

在电动机正转时，如果没有按停止按钮 SB_1 就直接按反转启动按钮 SB_3，由于反转控制回路 KM_1 常闭触点处是断开的，所以接触器 KM_2 的线圈无法得电，电动机不能反转启动。这种加入接触器互锁环节的正反转控制电路，可避免三相电源两相短路事故的发生。

电动机反转时的控制过程：按下控制回路中的反转启动按钮 SB_3→反转控制回路 KM_2 线圈得电→串接在正转控制电路 KM_2 的辅助常闭触点打开互锁，并接在 SB_3 两端的 KM_2 辅助常开触点闭合，反转控制电路自锁，同时反转主回路中 KM_2 的 3 对主触点闭合，反转控制回路接通→电动机反转启动运行。

若要让电动机正转或反转运行结束，按下停止按钮 SB_1 即可。

图 6.3（c）所示的电动机正反转控制回路利用两个接触器的辅助常闭触点形成互相制约关系，这种互相制约的控制机制称为互锁。上述利用接触器自身辅助常开触点、辅助常闭触点形成的自锁和互锁称为电气联锁。

图 6.3（d）所示的电动机正反转控制回路是在图 6.3（c）的基础上，又将正转启动按钮 SB_2 和反转启动按钮 SB_3 的常闭触点分别串接在对方的常开触点回路中，利用按钮上常开、常闭触点之间的机械连接，在电路中形成相互制约的机制，这种利用按钮的机械联锁在正反转控制回路中实现互锁的方法称为机械互锁。此电路的工作过程由学习者自行分析。

6.1.4 多地联锁控制

多地联锁控制是一种重要的控制方式，广泛应用于各个领域，如发电机组、变压器、开关设备等的联锁控制，生产线上各个工位之间的协调控制、交通领域不同路口交通灯的协调控制，监控摄像头、门禁系统、报警设备等之间的协调控制，以及各种水泵、闸门等设备之间的联锁控制等。多地联锁控制可实现不同设备或系统之间的协调工作，提高系统的可靠性、安全性和效率。

多地联锁控制是用多组启动按钮、停止按钮按一定方式连接来进行的。图 6.4 所示为电动机两地控制电路原理。

图 6.4 中的 SB_1 和 SB_3 为安装在甲地的启动按钮和停止按钮，SB_2 和 SB_4 是安装在乙地的启动按钮和停止按钮。线路中按钮的连接原则是：多地的启动按钮常开触点并联连接，构成或逻辑关系，如 SB_1 和 SB_2；多地的停止按钮常闭触点串联在一起，构成与逻辑关系，如 SB_3 和 SB_4。无论是在甲地还是在乙地，只要按下启动按钮，接触器 KM 线圈就会得电，主触点闭合，电动机运转，辅助触点自锁；无论是在甲地还是在乙地，只要按下停止按钮，控制电路都会断开，接触器 KM 线圈失电，主、辅触点断开，电动机停转。多地控制同一台电动机，线路简单、操作方便。三地或更多地的控制，只要按照将各地的启动按钮并联、

停止按钮串联的连线原则均可实现。

图 6.5 所示为一台 X53K 立式铣床，是工厂中常用的一种加工设备，由底座、床身、悬梁、工作台、升降台等组成，其电源开关安装在图 6.5 所示床身 A 处，按钮分别位于床身和工作台前的 A、B 两处。当需要进行铣削加工时，必须先在 A 处合上总电源，而启动和停止可在 A、B 任意一处进行，既可在 A 处启动，A 或 B 处停止；也可在 B 处启动，A 或 B 处停止，这是一种典型的两地控制方式。

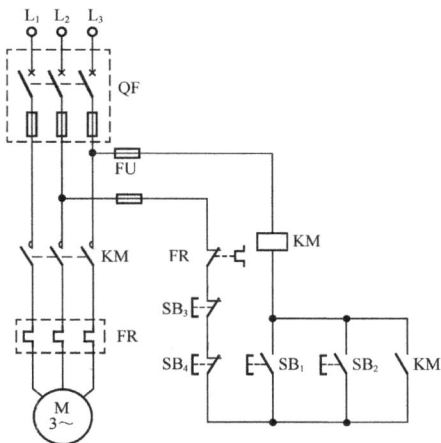

图 6.4　电动机两地控制电路原理

图 6.5　X53K 立式铣床

6.1.5　顺序控制

实际生产中，某一系统常有多台电动机，而某些电动机的启停要求按一定的顺序进行，如空调设备中，要求压缩机必须在风机之后启动；铣床上启动主电动机后才能启动进给电动机；磨床上要求先启动油泵电动机，再启动主轴电动机。总之，对几台电动机的启

顺序控制

电动机顺序启动控制电路

停要求一般有：正序启动，同时停止；正序启动，正序停止；正序启动，逆序停止。顺序控制可在主电路中实现，也可在控制电路中实现。图 6.6 所示为主电路中实现两台电动机顺序控制的电路。

图 6.6（a）所示是两台要求顺序启动的电动机的电路。该电路的特点是电动机 M_1 和 M_2 的主电路并接在三相电源上。

图 6.6（b）所示为主电路中的两台电动机顺序启动的控制电路。控制过程：按下启动按钮 SB_2，接触器 KM_1 线圈得电，其主触点闭合，电动机 M_1 启动运转，同时 KM_1 辅助常开触点闭合，实现 KM_1 线圈回路的自锁，保证 KM_1 线圈在松开 SB_2 后继续得电；串接在接触器 KM_2 线圈回路中的 KM_1 常开触点闭合，为 KM_2 线圈得电做准备。显然，接触器 KM_1 线圈不得电，KM_2 线圈不能得电，即电动机 M_1 先启动，只有 M_1 启动后 M_2 才能启动。待 M_1 启动后，按下启动按钮 SB_4，接触器 KM_2 线圈得电，主触点闭合，M_2 电动机启动运转，同时 KM_2 辅助常开触点闭合自锁，保证 KM_2 线圈在按钮 SB_4 松开后继续得电。按下 SB_3，接触器 KM_2 线圈失电，其触点断开，M_2 停转，M_1 可继续运转。如果先按下 SB_1，则

KM$_1$ 线圈失电而使其所有常开触点断开，两台电动机 M$_1$ 和 M$_2$ 相继停止。这两台电动机控制方式属于可正序启动、逆序停止，也可正序启动、同时停止的顺序控制。

图 6.6（c）所示控制回路在图 6.6（b）控制回路的基础上将接触器 KM$_2$ 的辅助常开触点并接在停止按钮 SB$_1$ 的两端，这样，即便先按下 SB$_1$，但由于 KM$_2$ 线圈仍得电，电动机 M$_1$ 也不会停止，只有按下 SB$_3$ 时，电动机 M$_2$ 先停止，这时再按下 SB$_1$，M$_1$ 才能停止转动，实现了正序启动、逆序停止的顺序控制。此电路的控制过程由学习者自行分析。

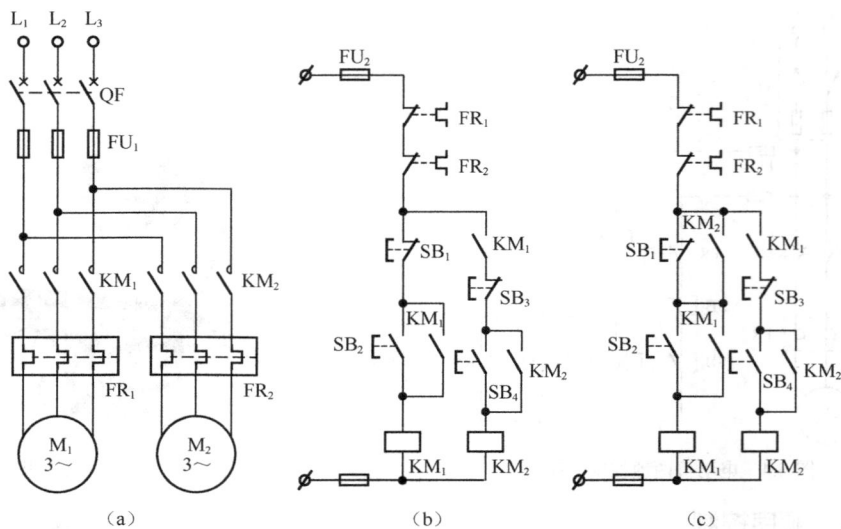

图 6.6　主电路中实现两台电动机顺序控制的电路

许多顺序控制电路中，要求两台电动机的启动有一定的时间间隔，这时往往在控制回路中利用时间继电器来满足按时间顺序启动的要求，其控制电路如图 6.7 所示。

控制过程：按下启动按钮 SB$_2$，接触器 KM$_1$ 线圈得电，KM$_1$ 主触点闭合，电动机 M$_1$ 启动运转，KM$_1$ 辅助常开触点闭合自锁后，时间继电器线圈 KT 得电计时，计时时间到，在时间继电器 KT 通电延时结束即断电瞬间，断开的延时常开触点闭合，接触器 KM$_2$ 线圈得电，KM$_2$ 主触点闭合，电动机 M$_2$ 启动运转，KM$_2$ 辅助常开触点闭合自锁，辅助常闭触点断开，时间继电器线圈失电恢复原来状态。按下停止按钮 SB$_1$，两台电动机同时停止，实现了由时间继电器控制的顺序启动、同时停止控制。

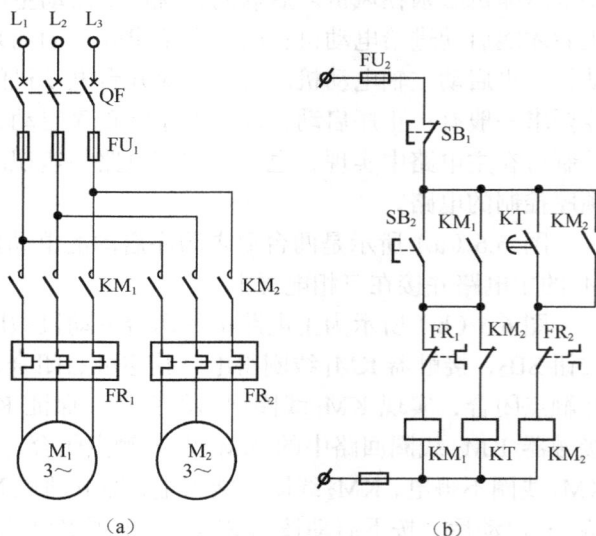

图 6.7　利用时间继电器进行顺序控制的电路

6.1.6　工作台自动往返控制

有些生产机械，如万能铣床，要求工作台在一定距离内能自动往返，而自动往返通常利用行程开关来控制电动机的正反转以实现工作台的自动往返运动。图 6.8（a）所示为机床工作台自动往返运动示意，图 6.8（b）所示为工作台自动往返循环控制电路的主电路和控制电路。

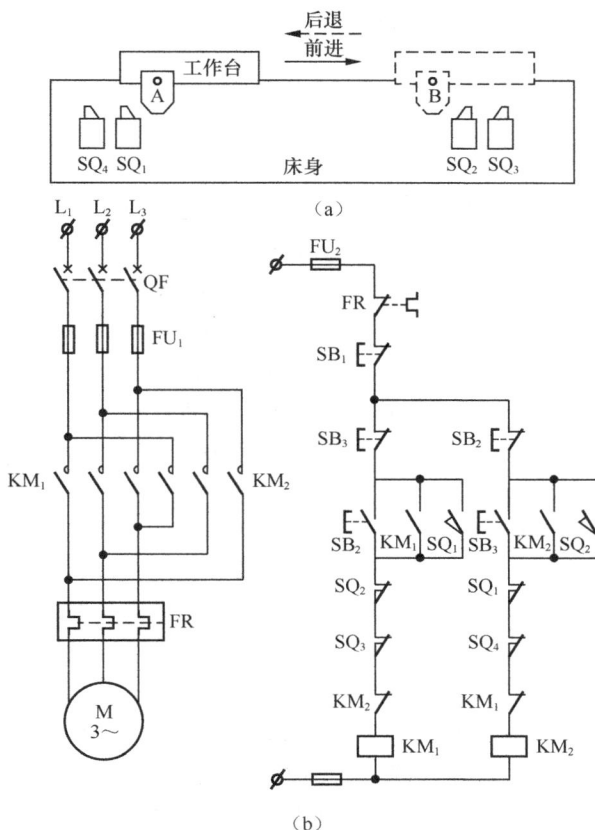

工作台自动往返控制

动画

电动机自动往返控制电路

图 6.8　工作台自动往返运动示意及循环控制电路

在机床的床身两端固定有行程开关 SQ_1 和 SQ_2，用来限定加工的起点和终点。其中，SQ_1 是后退转前进的行程开关，SQ_2 是前进转后退的行程开关。工作台上安装有撞块 A 和 B，它们随运动部件工作台一起移动，当工作台移动至终点或起点处时，撞块可压下行程开关 SQ_2 或 SQ_1 的滚轮，使 SQ_2 或 SQ_1 的常闭触点打开、常开触点闭合，从而改变控制电路的状态，使电动机由正转运行状态改变为反转运行状态，或由反转运行状态改变为正转运行状态。控制电路中的行程开关 SQ_3 和 SQ_4 分别安装在 SQ_2 和 SQ_1 的外侧，起到前进或后退时的极限保护作用。

控制过程：按下启动按钮 SB_2，接触器 KM_1 线圈得电并自锁，KM_1 串联在电动机主电路中的 3 对主触点闭合，电动机正转前进，工作台向右移动，当到达右移预定位置后，撞块 B 压下 SQ_2，SQ_2 常闭触点打开使 KM_1 断电，SQ_2 常开触点闭合使 KM_2 得电，电动机由

正转变为反转，工作台后退向左移动。当到达左移预定位置后，撞块 A 压下 SQ_1，使 KM_2 断电，同时 SQ_1 并联在左移控制回路按钮两端的辅助常开触点闭合使 KM_1 得电，电动机由反转变为正转，工作台又向右移动。如此工作台周而复始地自动往返工作。按下停止按钮 SB_1，即可使电动机停转，工作台停止移动。若行程开关 SQ_1 或 SQ_2 失灵，电动机往返运动无法实现，工作台会继续沿原方向移动，移动到 SQ_4 或 SQ_3 位置时，工作台上的撞块会压下位置开关 SQ_4 或 SQ_3 的滚轮，它们串联在控制回路中的常闭触点就会断开而使电动机停止，起到了极限保护的作用，可避免运动部件因超出极限位置而发生事故。

💡 工程实例

【基本电气控制电路的连接与调试】

案例： 电动机单向连续运转电路在基本电气控制电路中较为简单，也是电气控制电路中基本的环节。要求在实验室中对电动机单向连续运转电路进行连接与调试。

案例操作： 首先在实验室的电动机控制面板上按照图 6.2 连接电动机单向连续运转的主电路，在作为电源引出的断路器上连接交流接触器的 3 个主触点，由 3 个主触点的引出端连接热继电器发热元件，由热继电器发热元件引出端与三相异步电动机定子绕组相接。然后选择两相作为控制电路电源，按照控制环节电路进行连接，将一相电源与作为停止按钮的一对常闭触点相串联，再由引出端与作为启动按钮的一对常开触点相串联，常开触点的引出端与接触器线路相串联，再与热继电器的一对常闭触点相串联后连接到电源的另一相。注意 KM 的辅助常开触点应并接在启动按钮两端。

调试： 线路连接完毕后，经指导教师检查无误后关闭断路器，按下启动按钮，电动机能够连续运转即可，否则检查电路进行调试，直到正常连续运行。

📖 思考与问题

1. 简述电动机点动控制，单向连续运转控制和正反转控制的工作过程。
2. 什么是自锁、互锁？它们在控制电路中各起什么作用？
3. 试设计一个电动机控制电路，要求既能点动，又能单向启动、停止及连续运转。

6.2 三相异步电动机的启动控制电路

💡 提出问题

你对三相异步电动机的启动控制了解多少？三相异步电动机的启动控制包括哪几种方法？绕线型三相异步电动机的启动有何特点？

📖 知识准备

模块 2 已经简略介绍过三相异步电动机的启动控制，包括直接启动、异步电动机定子绕组串电阻或串电抗的降压启动、Y-△降压启动、利用自耦补偿器的降压启动以及绕线型异步电动机的转子回路串电阻或串频敏变阻器的降压启动等控制方法，本节就降启动压方法如何由电动机控制电路自动实现进行深入研究。

6.2.1 Y-△降压启动控制

Y-△降压启动
控制

凡是正常运行时定子绕组接成△接法的鼠笼型三相异步电动机，均可采用 Y-△降压启动。降压过程仅存在于异步电动机的启动过程中。当电动机启动时，定子绕组采用 Y 连接，由前面知识可知，Y 连接时加在每相绕组的电压只是正常工作△连接时全压的 0.577，故启动电流下降为全压启动时启动电流的 1/3。启动过程中，当转速接近额定转速时，电动机定子绕组应能自动改接成△连接，进入全压正常运行。

动画

电动机 Y-△降压启
动控制电路

QX4 系列自动 Y-△降压启动的控制电路如图 6.9 所示。

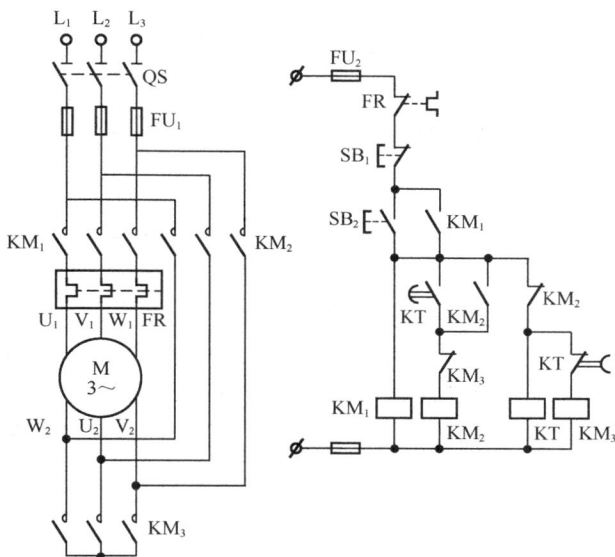

图 6.9　QX4 系列自动 Y-△降压启动的控制电路

此种降压启动方式使用了 3 个接触器和 1 个时间继电器，按时间原则控制电动机的 Y-△降压启动，其中所用产品为 QX4 系列自动 Y-△降压启动器。这种启动方式由于简便、经济，可用于操作较频繁的场合，因此使用较为广泛，但其启动转矩只有全压启动时的 1/3，所以通常应用于空载启动或轻载启动的鼠笼型三相异步电动机。

控制过程：合上空气开关 QS，为电动机启动做准备。按下启动按钮 SB₂→KM₁ 线圈通电自锁，KM₃、KT 线圈同时得电→KM₁、KM₃ 主触点闭合，电动机三相定子绕组接成星形降压启动；时间继电器延时计时开始→电动机转速由零开始上升至接近额定转速时，通电延时型时间继电器延时时间到→KT 延时常闭触点断开，KM₃ 断电，电动机断开星形接法；KM₃ 串接在 KM₂ 线圈支路中的辅助常闭触点闭合，为 KM₂ 通电做好准备→KT 延时常开触点闭合，KM₂ 线圈通电并自锁，电动机接成三角形全压运行。同时 KM₂ 的辅助常闭触点断开，使 KM₃ 和 KT 线圈都断电。

若要电动机停止，按下按钮 SB₁ 即可。

此控制电路中，当 KM₂ 线圈通电其电磁铁吸合后，串接在时间继电器线圈和 KM₃ 线

圈并联电路的 KM_2 常闭触点打开，避免时间继电器长期工作。而 KM_2 和 KM_3 的常闭触点形成互锁控制关系，防止电动机三相绕组在 Y 连接的同时接成 △ 连接而造成电源短路事故。

QX4 系列自动 Y-△ 降压启动器的技术数据如表 6.1 所示。

表 6.1   QX4 系列自动 Y-△ 降压启动器的技术数据

型 号	控制电动机功率/kW	额定电流/A	热继电器额定电流/A	时间继电器额定值/s
QX4-17	13	26	15	11
	17	33	19	13
QX4-30	22	42.5	25	15
	38	58	34	17
QX4-55	40	77	45	20
	55	105	61	24
QX4-75	75	142	85	30
QX4-125	125	260	100～160	14～60

6.2.2　自耦变压器降压启动控制

电动机利用自耦变压器降压启动时，将自耦变压器的一次侧与电网相接，其电动机的定子绕组连接在自耦变压器的二次侧，使得启动时的电动机获得的电压为自耦变压器的二次电压。待电动机转速接近额定转速时，再将电动机定子绕组从自耦变压器二次侧断开接到电网上，使电动机获得全压而正常运行。自耦变压器二次侧通常有 3 个抽头，用户可根据电网允许的启动电流和机械负载所需要的启动转矩进行适当的选择。图 6.10 所示是利用 XJ01 系列自耦补偿器和时间继电器实现降压启动的自动控制电路。

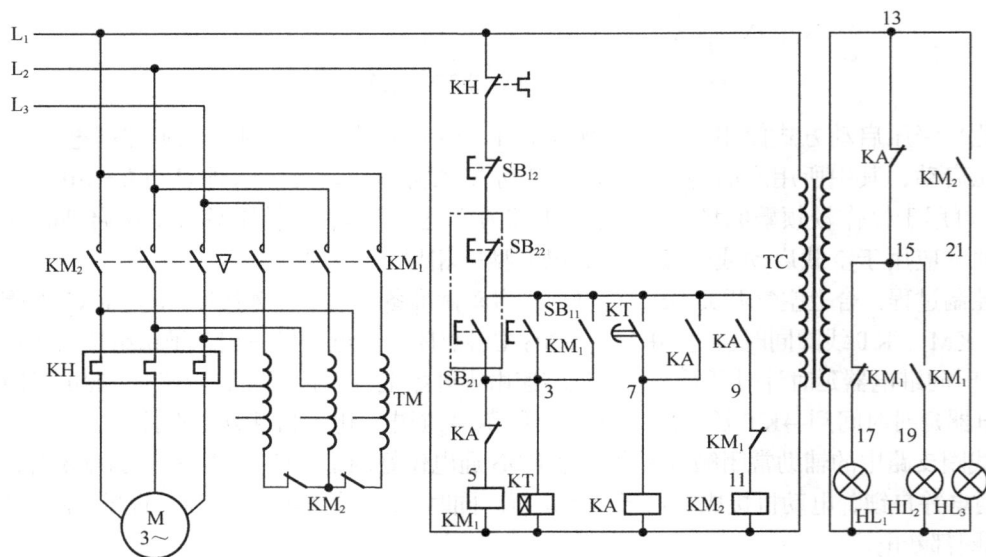

图 6.10　XJ01 系列自耦补偿器和时间继电器实现降压启动控制电路

电源接通后，控制电路中指示灯 HL_1 亮。

电路控制过程：按下控制回路中的启动按钮 SB_{11}→接触器 KM_1 和通电延时型时间继电器 KT 的线圈得电，控制回路中 9、11 之间的 KM_1 辅助常闭触点断开互锁，15、17 之间的辅助常闭触点断开，HL_1 指示灯熄灭，KM_1 辅助常开触点闭合自锁，15、19 之间的 KM_1 辅助常开触点闭合，HL_2 指示灯亮，KM_1 的 3 对主触点闭合，自耦变压器一次侧与电源接通，二次侧中间抽头与电动机三相定子绕组相连接，实现了自耦变压器的降压启动；当通电延时型时间继电器 KT 延时时间到时，KT 延时闭合的常开触点闭合，中间继电器 KA 线圈得电，3、5 之间的 KT 常闭触点断开，KM_1 线圈失电，自耦变压器与电网断开，13、15 之间的 KA 常闭触点打开，指示灯 HL_2 灭，同时 KA 常开触点闭合并自锁，接触器 KM_2 线圈得电，13、21 之间的 KM_2 辅助常开触点闭合，指示灯 HL_3 亮，同时 KM_2 主触点闭合，电动机全压运行。若要电动机停转，按下停止按钮 SB_{22}，使整个控制回路与电源断开即可。

表 6.2 列出了部分 XJ01 系列自耦降压启动器的技术数据。

表 6.2　　　　　　　　　XJ01 系列自耦降压启动器的技术数据

型号	控制电动机功率/kW	最大工作电流/A	自耦变压器功率/kW	电流互感器变比	热继电器额定电流/A
XJ01-14	14	28	14	—	32
XJ01-20	20	40	20	—	40
XJ01-28	28	58	28	—	63
XJ01-40	40	77	40	—	85
XJ01-55	55	110	55	—	120
XJ01-75	75	142	75	—	142
XJ01-80	80	152	115	300/5	2.8
XJ01-95	95	180	115	300/5	3.2
XJ01-100	100	190	115	300/5	3.5

6.2.3　绕线型异步电动机降压启动控制

Y-△降压启动方法只适用于中、小容量，且正常工作时定子绕组按△连接的鼠笼型异步电动机的降压启动；自耦变压器降压启动方法则适用于大容量的鼠笼型异步电动机的降压启动，这两种降压启动方法只适合于空载和轻载。由模块 2 内容可知，绕线型三相异步电动机的转子绕组通过铜环经电刷可与外电路电阻相接，这不但可以用于减小启动电流、提高转子电路功率因数和启动转矩，还适用于重载启动的场合。

绕线型异步电动机按启动过程中转子回路串接装置的不同，可分为串电阻启动和串频敏变阻器启动两种方法。

1.　按时间原则的转子回路串电阻的自动降压启动控制

图 6.11 所示为按时间原则控制转子电阻降压启动电路。

这种降压启动方式采用了 3 个时间继电器 KT_1、KT_2、KT_3 控制 3 段电阻的切除。

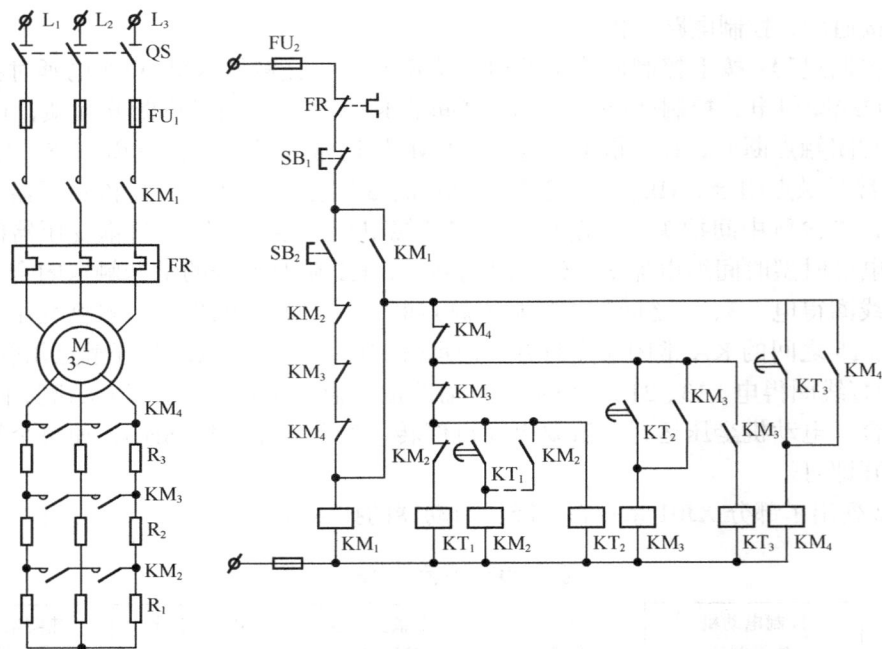

图 6.11 按时间原则控制转子电阻降压启动电路

电动机启动过程：合上空气开关 QS，为电动机的降压启动做好准备→按下启动按钮 SB₂→接触器 KM₁ 线圈得电并自锁，KM₁ 3 个主触点闭合，电动机转子串入所有电阻，降压启动开始，时间继电器 KT₁ 线圈同时得电，延时计时开始→通电延时型时间继电器 KT₁ 延时时间到，KT₁ 延时闭合的常开触点闭合，KM₂ 线圈得电并自锁，串接在转子回路中的 KM₂ 主触点闭合，切除电阻 R₁，串接在 KT₁ 线圈支路中的 KM₂ 辅助常闭触点断开，时间继电器 KT₁ 线圈失电复位，同时时间继电器 KT₂ 线圈得电，开始延时计时→当 KT₂ 延时时间到，接触器 KM₃ 线圈得电并自锁，其主触点闭合，切除电阻 R₁ 和 R₂，同时 KM₃ 辅助常闭触点断开，使 KT₁、KM₂、KT₂ 线圈失电，KM₃ 的辅助常开触点闭合，使 KT₃ 线圈得电，开始延时计时→KT₃ 延时时间到，接触器 KM₄ 线圈得电并自锁，KM₄ 的辅助常闭触点断开，使时间继电器 KT₃ 线圈失电复位，KM₄ 主触点闭合，切除全部串接于转子回路的电阻，电动机全压运行，这时，只有 KM₁ 和 KM₄ 线圈得电。

若要电动机停转，按下停止按钮 SB₁，使控制回路与电源断开，所有线圈均失电，电动机即停转。

采用转子回路串电阻的降压启动，在启动过程中，电阻分级切除会造成电流和转矩的突变，易产生机械冲击，即启动过程不平滑。

2. 按时间原则的转子回路串频敏变阻器的自动降压启动

频敏变阻器的阻抗能随着转子电流的频率下降而自动下降，所以能克服串电阻分级启动过程中产生机械冲击的缺点，从而实现平滑启动。转子回路串频敏变阻器常用于大容量绕线型异步电动机的启动控制。图 6.12 所示为绕线型异步电动机串频敏变阻器的降压启动控制电路。

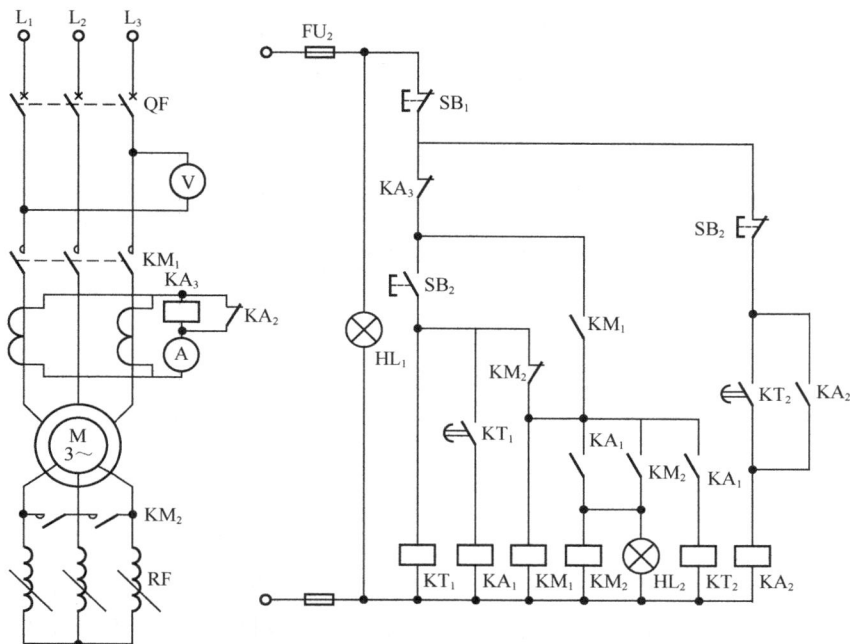

图 6.12　绕线型异步电动机串频敏变阻器的降压启动控制电路

电路控制过程：合上空气开关 QF，为绕线型异步电动机的降压启动做好准备→按下启动按钮 SB₂，接触器 KM₁ 线圈得电并自锁，KM₁ 主触点闭合，电动机转子回路串频敏变阻器启动，通电延时型时间继电器 KT₁ 线圈得电，开始延时计时→随着电动机转速的上升，频敏变阻器的阻抗逐渐减少→当转速上升到接近额定转速时，时间继电器 KT₁ 延时时间到→延时常开触点闭合，使接触器 KM₂、中间继电器 KA₁ 线圈通电并自锁，KM₂ 辅助常闭触点断开，使 KT₁ 线圈失电复位，指示灯 HL₂ 亮，同时 KA₁ 辅助常开触点闭合，使时间继电器 KT₂ 通电，开始延时计时→KT₂ 延时时间到，KA₂ 线圈得电并自锁，KA₂ 辅助常闭触点断开，使热元件接入电流互感器二次回路，进行过载保护。电动机进入正常运行。主电路中，KM₂ 主触点闭合，频敏变阻器被短接，电动机全压运行。

启动过程中，KA₂ 的辅助常闭触点将热继电器的热元件短接，以免启动时间过长而使热继电器产生误动作。而且，KM₁ 线圈通电需 KT₁ 才能正常动作，KM₂ 常开、常闭辅助触点也需 KT₁ 才能得电动作。若时间继电器 KT₁ 或接触器 KM₂ 发生触点粘连等故障，KM₁ 将无法得电，从而避免电动机直接启动和转子长期串接频敏变阻器的不正常现象。

💡 工程实例

【Y-△降压启动控制电路的安装与调试】

案例：一台三相异步电动机，可以正转和反转，其启动选择 Y-△降压启动控制方式，本案例在实验室的电动机控制面板上进行操作，完成安装与调试。

操作方案：按照图 6.9 所示的 Y-△降压启动控制电路在实验室的电动机控制面板上安装 QS 空气开关（断路器）、3 个接触器、一个热继电器和一个时间继电器。先安装主电路，接触器 KM₁ 和 KM₃ 主触点闭合时电动机定子绕组采用三角形连接。控制电路按照时间控制原则实现 Y-△ 自动切换。电路安装完毕请指导教师检查，无误后进行通电操作。注意观察 3 个接触器的吸合情况。如有问题在教师指导下进行改进，直至电动机正常启动和运转。

思考与问题

鼠笼型三相异步电动机的正反转直接启动控制电路中，为什么正、反向接触器必须互锁？

6.3 三相异步电动机的调速控制电路

提出问题

三相异步电动机有哪些调速方法？绕线型异步电动机常用什么样的调速方法？

知识准备

实际生产中的机械设备常有多种速度输出的要求，如立轴圆台磨床工作台的旋转需要高低速进行磨削加工；玻璃生产线中，成品玻璃的传输根据玻璃厚度的不同采用不同的速度以提高生产效率。在模块 2 已经简单提到三相异步电动机的变极调速、变转差率调速和变频调速 3 种控制方法。其中，变极调速仅适用于鼠笼型异步电动机，变转差率调速通常适用于绕线型异步电动机。变频调速是现代电力传动的一个主要发展方向。但由于变频调速电路复杂、造价较高，对于中小型设备应用较多的还是多速异步电动机。多速异步电动机与一般异步电动机有所不同，一般采用控制电路对其实现高低速的启动及运行中的高低速转换。

6.3.1 多速异步电动机调速控制

鼠笼型三相异步电动机的变极调速通过接触器触点来改变电动机绕组的接线方式，以获得不同的极对数来达到调速目的。变极调速一般有双速、三速、四速之分，其中双速电动机定子装有一套绕组，而三速、四速电动机则装有两套绕组。

1. 双速电动机定子绕组的连接

双速异步电动机的形式有两种：△-YY 和 Y-YY。这两种形式都能使鼠笼型三相电动机的极数减少一半。图 6.13 所示为双速电动机 △-YY 变极调速时三相绕组接线。

图 6.13（a）表示变速前电动机三相绕组的首端 U₁、V₁、W₁ 首尾相接后与三相电源相连，构成△连接方式；变速时，通过接触器触点把 U₁、V₁、W₁ 从电源断开

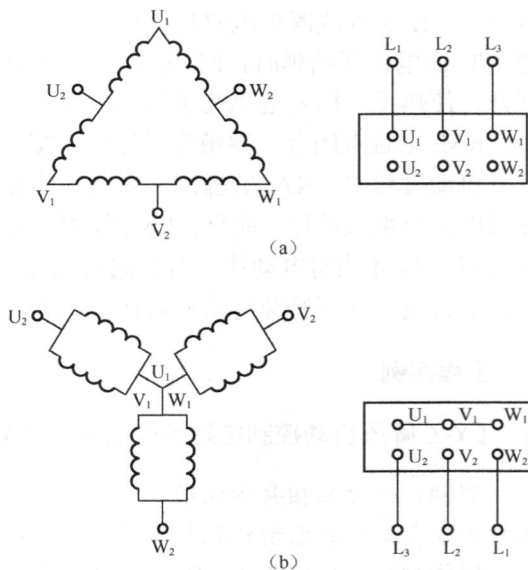
图 6.13 双速电动机△-YY 变极调速三相绕组接线

并连接在一起构成双 Y 连接的中点，而把各相绕组的中间抽头 U₂、V₂、W₂ 与三相电源相

接，从而达到通过改变电动机的极对数实现变速的目的，如图 6.13（b）所示。

Y-YY 变极调速方法如图 6.14 所示。

图 6.14（a）所示是鼠笼型异
步电动机变速前三相定子绕组的
连接方式，其中，U_1、V_1、W_1
为定子绕组首端，U_2、V_2、W_2
为定子绕组尾端，U_3、V_3、W_3
为定子绕组中间端子。显然变极
前，电动机采用 Y 连接方式；变
极后，电动机的三相定子通过接
触器触点将定子绕组尾端与首端
连在一起构成电动机双 Y 连接时

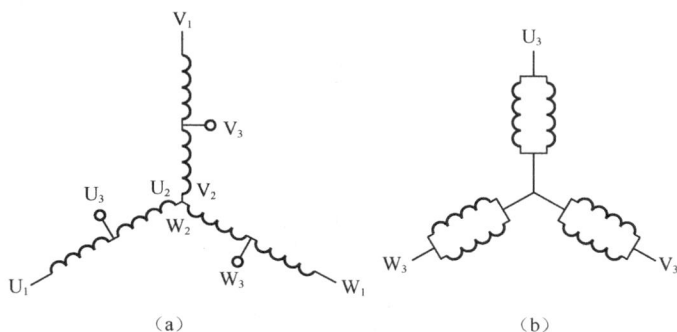

图 6.14　电动机 Y-YY 变极调速方法

的中点，而把三相定子绕组的中间抽头与电源相连。这种 Y-YY 变极调速方法使变极前后
电动机的转向相反，因此，若要使变极后电动机保持原来的转向不变，应调换电源相序。

2. 双速电动机变极调速的自动控制

利用接触器和时间继电器可使电动机在低速启动后自动切换至高速状态。图 6.15 所示
为双速电动机 Y-YY 自动加速控制电路。

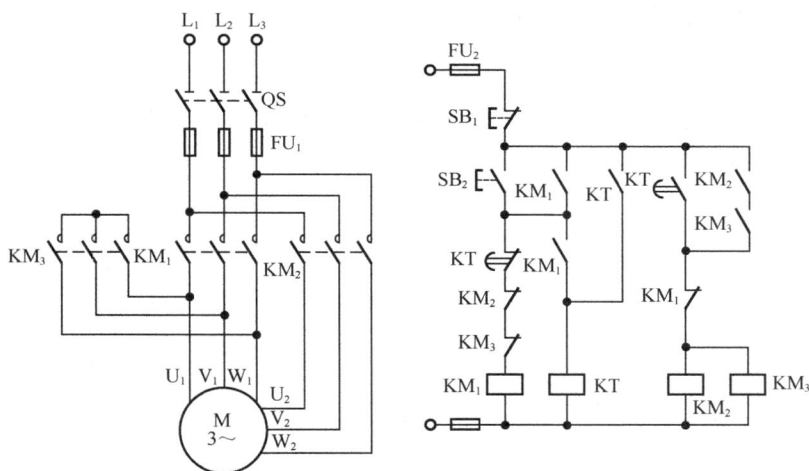

图 6.15　双速电动机 Y-YY 自动加速控制电路

控制过程：合上电源开关 QS，为双速电动机的启动做好准备。按下启动按钮 SB_2→接
触器 KM_1 的线圈通电并自锁，使 KT 线圈通电自锁，开始延时，串接在主回路中的 3 对主
触点闭合，电动机接成 Y 启动（运行）→通电延时型时间继电器 KT 延时时间到，KT 延
时辅助常闭触点断开，KM_1 线圈失电并解除自锁，主电路中的 3 对主触点断开，与电源脱
离，同时 KT 延时辅助常开触点闭合，接触器 KM_2、KM_3 线圈得电并自锁。主回路中 KM_2、
KM_3 的主触点闭合，电动机成 YY 连接进入高速运转。

图 6.16 中，KM_1 是电动机△连接接触器，KM_2、KM_3 是电动机双 Y 连接接触器，SB_2
为低速启动控制按钮，SB_3 为高速启动控制按钮。此电路的控制过程由学习者自行分析。

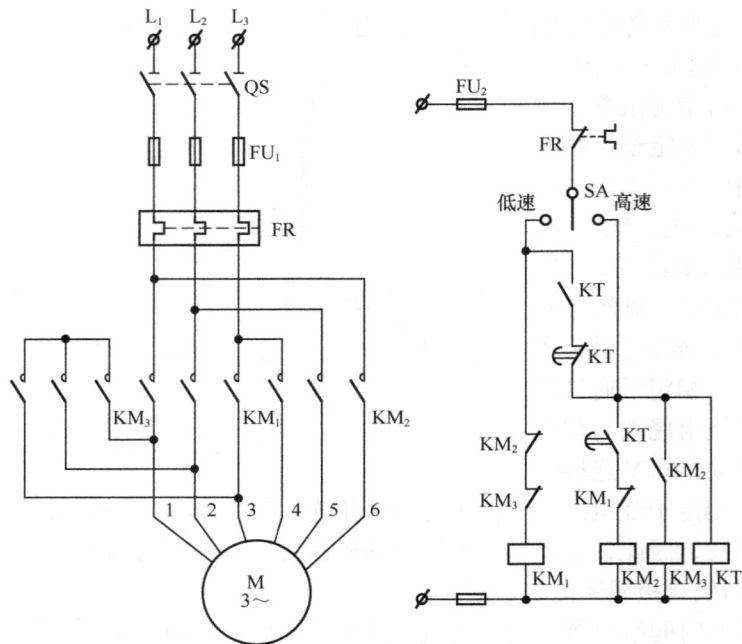

图 6.16　双速电动机变极调速控制电路

6.3.2　绕线型三相异步电动机的调速控制

为了满足起重运输机械拖动电动机启动转矩大、速度可以调节的要求，常使用绕线型三相异步电动机转子回路串电阻的方法实现电动机的调速。图 6.17 所示为绕线型三相异步电动机转子串电阻的调速控制电路。

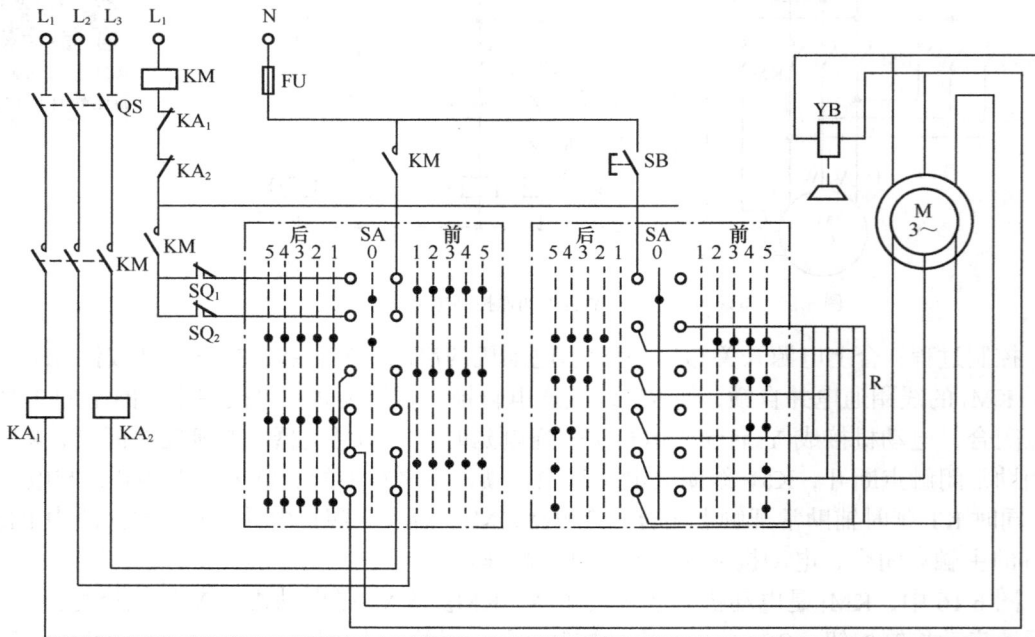

图 6.17　绕线型三相异步电动机转子串电阻的调速控制电路

图 6.17 中，KM 是线路接触器，KA 是过电流继电器，SQ_1、SQ_2 分别为向前、向后行程开关，SA 是凸轮控制器，凸轮控制器左、右各有 5 个工作位置，其中间位置是零位。凸轮控制器上共有 9 对常开主触点、3 对常闭触点。凸轮控制器的 4 对常开主触点接于电动机定子电路进行换相控制，用来实现电动机的正反转；另外 5 对主触点接于电动机转子电路，实现转子电阻的接入和切除以获得不同的转速，电动机转子电阻采用不对称接法。凸轮控制器的其余 3 对常闭触点中的 1 对用来实现零位保护，即凸轮控制器手柄必须置于"0"位，才可启动电动机，另 2 对常闭触点与 2 个行程开关串联实现限位保护。此电路的控制过程由学习者自行分析。

工程实例

【对鼠笼型异步电动机实施双速安装与调试】

案例：一台鼠笼型三相异步电动机，试用变极调速的方法对其进行电气控制电路的安装与调试。

操作方案：如图 6.16 所示，KM_1 是电动机△连接接触器，KM_2、KM_3 是电动机双 Y 连接接触器，SB_2 为低速启动控制按钮，SB_3 为高速启动控制按钮。按照图 6.16 对主电路进行安装，QS 选择空气开关（断路器），FR 热继电器的发热元件与空气开关引出线相连，热继电器发热元件引出线分别与 KM_1 和 KM_2 主触点相连，它们的引出端与三相异步电动机的定子绕组相连，KM_3 主触点的一端短接，另一端与 KM_1 引出端相连。控制电路按照图 6.16 进行安装，安装时注意时间继电器的正确安装方法。电路安装完毕请指导教师检查，无误后进行通电操作。注意观察 3 个接触器的吸合情况。如有问题在教师指导下进行改进，直至电动机正常运转和调速。

思考与问题

1. 异步电动机可采用哪些方法实现调速控制？其中鼠笼型三相异步电动机通常采用的调速方法是什么？
2. 绕线型三相异步电动机通常采用哪种方法进行调速？

6.4　三相异步电动机的制动控制电路

提出问题

你掌握多少电动机单向反接制动控制知识？如何理解电动机可逆运行反接制动控制？电动机单向运行能耗制动控制适合于什么样的电动机？

知识准备

电动机自由停止的时间较长，随惯性大小而不同，但在实际生产中某些生产机械要求迅速、准确地停止，如镗床、车床的主电动机需快速停止。起重机为使重物停位准确及满足现场安全要求，也必须采用快速、可靠的制动方式。前面模块 2 已经讨论过异步电动机采用的制动方式通常可分为机械制动和电气制动，对各种制动方法也进行了简要的介绍。本节主要讨论自动控制方式的三相异步电动机的电气制动方法。

6.4.1　电动机单向反接制动控制

反接制动是通过改变电动机电源的相序，使电动机的定子绕组产生相反方向的旋转磁场，从而产生制动转矩的一种制动方法，图 6.18 所示为电动机单向反接制动控制电路。

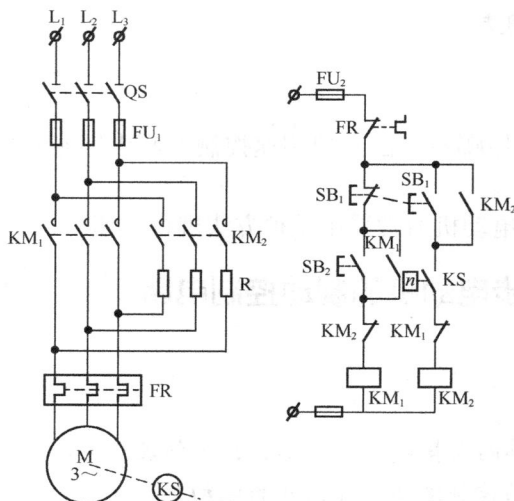

反接制动的制动转矩大、制动迅速、冲击力大，一般适合于 10kW 及以下的小容量电动机。为了减小冲击电流，通常在鼠笼型异步电动机转轴上安装速度继电器以检测电动机的转速，实现自动制动控制。

控制过程：假设速度继电器的动作值调整为 120r/min，释放值为 100r/min。合上开关 QS，按下启动按钮 SB₂→接触器 KM₁的线圈得电并自锁，主电路中的 3 个 KM₁主触点闭合，电动机启动运转→当转速上升至 120r/min 时，速度继电器 KS 的常开触点闭合，为 KM₂线圈得电做准备。电动机正常运行时，速度继电器 KS 常开触点一直保持闭合状态→当需要停止时，按下停止按钮 SB₁→SB₁常闭触点首先断开，使 KM₁线圈断电，主回路中，电动机脱离正序的三相交流电源，控制回路中 KM₁互锁常闭触点闭合，为 KM₂线圈得电做准备→SB₁常开触点闭合，使 KM₂线圈得电并自锁。KM₂主触点闭合，三相异步电动机定子绕组与反序的三相电源相连，开始反接制动过程→当速度继电器检测到电动机的转速下降至 100r/min 时，KS 的常开触点断开，使 KM₂线圈失电，其触点全部复位，切断反接电源，制动结束。最后阶段电动机自由停止。

图 6.18　电动机单向反接制动控制电路

6.4.2　电动机可逆运行反接制动控制

图 6.19 所示为电动机可逆运行反接制动控制电路。

图 6.19 中，KM₁ 和 KM₂ 为电动机正转接触器和反转接触器，KM₃ 为短接制动电阻的接触器，KA₁、KA₂、KA₃、KA₄ 为中间继电器，KS 是速度继电器，其中 KS-1 为正转常开

触点，KS-2 为反转常开触点。电阻 R 在启动时作为定子串电阻降压启动用，停止时电阻 R 又作为反接制动电阻，同时电阻 R 还具有限制启动电流的作用。

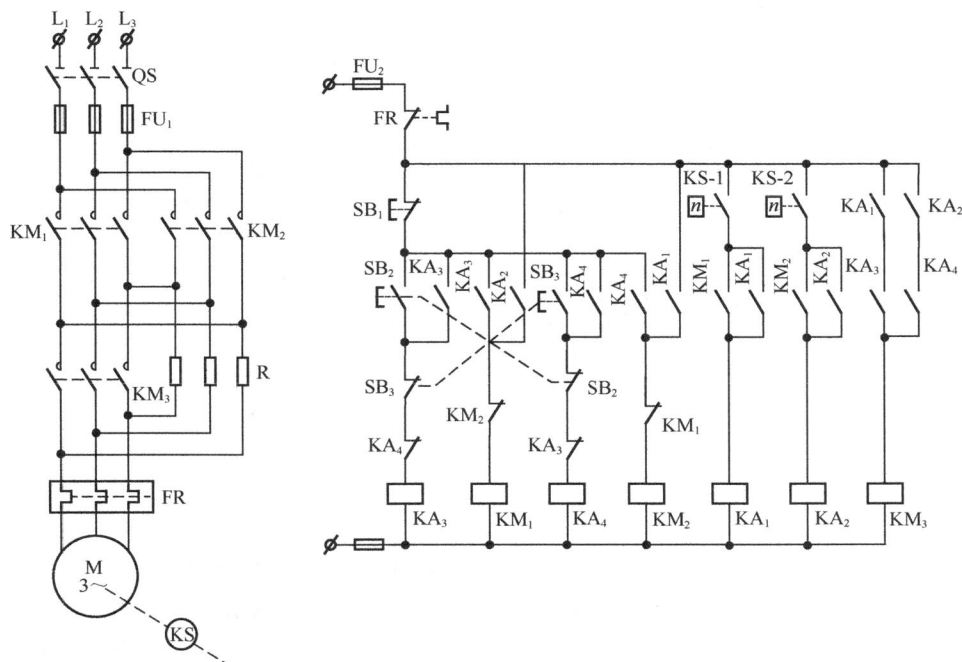

图 6.19　电动机可逆运行反接制动控制电路

电路控制过程：合上空气开关 QS，按下正转启动按钮 SB$_2$→正转中间继电器 KA$_3$ 线圈得电并自锁，其常闭触点断开、常开触点闭合，互锁了反转中间继电器 KA$_4$ 的线圈电路→接触器 KM$_1$ 线圈通电，主触点闭合使主回路中电源通过电阻与电动机三相定子绕组相连，三相异步电动机开始降压启动→当电动机转速上升到速度继电器的动作整定值时，速度继电器正转常开触点 KS-1 闭合，中间继电器 KA$_1$ 通电并自锁，由于 KA$_1$、KA$_3$ 的常开触点闭合，接触器 KM$_3$ 线圈得电，于是电阻 R 被短接，电动机全压运行，转速上升至额定值稳定工作→需要停止时，按下停止按钮 SB$_3$，则 KA$_3$、KM$_1$、KM$_3$ 线圈相继断电解除自锁。电动机断开正序电源，同时 SB$_3$ 常开触点闭合，使 KA$_4$ 线圈通电并自锁，反转接触器 KM$_2$ 线圈得电并自锁，其主触点闭合使电动机通过电阻 R 与反序电源相接，开始反接制动→反接制动过程中，电动机转速迅速下降，当转速低于速度继电器整定值时，速度继电器触点 KS-1 打开，KA$_1$ 线圈失电，接触器 KM$_2$ 线圈相继失电，电动机断开反序电源，反接制动结束。

电动机反向启动和制动过程的分析与正转时相似，学习者可自行分析。

6.4.3　电动机单向运行能耗制动控制

能耗制动在电动机脱离三相交流电源后，向定子绕组内通入直流电流，建立静止磁场。转子以惯性旋转时，转子导体就会切割定子恒定磁场而产生转子感应电动势及感应电流，感应电流受到恒定磁场的作用力又产生制动的电磁转矩，达到制动目的。图 6.20 所示为电动机单向运行

动画

电动机能耗制动控制电路

能耗制动控制电路。

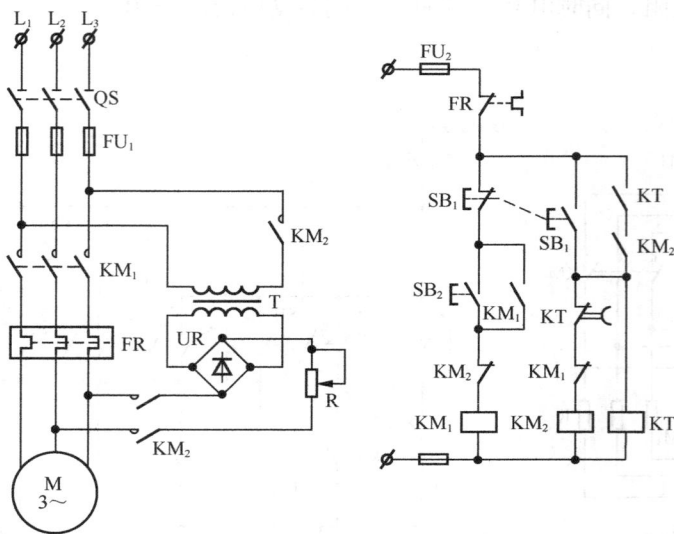

图 6.20　电动机单向运行能耗制动控制电路

控制过程：合上空气开关 QS，为电动机启动做好准备→按下启动按钮 SB$_2$→KM$_1$ 线圈得电并自锁，电动机正向启动运转→若需停止，按下停止按钮 SB$_1$→SB$_1$ 常闭触点先断开，使正转接触器 KM$_1$ 线圈失电并解除自锁，电动机断开交流电源→SB$_1$ 常开触点闭合，使 KT 线圈得电并自锁。KM$_2$ 常闭辅助触点断开互锁。主回路中，KM$_2$ 主触点闭合，电动机开始能耗制动，电动机转速迅速降低→当电动机转速接近零值时，时间继电器 KT 延时结束，其延时常闭触点断开，使 KM$_2$、KT 线圈相继断电解除自锁。主回路中，KM$_2$ 主触点断开，切断直流电源，直到制动结束。最后阶段电动机自由停止。

按时间原则控制的能耗制动，一般适合于负载阻转矩和转速较稳定的电动机，而且时间继电器的整定值无须经常调整。

工程实例

【反接制动控制电路的安装与调试】

案例：图 6.18 所示为单向运行的反接制动控制电路。主电路中接触器 KM$_1$ 用于接通电动机工作相序电源，KM$_2$ 用于接通反接制动电源，电动机反接制动电流很大，通常在制动时需串接电阻 R 以限制反接制动电流。

按图 6.18 将所需的元器件配齐并安装到实验室中电气控制用的网孔板上，按照前面所讲的方法进行元器件的安装与配线，经指导教师检查无误后进行通电操作，注意观察电动机的制动情况。

如果发现运行异常，马上断电检查原因，直至调试成功。

思考与问题

1. 什么是按时间原则的控制？什么是按速度原则的控制？

2. 在电动机采用电源反接制动的控制电路中，应采用什么原则控制？为什么？

3. 双速电动机高速运行时通常须先低速启动而后转入高速运行，这是为什么？

6.5　电气控制系统图识读基础知识

提出问题

你对电气控制系统图中常用的符号和标识了解多少？你熟悉电气控制系统图中的电路结构、元件功能、电气连接吗？你对电气控制系统图中的安全保护措施掌握了吗？

知识准备

电气控制系统是由电气控制元件按一定要求连接而成的。为了清晰地表达生产机械电气控制系统的工作原理，便于工作人员的安装、调整、使用和维修，通常将电气控制系统中的各电气元件用一定的图形符号和文字符号来表示，然后将各元件之间的连接情况用一定的图形表达出来，即形成电气控制系统图。电气控制系统图主要有电气原理图、电器布置图、电气接线图等。

6.5.1　电气控制系统图常用符号和接线端子标记

电气控制系统图中，电气元件的图形符号、文字符号必须采用国家最新标准，即 GB/T 4728.1～5—2018 和 GB/T 4728.6～13—2022《电气简图用图形符号》。接线端子标记采用 GB/T 4026—2019《人机界面标志标识的基本和安全规则 设备端子、导体终端和导体的标识》，并按照 GB/T 6988.1—2024《电气技术用文件的编制 第 1 部分：规则》要求来绘制电气控制系统图。

机床电气控制系统图阅读内容

6.5.2　电气原理图

电气原理图是用来表明电气设备的工作原理及各电气元件的作用、相互之间的关系的一种图。掌握电气原理图，对于分析电气线路、排除机床电路故障十分有益。电气原理图一般由主电路、控制电路、保护电路、配电电路等几部分组成，依据电气动作原理按展开法绘制。展开法就是将某个电气设备的一条或多条电路按水平和垂直位置来画，并按电路的先后顺序排列。

电气原理图阅读方法

电气原理图中各电气设备的元件不按它们的实际位置画在一起，而是按各部分在电路中的作用画在不同的地方，但同一元件应用同一文字符号表示。电气原理图不仅不按照电气元件的实际位置绘制，而且也不反映电气元件的大小、安装位置，只用导电部件及接线端子按国家标准规定的图形符号来表示电气元件，再用导线将这些导电部件连接起来以反映其连接关系。所以电气原理图结构简单、层次分明、关系明确，适用于分析研究电路的工作原理，为分析其他电气控制系统图提供依据，在设计部门和生产现场得到了广泛的应用。

绘制电气原理图应遵循以下原则。

（1）电气控制电路一般分为主电路和辅助电路。辅助电路又可分为控制电路、信号电路、照明电路和保护电路等。

主电路是指从电源到电动机的大电流通过的电路，其中电源电路用水平线绘制，受电动力设备及其保护电器支路应垂直于电源电路画出。

控制电路、照明电路、信号电路及保护电路等应垂直地绘于两条水平电源线之间。耗能元件的一端应直接连接在电位低的一端，控制触点连接在上方水平线和耗能元件之间。

无论是主电路还是辅助电路，各元件一般应按动作顺序从上到下、从左到右依次排列，电路可以水平布置也可以垂直布置。

（2）在电气原理图中，所有电气元件的图形符号、文字符号、接线端子标记必须采用国家规定的统一标准。

（3）采用电气元件展开图的画法。同一电气元件的各部分可以不画在一起，但需用同一文字符号标出。若有多个同一种类的电气元件，可在文字符号后加上数字序号，如 KM_1、KM_2。

（4）电气原理图中，所有电器按自然原始状态画出。

（5）电气原理图中，有直接电联系的交叉导线连接点，要用黑圆点表示。无直接联系的交叉导线连接点不画黑圆点，尽量不出现无联系的连接导线相交叉的情况。

（6）将电气原理图分成若干个图区，并标明该区电路的用途和作用。在继电器、接触器线圈下方列出触点表，说明线圈和触点的从属关系。

下面以图 6.21 所示的 CW6132 型普通车床电气原理图为例进一步说明绘制电气原理图的原则和注意事项。

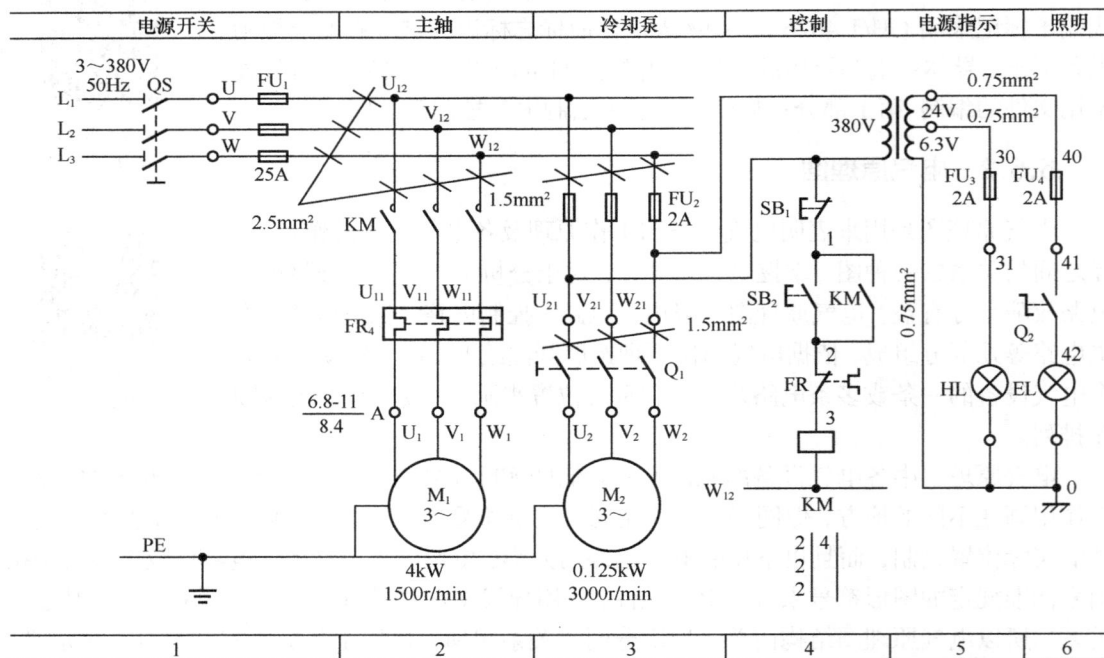

图 6.21　CW6132 型普通车床电气原理图

图 6.21 中所有元器件均严格采用国家统一规定的标准绘制其图形符号和注明文字符

号。主电路包括 1 区的电源开关、2 区的主轴电动机和 3 区的冷却泵，其中含有熔断器、接触器主触点、热继电器发热元件及电动机等，主电路用粗实线绘制在图面的左侧（或上方）。

电气原理图中的辅助电路包括 4 区的控制电路、5 区的电源指示电路和 6 区的照明电路等，由继电器和接触器的电磁线圈、辅助触点、控制按钮以及其他元器件的触点、控制变压器、熔断器、照明灯、信号指示灯及控制开关等组成。辅助电路通常用细实线绘制在图面的右侧（或下方）。

电气原理图中电气触点均表示为原始状态，即接触器、继电器按电磁线圈未通电时的触点状态画出；控制按钮、行程开关的触点则按不受外力作用时的状态画出；开关电器和熔断器触点按断开状态画出。当电气触点的图形符号为垂直放置时，以"左开右闭"的原则绘制，当图形符号为水平放置时，以"上闭下开"的原则绘制。

为了便于确定原理图的内容和组成部分在图中的位置，常在电气原理图纸上分区。垂直边通常用大写拉丁字母编号，水平边则用图 6.21 所示的阿拉伯数字编号。

请学习者自行分析图 6.21 所示 CW6132 型普通车床电气原理图中电动机的工作过程。

6.5.3 电器布置图

电器布置图可表示电气设备上所有电器的实际位置，为电气控制设备的安装、维修提供必要的技术资料。电器均用粗实线绘制出简单的外形轮廓，机床的轮廓线则用细实线或点画线绘制。

电器布置图可根据电气控制系统的复杂程度采取集中绘制或单独绘制。电器布置图绘制原则大致体现在以下几个方面。

（1）体积大和较重的电器应安装在电器安装板的下面，而发热元件应安装在电器安装板的上面。

（2）强电、弱电应分开，弱电应屏蔽，防止外界干扰。

（3）需要经常维护、检修、调整的电器安装位置不宜过高或过低。

（4）电器的布置应考虑整齐、美观、对称。外形尺寸、结构类似的电器应布置在一起，以便于安装和配线。

（5）电器布置不宜过密，应留有一定的间距。如用走线槽，应加大各排电器的间距，以便于布线和维修。

电器布置图根据电器的外形尺寸绘出，并标明各元件的间距尺寸。控制盘内电器与盘外电器应经接线端子进行连接，在电器布置图中应画出接线端子板并按一定顺序标出接线号。图 6.22 和图 6.23 所示为 CW6132 型普通车床的电器布置图。

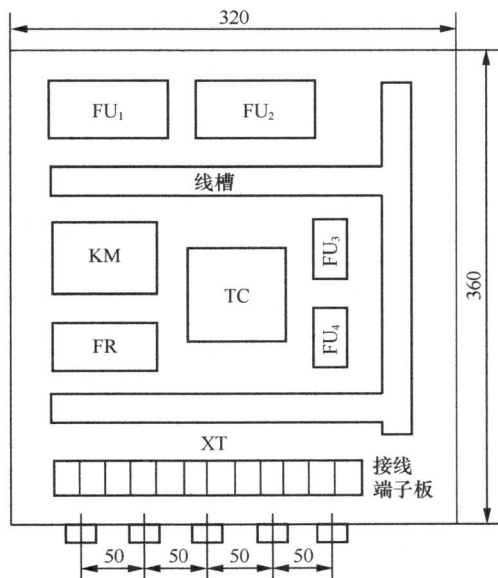

图 6.22 CW6132 型普通车床的电器布置图（一）

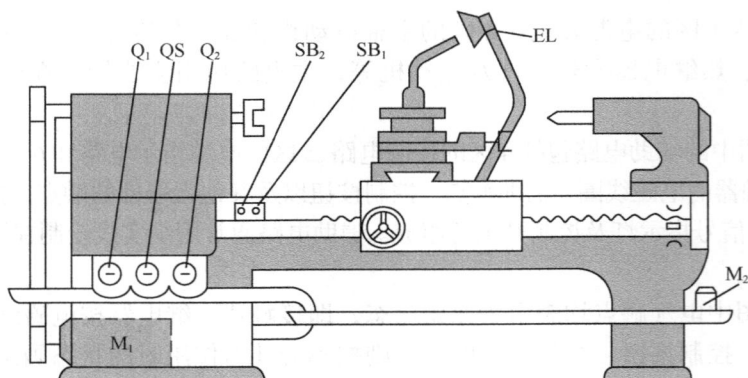

图 6.23　CW6132 型普通车床电器布置图（二）

6.5.4　电气接线图

电气接线图主要用于电器的安装接线、线路检查、线路维修和故障处理，电气接线图通常与电气原理图和电器布置图一起使用。图 6.24 所示为 CW6132 型普通车床电气接线图。

图 6.24 表示出了该车床中与端子排相连接的项目的相对位置、项目符号、端子号、导线号、导线型号、导线截面等内容。各个项目采用简化外形，如空气开关 QS 和冷却泵开关 Q_1 用矩形表示，电动机用圆形表示等，简化外形旁应标注项目代号，如图 6.24 所示的指示灯 EL 和 HL 等，这些都应与电气原理图中的标注一致。

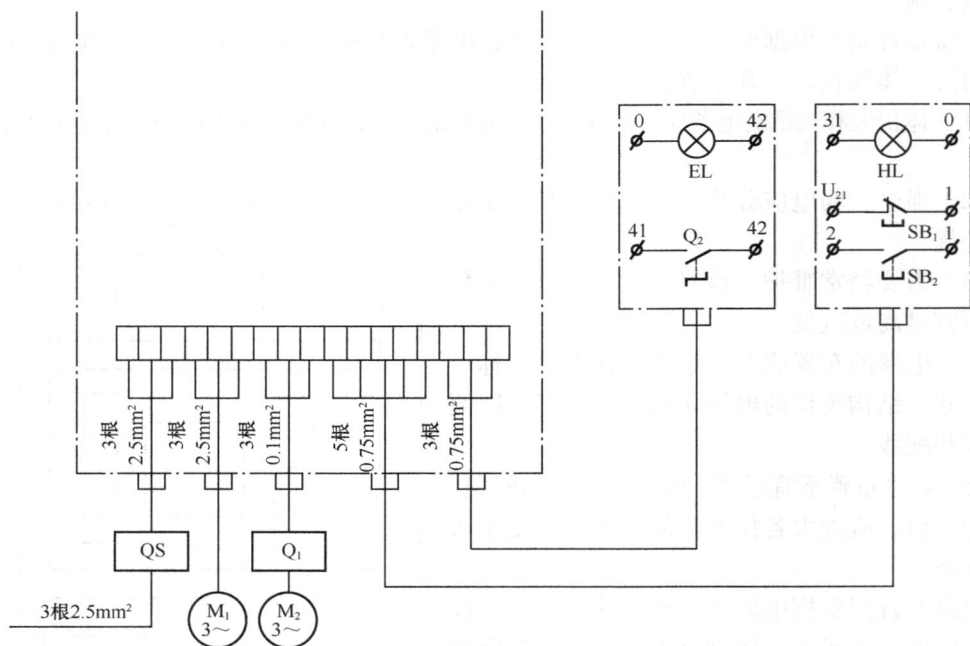

图 6.24　CW6132 型普通车床电气接线图

电气接线图的绘制原则如下。

（1）各电气元件的组成部分画在一起，布置尽量符合电器的实际情况，而且要按实际安装位置绘出，元件所占图面按实际尺寸以统一比例绘制。

（2）一个元件中所有带电部件均画在一起，并用点画线框起来，即采用集中表示法。

（3）各电气元件的图形符号和文字符号必须与电气原理图一致，并符合最新国家标准。

（4）各电气元件上凡是需要接线的部件端子都应画出，并予以编号，各接线端子的编号必须与电气原理图上的导线编号相一致。

（5）绘制电气接线图，走向相同的相邻导线可以绘成一股线。

（6）同一控制柜上的电气元件可直接相连，控制柜与外部器件相连必须经过接线端子板，且连线应注明规格，一般不表示实际走线。

工程实例

【对某车床电气原理图进行分析】

案例：图 6.25 所示是一台车床的电气原理图，对其进行分析。

案例分析：由车床电气原理图可知，电动机为单向运转，自动停车。

控制过程如下。闭合空气开关 QS，为电动机启动做准备。按下启动按钮 SB$_2$，接触器线圈 KM 得电，KM 主触点闭合，电动机启动运转，KM 辅助常开触点闭合自锁，指示灯 HL$_1$ 亮；当电动机运行至某位置时，位置开关 SQ 常闭触点断开，常开触点闭合，KM 线圈失电，电动机停转，KA 线圈得电吸合并自锁，指示灯 HL$_2$ 亮；SA 为车床上的手动开关，合上 SA，EL 指示灯亮。

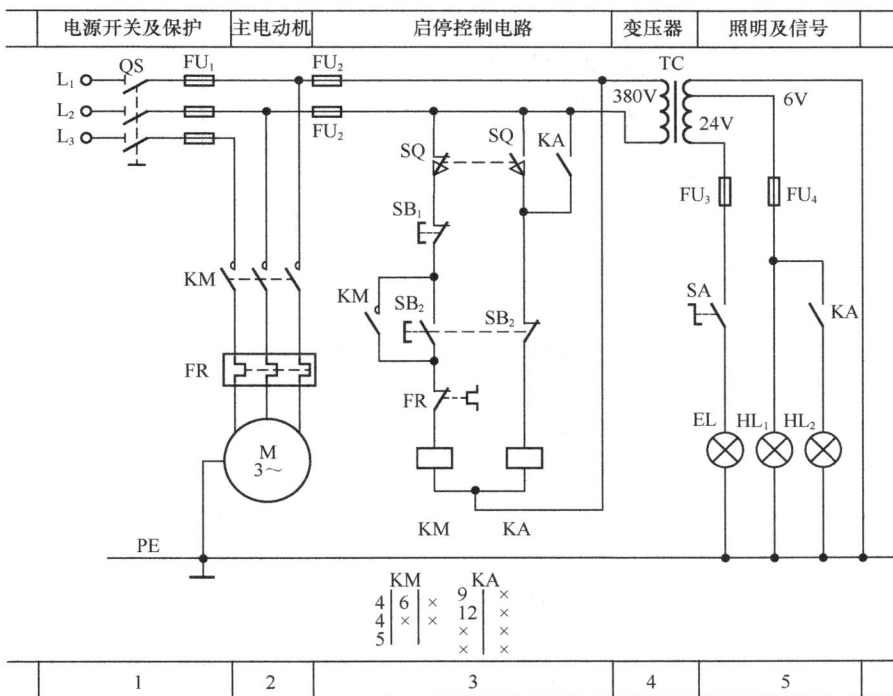

图 6.25 某车床电气原理图

思考与问题

1. 什么是电气控制系统图？
2. 什么是电气原理图？电气原理图根据什么原则、以什么形式绘制？

拓展阅读

近年来，我国工业自动化领域取得了显著的发展，涌现出许多新技术，如人工智能、机器学习、深度学习等技术，帮助优化生产流程、提高生产效率和预测设备故障。机器人技术中的工业机器人涉及智能制造、物流仓储、装配线等多个领域，促进了自动化水平的提高。5G 技术的普及和应用推动了工业通信的升级，实现了更快速、更可靠的数据传输，为工业自动化提供了更好的技术支持。数字孪生技术结合仿真建模、数据分析等技术，实现对工厂、设备的虚拟化建模，很好地帮助企业进行生产过程的优化和预测。绿色智能制造是我国工业自动化领域的重要发展方向，倡导节能减排、资源循环利用等。

应用实践

三相异步电动机的点动、单向连续运转控制电路实验

一、实验目的

1. 了解三相异步电动机的继电器-接触器控制系统的控制原理，观察实际交流接触器、热继电器、自动空气断路器及按钮等低压电器的工作原理，学习其使用方法。
2. 掌握三相异步电动机的点动、单向连续运转控制电路的连接方法。
3. 能够熟记三相异步电动机的点动、单向连续运转控制电路的控制过程。

二、实验主要仪器设备

1. 三相异步电动机　　　　　　　　　　　　1 台
2. 低压控制电器配盘　　　　　　　　　　　1 套
3. 其他相关设备及导线　　　　　　　　　　若干

三、实验电路原理控制图及控制过程

1. 电动机的点动控制

在工程实际应用中，经常需要对电动机进行启动、制动、点动、单向连续运转控制及正反转控制等，以满足生产机械的要求。

三相异步电动机点动控制电路如图 6.26 所示。控制过程如下。

（1）闭合主回路中的电源控制开关，为电动机的启动做好准备。

（2）按下启动按钮 SB，接触器线圈 KM 得电，KM 的 3 对主触点闭合，电动机主电路接通，电动机启动运转。

（3）松开按钮 SB，接触器 KM 线圈失电，KM 的 3 对主触点随即恢复断开，电动机主电路断电，电动机停止运行。这就实现了三相异步电动机的点动控制。

2. 电动机单向连续运转控制

实际应用中，大多数电动机的控制电路都要满足连续运转的控制要求。电动机的单向

连续运转控制电路如图 6.27 所示。与点动控制电路相比，电路中多了一个接触器 KM，其辅助常开触点在控制电路中起自锁作用，还有一个停止按钮 SB₁。

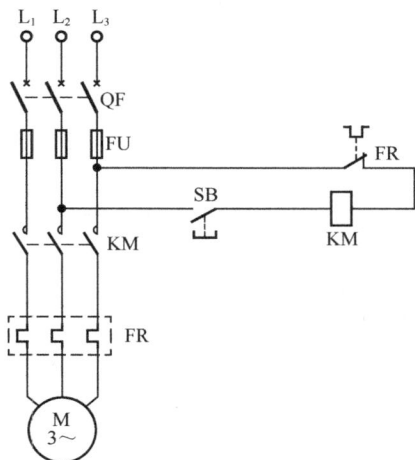

图 6.26　三相异步电动机点动控制电路　　　图 6.27　电动机单向连续运转控制电路

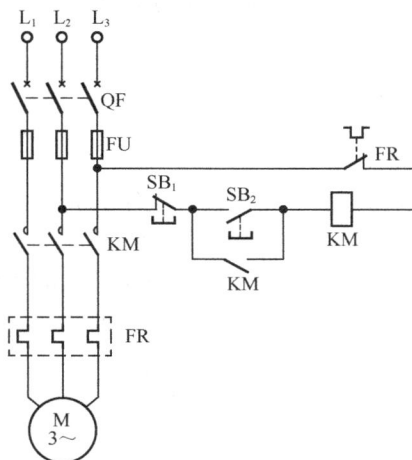

控制过程如下。

（1）闭合主回路中的电源控制开关，为电动机的启动做好准备。

（2）按下启动按钮 SB₂，接触器 KM 线圈得电，KM 的 3 对主触点闭合，电动机主电路接通，电动机单向运转，同时 KM 的辅助常开触点也闭合，起自锁作用。松开按钮 SB₂，电动机控制回路中电流由从 SB₂ 通过改为从 KM 辅助常开触点通过，即控制回路仍然闭合，因此 KM 线圈不会失电，电动机主回路触点不会断开，电动机仍将连续运行。

（3）如果要电动机停下来，按下停止按钮 SB₁ 即可。按下停止按钮 SB₁，控制回路电流由 SB₁ 处断开，造成接触器 KM 线圈断电，其主触点断开，电动机停转。

四、实验步骤

（1）首先要把电路图与实物相对照，满足能把电路中的电路图形符号、文字符号与实际设备一一对应认识的要求后才能对照图进行连线。

（2）连接三相异步电动机点动控制电路的主回路。注意电动机作 Y 接，连接主回路的顺序应从上往下，热继电器的发热元件应串接在 KM 主触点的后面。

（3）连接点动控制电路的辅助回路。点动按钮 SB 连接复合按钮的一对常开触点，一端与一相电源相连，另一端与 KM 线圈相连，KM 线圈另一端与热继电器的常闭触点相连，热继电器的另一端连接到另一相电源线上。注意：控制回路一定要接在 KM 主触点的上方，否则电动机永远不会运转。

（4）连线结束后进行检查，无误后进行通电操作，观察电器及电动机的动作。

（5）三相异步电动机的主回路不变。对控制回路做如下改动：停止按钮 SB₁ 连接复合按钮的一对常闭触点，一端与一相电源相连，另一端与启动按钮 SB₂ 的一端相连，在两者连接处引出一根导线与 KM 辅助常开触点的一端相连，SB₂ 的另一端与 KM 线圈相连，相连处引出一根导线与 KM 辅助常开触点的另一端相连，其余部分不变。

（6）连线结束后进行检查，无误后进行通电操作，观察电器及电动机的动作。

五、实验思考题

（1）你在实验过程中遇到了什么问题，是如何解决的？

（2）你能用万用表判断交流接触器和按钮的好坏吗？如何判断？

模块 6 自测题

一、填空题

1. 电气控制电路中，过载保护通常采用_____继电器，它的_____串接在电动机主电路中，其_____串接在控制回路中。

2. 电气控制电路中，交流接触器的主触点连接在电动机_____电路上；辅助常开触点和辅助常闭触点通常连接在电动机_____回路中。

3. 依靠接触器自身辅助触点保持接触器线圈通电的现象称为_____，电动机正反转控制电路中，依靠正转接触器、反转接触器辅助常闭触点串接在对方线圈电路中，形成相互制约的控制称为_____。

4. 10kW 及以下容量的三相异步电动机通常采用_____启动，当电动机的容量超过10kW 时，因_____电流和线路_____大，会影响同一电网上的其他电气设备的正常运行，因此需采用_____启动。

5. 依靠接触器的辅助_____触点形成的互锁机制称为_____互锁，依靠控制按钮的常闭触点串接在对方接触器线圈电路中的互锁机制称为_____互锁。

6. 多地控制电路的特点是：启动按钮应_____在一起，停止按钮应_____在一起。

7. 按下控制按钮，交流接触器线圈得电，电动机运转；松开控制按钮，交流接触器线圈失电，电动机停转的控制方法称为_____控制。

8. 按时间原则控制的 Y-△降压启动方法，由 Y_____启动转为_____全压运行，是依靠_____继电器实现的。

9. 按_____原则控制的反接制动过程中，利用_____继电器在电动机转速下降至接近零时，其串接在接触器线圈电路中的常开触点断开，使电动机迅速停转。

10. 交流异步电动机的降压启动通常是按_____原则来控制；交流异步电动机的能耗制动、反接制动通常按_____原则来控制。

二、判断题

1. 控制按钮可以用来控制继电器接触器控制电路中的主电路的通、断。　　　　（　　）

2. 大电流的主回路需要短路保护，小电流的控制回路不需要短路保护。　　　　（　　）

3. 依靠接触器的辅助常闭触点实现的互锁机制称为机械互锁。　　　　　　　　（　　）

4. 绕线型异步电动机的启动、调速电阻是串接在定子绕组回路中的。　　　　　（　　）

5. 高压隔离开关和断路器一样，也是用来切断和接通高压电路工作电流的。　　（　　）

6. 速度继电器是用来测量异步电动机工作时运转速度的电气设备。　　　　　　（　　）

7. 交流接触器的辅助常开触点在电动机控制电路中主要起自锁作用。　　　　　（　　）

8. 热继电器的发热元件上通过的电流是电动机的工作电流。　　　　　　　　　（　　）

9. 同一电动机多地控制时，各地启动按钮应按照并联原则来连接。　　　　　　（　　）

10. 任意对调电动机两相定子绕组与电源相连的顺序，即可实现反转。　　　　（　　）

三、单项选择题

1. 电气接线图中，一般需要提供项目的相对位置、项目代号、端子号和（　　　）。
　　A. 导线号　　　　　B. 元器件号　　　　　C. 单元号　　　　　D. 接线图号

2. 对于电动机的多地控制，须将多个启动按钮并联，多个停止按钮（　　　），才能达到控制要求。
　　A. 并联　　　　　B. 串联　　　　　C. 混联　　　　　D. 自锁

3. 自动往返行程控制电路属于对电动机实现自动转换的（　　　）控制。
　　A. 自锁　　　　　B. 点动　　　　　C. 联锁　　　　　D. 正反转

4. 电动机控制电路中的欠电压、失电压保护环节是依靠（　　　）的作用实现的。
　　A. 热继电器　　　　　　　　　　　B. 时间继电器
　　C. 接触器　　　　　　　　　　　　D. 熔断器

5. 多台电动机可以由（　　　）实现顺序控制。
　　A. 主电路　　　　　　　　　　　　B. 控制电路
　　C. 信号电路　　　　　　　　　　　D. 主电路和控制电路共同

6. 电气控制电路中自锁环节的功能是保证电动机控制系统（　　　）。
　　A. 有点动功能　　　　　　　　　　B. 有定时控制功能
　　C. 有启动后连续运行功能　　　　　D. 有自动降压启动功能

7. 电气控制电路中的自锁环节是将接触器的（　　　）并联于启动按钮两端。
　　A. 辅助常开触点　　　　　　　　　B. 辅助常闭触点
　　C. 主触点　　　　　　　　　　　　D. 线圈

8. 当两个接触器形成互锁时，应将其中一个接触器的（　　　）触点串进另一个接触器所在的控制回路中。
　　A. 辅助常开　　　　　　　　　　　B. 辅助常闭
　　C. 主　　　　　　　　　　　　　　D. 辅助常开或辅助常闭

9. 三相异步电动机正反转控制电路在实际工作中最常用最可靠的方法是（　　　）。
　　A. 倒顺开关　　　　　　　　　　　B. 接触器联锁
　　C. 按钮联锁　　　　　　　　　　　D. 按钮与接触器双重联锁

四、简答题

1. 三相异步电动机的点动控制与连续运转控制关键区别点在哪里？
2. 三相异步电动机正反转控制电路常用的方法有哪几种？
3. 三相异步电动机的变极调速为什么只适用于鼠笼型异步电动机？
4. 失电压保护和欠电压保护有何不同？在电气控制系统中它们是如何实现的？
5. 双速电动机高速运行时通常须先低速启动而后转入高速运行，这是为什么？

五、分析与设计题

1. 图 6.28 所示的各控制电路中存在哪些错误？会造成什么后果？试分析并改正。
2. 试设计两台电动机顺序控制电路：M₁ 启动后 M₂ 才能启动；M₂ 停转后 M₁ 才能停转。
3. 试分析图 6.29 所示电动机顺序启动控制电路是否合理，如不合理，请改正。

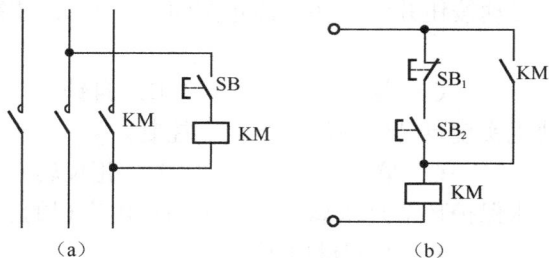

图 6.28 分析与设计题 1 电路

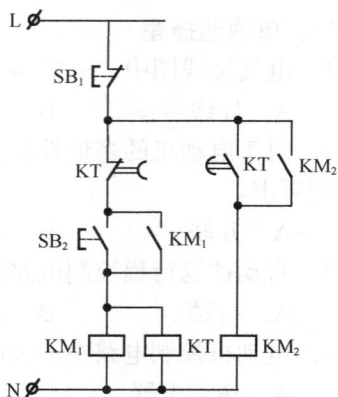

图 6.29 分析与设计题 3 电路

4. 试设计一个电动机控制电路，要求既能实现点动控制，也能实现连续运转控制。

5. 电路如图 6.30 所示，分析并回答下列问题。

（1）试分析其工作原理；

（2）若要使时间继电器 KT 的线圈在 KM_2 得电后自动断电而又不影响其正常工作，对线路应做怎样的改动？

6. 图 6.31 所示控制电路能否实现既能点动运行、又能连续运行？如果不能，请修改电路。

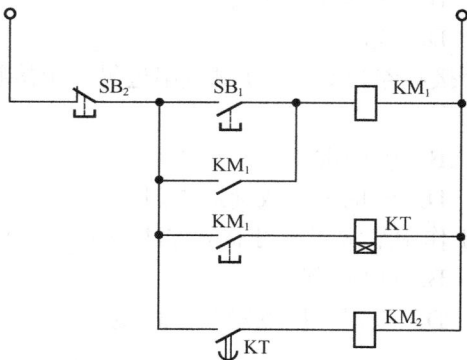

图 6.30 分析与设计题 5 电路

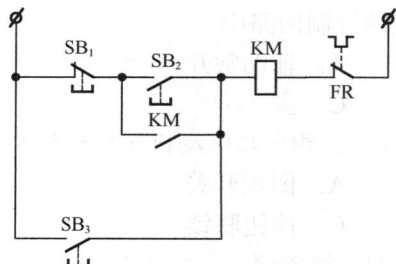

图 6.31 分析与设计题 6 电路

模块 7 典型设备的电气控制电路

学习引导

　　各类机床通常被称为典型设备，主要是因为机床是制造业中的基础设备之一，用于加工各种零部件和产品。作为生产线上的重要设备，机床可用于钻孔、铣削、车削、磨削等多种加工工艺，适用于加工各种形状和材料的工件。现代制造业中，机床作为关键设备，可满足不同行业对于精密零部件的加工需求。

　　本模块主要引领学生了解典型设备的电气控制电路的分析内容以及阅读分析方法，并对典型设备本身的基本结构、运行情况、加工工艺要求和对电力拖动自动控制的要求等方面进行介绍和讲解，只有充分了解和认识控制对象，掌握其控制要求，分析起来才有针对性。

　　本模块从常用机床的电气控制电路入手，学习阅读、分析机床电气控制电路的方法、步骤，加深对典型设备控制环节的理解和应用，了解和掌握典型设备的电气控制电路的工作原理、操作方法及维护要求等。读者还需了解机床上机械、液压、电气三者的配合关系；从机床加工工艺出发，掌握各种常用机床的电气控制，为机床及其他生产机械电气控制电路的设计、安装、调试、检修等打下一定基础。

学习目标

【知识目标】

　　掌握常用机床电气控制电路的分析方法；加深对典型控制环节的理解、掌握；理解机床等电气设备上机械、电气、液压之间的配合关系；能够运用电气控制的典型环节进行电气控制系统的设计；了解电气控制系统的安装、调试、故障检修等。

【技能目标】

　　具有正确阅读和分析理解电气原理图的能力，具有对各种机床电路电气综合控制的分析和理解能力；具有查找、分析、解决电气控制设备故障的能力；具有电气控制电路的安装、调试和维护技能。

【素养目标】

要求具备扎实的控制理论和控制电路设计的能力、故障诊断与维修能力，具有在现有理论技术基础上进行改进的能力以及创新意识，培养不断学习、不断提升的良好习惯，用自己的技能服务社会，实现自我价值。

7.1 典型设备电气控制电路基础

提出问题

你对典型设备怎么理解？为什么把机床称为典型设备？电气控制电路的分析内容包括哪些？如何掌握典型设备电气原理图的阅读方法？

知识准备

典型设备的电气控制，不仅要求能够实现启动、制动、正反转和调速等基本要求，更要满足生产工艺的各项要求，例如稳定性、精确性、快速性、灵活性、安全性、节能性、易维护性及兼容性等，还要保证典型设备各运动的准确和相互协调，具有各种保护装置，工作可靠，实现操作自动化等。

本模块讨论的典型设备的电气控制电路，主要针对常用机床电气控制电路。

7.1.1 典型设备电气控制电路的分析内容

典型设备电气控制电路的分析内容如下。

典型设备电气控制电路的分析内容

1. 设备说明书

设备说明书是一台机械设备的完整档案资料，涉及该设备机械和电气的控制、技术以及维护方面的说明及相关内容图纸，主要由机械、液压部分与电气部分组成。阅读这几部分说明书时，重点掌握以下几点。

（1）设备的构造，主要有技术指标，机械、液压、气动部分的传动方式与工作原理。

（2）电气传动方式，包括电动机执行电器的数目、规格型号、安装位置、用途和控制要求等。

（3）了解设备的使用方法，了解各个操作手柄、开关、按钮、指示信号装置及它们在控制电路中的作用。

（4）充分了解与机械、液压部分直接关联的电器，如行程开关、电磁阀、电磁离合器、传感器、压力继电器、微动开关等的位置、工作状态；了解这些电器与机械、液压部分的作用，特别需要了解机械操作手柄与电气开关元件之间的关系；了解液压系统与电气控制的关系。

2. 电气原理图

电气原理图是典型设备电气控制电路分析的中心内容。电气原理图由主电路、控制电路、辅助电路、保护及联锁环节以及特殊控制电路等部分组成。

分析电气原理图，必须与阅读其他技术资料相结合，根据电动机及执行元件的控制方式、位置和作用以及各种与机械有关的行程开关、主令电器等电器的状态深入理解电气工

作原理。还可通过典型设备说明书中提供的电气元件一览表，进一步理解电气控制原理。

3. 典型设备的总装接线图

阅读分析典型设备的总装接线图，可以了解电气控制系统各部分的组成以及分布情况、连接方式，主要电气部件的布置、安装要求，导线和导线管的规格型号等。若要清晰了解典型设备的电气安装情况，阅读分析其总装接线图至关重要。

4. 电器布置图与电气接线图

典型设备的电器布置图和电气接线图，是典型设备电气控制系统的安装、调试及维护所必需的技术资料。认真阅读并了解电气元件的布置情况和接线情况，可迅速方便地找到典型设备上各电气元件的测试点，对典型设备必要的检测、调试和维修带来方便。

7.1.2　典型设备电气原理图的阅读分析方法

阅读分析典型设备电气原理图的基本原则是"先机后电，先主后辅，化整为零，集零为整、统观全局，总结特点"。

1. 先机后电

首先应理清机床电气原理图的整体结构，包括各个部件之间的连接关系和信号传输路径。一般从电源输入开始，逐步分析各个电气元件之间的连接关系，并对各个元件的运行情况、操作方法等有一个总体的了解，进而明确设备对电力拖动自动控制的要求，为阅读和分析电路做好前期准备。

典型设备电气原理图的阅读分析方法

2. 先主后辅

先阅读了解主电路，了解典型设备由几台电动机拖动，明确每台电动机的作用，并结合工艺要求了解每台电动机的启动、正反转、调速、制动等控制要求及保护。主电路的各种控制要求是由控制电路实现的，因此还要以"化整为零"的原则认真阅读分析控制电路，并结合辅助电路、信号电路、检测电路及照明电路明确和理解控制电路各部分的功能。

3. 化整为零

分析典型设备的控制电路时，按控制功能将其分为若干个局部控制电路，然后从电源和主令信号开始，经过逻辑判断，写出控制流程，用简单明了的方式表达出控制电路的自动工作过程。

在某些典型设备的控制电路中，有时会设置一些与主电路、控制电路关系不密切，相对独立的特殊环节，如计数装置、自动检测系统、晶闸管触发电路或自动测温装置等。这些均可参考电子技术、变流技术、检测技术与转换技术等知识进行逐一分析。

4. 集零为整、统观全局

在以"化整为零"原则逐步分析典型设备电气控制电路中每一局部电路的工作原理后，必须用"集零为整"的办法来"统观全局"，即在认清局部电路之间的相互控制关系、联锁关系，机电液压之间的配合情况，以及各种保护环节的设置基础上，才能对整个控制系统有较为清晰的理解和认识，才能对电气控制系统中每一部分的每个电器的作用了如指掌。

5. 总结特点

虽然各种典型设备的电气控制电路都是由一个个基本环节组合而成的，但不同典型设

备的电气控制电路都有其各自的特点，给予总结可以加深对所分析典型设备电气控制电路的理解。

通过以上典型设备电气原理图的阅读分析原则，工程技术人员可以更好地阅读分析机床电气原理图，深入理解机床电气控制系统的工作原理和结构，为排除故障、调试和维护打下基础。

工程实例

【机床电气原理图的分析】

案例： CA6140 型卧式车床床身较宽、使用刚度较高、操作更集中且灵便，无论从适配性、经济性，还是从物理性能、操作性能等角度出发，都比其他普通车床性能优越，被称为"车床界的经典之作"。该车床型号中的 C 代表"车床"，A 是结构特性代号，6 代表"经典卧式"，1 代表"基本型"，40 是"旋转的最大直径"。图 7.1 所示为 CA6140 型卧式车床的电气原理图，试用本节所讲过的原则对其进行分析。

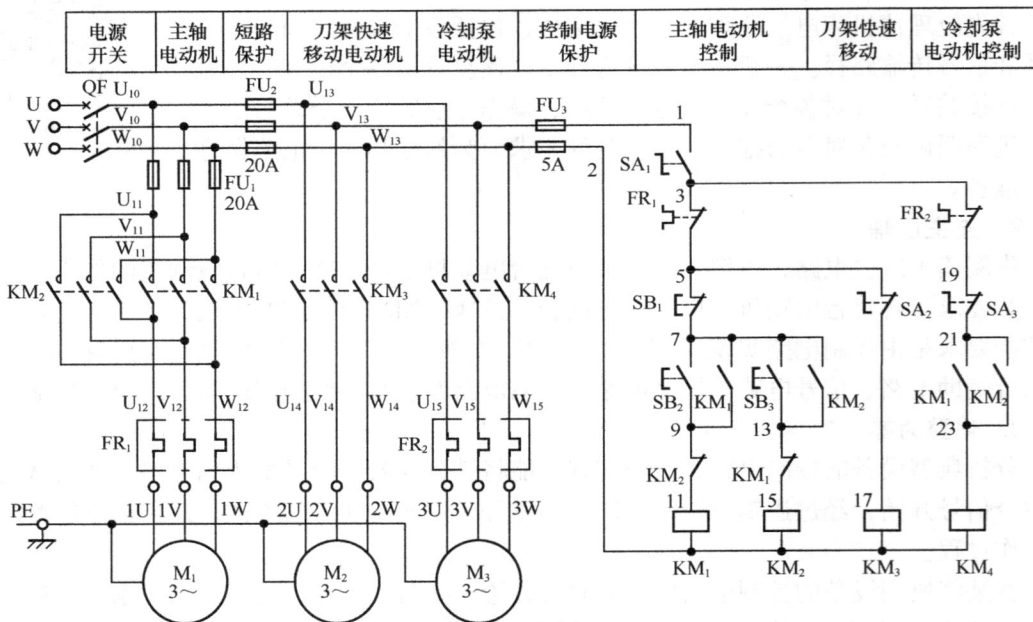

图 7.1　CA6140 型卧式车床的电气原理图

分析： CA6140 型卧式车床的床身宽度达到 500mm，车床导轨面经久耐磨，使用寿命长。且 CA6140 型卧式车床的结构刚度和传动高度，更能满足高强力、带切削的功能需求。CA6140型卧式车床主要由主轴箱、床鞍和刀架部件、尾座、进给箱、溜板箱、床身等部分组成。

主轴箱的作用是支撑、传动主轴，以便让主轴带动工件按设定好的速度旋转。床鞍装夹车刀，车刀在车鞍作用下可做斜向、横向和纵向运动。尾座后顶尖用于支撑工件，还可以安装其他加工刀具。进给箱的作用是改变机动进给的进给量，改变被加工螺纹的螺距。溜板箱可以方便工人操作机床，床身作为机床的支撑件，安装着机床的各个部件，使它们之间稳定地保持着相对位置。

根据"先主后辅"原则，先从主电路开始分析。CA6140 型卧式车床采用三相交流电供电，通过自动空气开关 QF 引入，FU_1、FU_2 用于短路保护。主轴电动机 M_1 由接触器 KM_1、KM_2 控制正转或反转启动和运行，热继电器 FR_1 对主轴电动机 M_1 进行过载保护。刀架快速移动电动机 M_2 拖动车床的辅助运动，由接触器 KM_3 控制启动和运行。冷却泵电动机 M_3 与主轴电动机有着联锁关系，即冷却泵电动机 M_3 在主轴电动机 M_1 启动后方能启动，由接触器 KM_4 控制启动和运行，热继电器 FR_2 对其进行过载保护。

接着分析控制电路。控制电路取自两相火线之间，采用 FU_3 进行短路保护，组合开关 SA_1 作为控制电路的电源引入开关，FR_1 是热继电器的常闭触点。按下启动按钮 SB_2，接触器 KM_1 线圈得电，KM_1 辅助常开触点闭合自锁，KM_1 辅助常闭触点串接在 KM_2 线圈支路，此时断开实现互锁，同时 KM_1 主触点闭合，电动机 M_1 正转启动运行。按下 SB_1，KM_1 线圈失电，其主触点、辅助触点均复位，电动机 M_1 停转。手动开关 SA_2 控制接触器 KM_3 线圈的得电与失电，即控制电动机 M_2 的启动运行与停车，从而控制刀架快速移动与停止。在主轴电动机 M_1 启动后冷却泵电动机 M_3 的控制回路闭合，KM_4 得电，电动机 M_3 启动运转。当 M_1 停车时，KM_4 线圈失电，KM_4 主触点断开，电动机 M_3 停转。

思考与问题

1. 典型设备电气原理图阅读分析的基本原则是什么？
2. 试述典型设备电气控制电路分析的主要内容。
3. CA6140 卧式车床由几台电动机拖动？其中冷却泵电动机 M_3 有什么电气控制要求？

7.2 M7130 型平面磨床的电气控制电路

提出问题

你对 M7130 型平面磨床的机床结构、各部件功能以及工作原理掌握多少？磨削加工参数的选择、磨削刀具的种类、磨削方式、磨削精度等要求你了解吗？工件在平面磨床上的夹紧和装夹技术等你了解多少？

知识准备

磨床是用砂轮的周边或端面进行加工的精密机床。砂轮的旋转是磨床的主运动，工件或砂轮的往复运动是磨床的进给运动，砂轮架的快速移动及工作台的移动是磨床的辅助运动。磨床的种类很多，根据用途和采用的工艺方法不同，磨床可以分为平面磨床、外圆磨床、内圆磨床、工具磨床和各种专用磨床等，其中以平面磨床使用最多。下面以 M7130 型卧轴矩台平面磨床为例介绍磨床的电气控制电路。

M7130 型卧轴矩台平面磨床的主要结构和运动形式

7.2.1 平面磨床主要结构和运动形式

平面磨床可分为卧轴矩台、卧轴圆台、立轴矩台、立轴圆台 4 种类型。磨床可以加工各种表面，如平面、内外圆柱面、圆锥面和螺旋面等，通过磨削加工，使工件的形状及表面的精度、粗糙度达到预期的要求。

1. M7130 型卧轴矩台平面磨床的主要结构

M7130 型卧轴矩台平面磨床型号中的 M 表示磨床，7 表示平面，1 表示卧轴矩台式，30 表示工作台工作面的宽度为 300mm。M7130 型卧轴矩台平面磨床的主要结构包括床身、立柱、滑座、砂轮箱、工作台和电磁吸盘等，如图 7.2 所示。

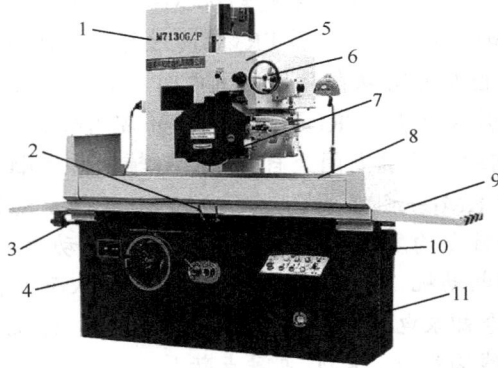

1—立柱　2—工作台换向撞块　3—活塞杆　4—砂轮箱垂直进刀手轮　5—滑座　6—砂轮箱横向移动手柄
7—砂轮箱　8—电磁吸盘　9—工作台　10—工作台往返运动换向手柄　11—床身

图 7.2　M7130 型卧轴矩台平面磨床的结构示意

在磨床的箱形床身中装有液压传动装置，工作台通过活塞杆由液压驱动在床身导轨上做往返运动。磨床的工作台表面有 T 形槽，大型工件可以用螺钉和压板直接固定在工作台上，工作台上也可以安装电磁吸盘，用来吸持住铁磁性工件。工作台往返运动长度可通过调节装在工作台正面槽中撞块的位置来改变，工作台换向撞块是通过碰撞工作台往返运动换向手柄来改变油路方向而实现工作台往返运动的。

平面磨床的床身上固定有立柱，沿立柱的导轨上装有滑座，砂轮箱能沿滑座的水平导轨做横向移动。砂轮轴由装入式砂轮电动机直接驱动，并通过滑座内部的液压传动机构实现砂轮箱的横向移动。

滑座可在立柱导轨上做垂直移动，由砂轮箱垂直进刀手轮操作。砂轮箱的水平轴向移动可由砂轮箱横向移动手柄操作，砂轮箱也可由液压驱动做连续或间断横向移动，其中连续移动用于调节砂轮位置或整修砂轮，间断移动用于进给。

2. M7130 型卧轴矩台平面磨床的运动形式

M7130 型卧轴矩台平面磨床磨削加工运动示意如图 7.3 所示。

磨床的砂轮与砂轮电动机均装在砂轮箱内，砂轮直接由砂轮电动机带动旋转。砂轮的旋转运动是磨床的主运动，磨床的进给运动有垂直进给、横向进给和纵向进给 3 种形式。其中，砂轮箱和滑座一起沿立柱上的导轨做上下运动，称为垂直进给；砂轮箱沿滑座上的燕尾槽所做的移动称为横向进给；工作台带动电磁吸盘和工件所做的往返运动称为纵向进给。工作台每完成一次往返运动，砂轮箱便做一次间断性的横向进给；当加工完整个

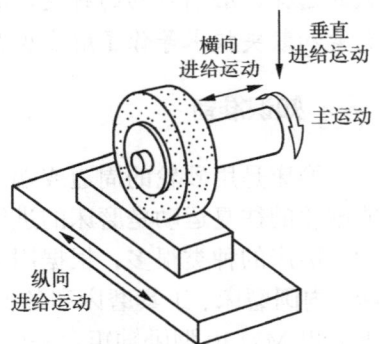

图 7.3　M7130 型卧轴矩台平面磨床
磨削加工运动示意

平面后，砂轮箱做一次间断性的垂直进给。

7.2.2 平面磨床的电力拖动特点及电气控制要求

M7130 型卧轴矩台平面磨床采用多台电动机拖动，因此其电力拖动、电气控制均有一定的要求。

1. 电力拖动特点

（1）平面磨床的砂轮电动机拖动砂轮做旋转运动，液压泵电动机拖动液压泵供给压力油。经液压传动机构实现工作台的纵向进给运动并通过工作台的撞块操纵床身上的液压换向开关，从而实现工作台的换向和自动往返运动，冷却泵电动机拖动冷却泵供给磨削加工时需要的冷却液。

（2）平面磨床是一种精密加工机床，为保证加工精度，保持磨床运动平稳，使工作台往返运动换向时惯性较小、无冲击，采用液压传动。

（3）为保证磨削加工精度，要求砂轮有较高的转速，因此一般由两极鼠笼型异步电动机拖动砂轮。为提高砂轮主轴的刚度，采用装入式电动机直接拖动，电动机与砂轮主轴同轴。

（4）为减小工件在磨削加工中的热变形，并在磨削加工时及时冲走磨屑和砂粒以保证磨削精度，需使用冷却液。

（5）平面磨床常用电磁吸盘，以便吸持较小的加工工件，同时允许在磨削加工中因发热变形的工件能够自由伸缩，保持加工精度。

2. 电气控制要求

（1）砂轮由一台鼠笼型异步电动机拖动，因为砂轮的转速一般不需要调节，所以对砂轮电动机没有电气调速的要求，也不需要反转，可直接启动。

（2）平面磨床的纵向和横向进给运动一般采用液压传动，所以需要由一台液压泵电动机驱动液压泵，对液压泵电动机也没有电气调速、反转和降压启动的要求。

（3）同车床一样，平面磨床也需要一台冷却泵电动机提供冷却液，冷却泵电动机与砂轮电动机应具有联锁关系，即要求砂轮电动机启动后才能开动冷却泵电动机。

（4）平面磨床往往采用电磁吸盘来吸持工件。电磁吸盘应设计有去磁电路，同时，为防止在磨削加工时因电磁吸盘吸力不足而造成工件飞出，要求有弱磁保护环节。

（5）平面磨床应具有各种常规的电气保护环节，如电路短路保护和电动机的过载保护等，具有安全的局部照明装置。

7.2.3 平面磨床电气控制电路中的保护

除常规的电路短路保护和电动机的过载保护之外，电磁吸盘电路和照明电路还专门设有一些保护环节。

1. 电磁吸盘的保护

采用电磁吸盘吸持工件有许多好处，但在进行磨削加工时一旦电磁吸力不足，就会造成工件飞出事故。因此，电磁吸盘设有欠电流保护、过电压保护（包括整流装置的过电压保护）、短路保护环节。

为了防止在磨削过程中电磁吸盘出现断电或线圈电流减小，从而引起电磁吸力不足、工件飞出造成的人身事故，在电磁吸盘线圈电路中串入欠电流继电器 KA（见图 7.4）。只有在励磁电流正常、电磁吸盘具有足够电磁吸力时，KA 才吸合，7 区的 KA 常开触点闭合，为 M_1、M_3 电动机进行磨削加工做好准备，否则不能开动磨床进行加工。若在磨削加工过程中出现电磁吸盘线圈电流减小或消失情况，欠电流继电器 KA 就会将 7 区的 KA 常开触点断开，使 KM_1 和 KM_2 线圈失电，电动机停转，防止事故的发生。

电磁吸盘线圈匝数多，电感量大，在通电工作时，线圈中储存的磁场能量较大。当线圈断电时，由于电磁感应，在线圈两端会产生很大的感应电动势，会造成线圈绝缘及其他电气设备损坏。为此，在电磁吸盘 YH 线圈两端并联了放电电阻 R_3，当出现过电压时，R_3 就会吸收电磁吸盘线圈储存的能量，实现对电磁吸盘线圈的过电压保护。

在整流变压器 T_1 的二次侧装有熔断器 FU_4，以对电磁吸盘电路进行短路保护。

当交流电路出现过电压或直流侧电路通断时，都会在整流变压器 T_1 的二次侧产生浪涌电压，该浪涌电压对整流装置有害，为此将整流变压器 T_1 的二次侧与 RC 阻容吸收装置相并联，吸收浪涌电压，实现对整流装置的过电压保护。

2. 照明电路的保护

平面磨床的照明电路是通过照明变压器 T_2 将 380V 交流电压降至 36V 安全电压供给照明灯 EL 的。照明灯 EL 的一端接地，SA_1 为照明灯 EL 的控制开关，FU_3 是照明变压器一次侧电路的短路保护熔断器。

7.2.4　平面磨床常见故障的诊断与检修

M7130 型卧轴矩台平面磨床电路与其他机床电路的主要不同点是电磁吸盘电路，在此主要分析电磁吸盘电路的故障。

1. 电磁吸盘没有吸力或吸力不足

如果磨床上的电磁吸盘没有吸力，首先应检查电源，先从整流变压器 T_1 的一次侧到二次侧开始，再检查到整流器 VC 输出的直流电压是否正常；检查熔断器 FU_1、FU_2、FU_4；检查 SA_2 的触点、插头插座 X_3 是否接触良好；检查欠电流继电器 KA 的线圈有无断路；一直检查到电磁吸盘 YH 线圈两端有无 110V 直流电压。如果电压正常，电磁吸盘仍无吸力，则需要检查 YH 线圈有无断线。如果是电磁吸盘的吸力不足，则多半是工作电压低于额定值，如桥式整流电路的某一桥臂出现故障，使全波整流变成半波整流，VC 输出的直流电压下降了一半，也可能是 YH 线圈局部短路，使空载时 VC 输出电压正常，而接上 YH 线圈后电压低于正常值 110V。

2. 电磁吸盘去磁效果差

如果电磁吸盘去磁效果差，首先应检查去磁回路有无断开或元件损坏。去磁电压过高也会影响去磁效果，应调节 R_2 的阻值大小使去磁电压为 5～10V。此外，还应考虑是否有去磁操作不当的原因，如去磁时间过长等。

3. 控制电路接点（6-8）的电气故障

平面磨床电路较容易产生的故障还有控制电路中由 SA_2 和 KA 的常开触点并联的部分产生的故障。如果 SA_2 和 KA 的触点接触不良，使接点（6-8）间不能接通，则会造成 M_1 和 M_2 无法正常启动，平时应特别注意检查。

🔆 **工程实例**

【平面磨床的电气原理图分析】

案例：M7130 型卧轴矩台平面磨床的电气设备主要安装在床身后部的壁龛盒内，控制按钮安装在床身前部的电气操纵盒上。电气控制电路可分为主电路、控制电路、电磁吸盘控制电路和机床照明电路等部分。

M7130 型卧轴矩台平面磨床的电气原理图如图 7.4 所示。试对其进行分析。

M7130 型卧轴矩台平面磨床的电气原理图分析

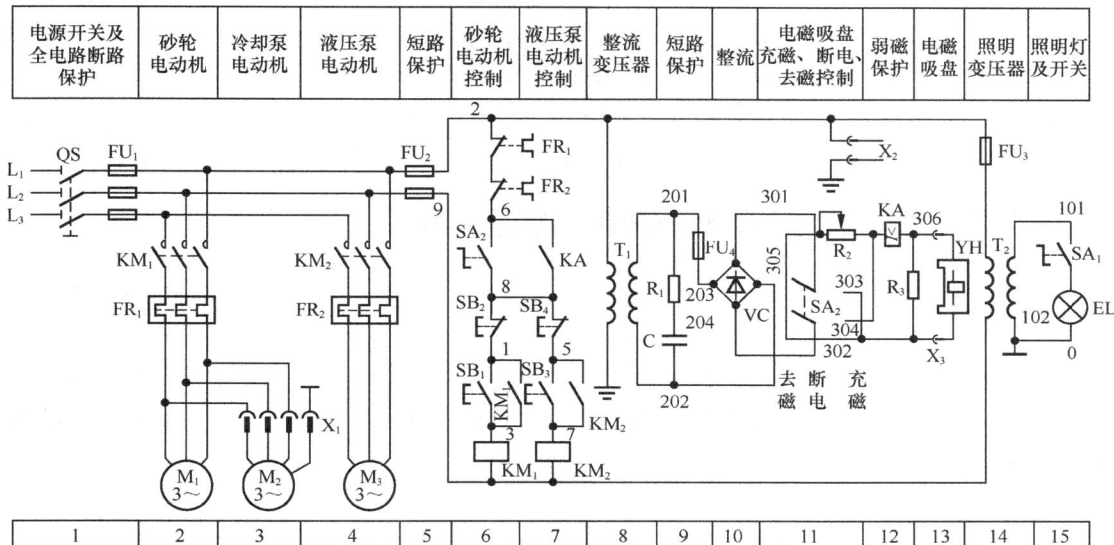

图 7.4 M7130 型卧轴矩台平面磨床电气原理图

分析：由图 7.4 可知，M7130 型卧轴矩台平面磨床的主电路中，三相交流电源是由空气开关 QS 引入的，FU_1 是短路保护熔断器。砂轮电动机 M_1 和液压泵电动机 M_3 分别由接触器 KM_1、KM_2 控制，并分别由热继电器 FR_1、FR_2 进行过载保护。由于磨床的冷却泵箱与床身是分开安装的，因此冷却泵电动机 M_2 由插头插座 X_1 接通或断开电源，需要提供冷却液时插上，不需要时拔下。当 X_1 与电源接通时，冷却泵电动机 M_2 受砂轮电动机 M_1 启动和停转的控制。由于冷却泵电动机 M_2 的容量较小，因此不需要过载保护。电动机 M_1、M_2 和 M_3 均采用全压启动、单向旋转的运行方式。

接着分析控制电路。控制电路采用 380V 电源，FU_2 作为其短路保护熔断器。由按钮 SB_1、SB_2 与接触器 KM_1 组成砂轮电动机 M_1 的启动、单向旋转、停止控制电路；按钮 SB_3、SB_4 与接触器 KM_2 构成液压泵电动机 M_3 的启动、单向旋转、停止控制电路。但电动机的启动必须在下列条件之一成立时方可进行。

（1）电磁吸盘 YH 工作，并且欠电流继电器 KA 线圈得电吸合；

（2）若电磁吸盘 YH 不工作，但转换开关 SA_2 置于"去磁"位置，其 SA_2（6 区）常开触点闭合。

电磁吸盘由转换开关 SA_2 控制，SA_2 有 3 个位置，分别是充磁、断电、去磁。待加工时，将 SA₂ 扳至右边的"充磁"位置，触点（301-303）、（302-304）接通，电磁吸盘被充磁，产生电磁吸力将工件牢牢吸持。加工结束后，将 SA₂ 扳至中间的"断电"位置，电磁吸盘线圈断电，这时可将工件取下。如果工件有剩磁难以取下，可将 SA₂ 扳至左边的"去磁"位置，触点（301-305）、（302-303）接通，此时线圈通以反向电流产生反向磁场，并在电路中串入可变电阻 R_2，来限制并调节反向去磁电流的大小，达到既能去磁又不致反向磁化的目的。去磁结束，将 SA₂ 扳到"断电"位置，这时可取下工件。

关于电气原理图中的保护环节，可参看前面内容。

思考与问题

1. 典型设备电气原理图阅读分析的基本原则是什么？
2. 什么是 M7130 型卧轴矩台平面磨床的主运动？该磨床的进给运动包括哪些？
3. M7130 型平面磨床由几台电动机拖动？其中砂轮电动机 M_1 有什么电气控制要求？
4. 如果 M7130 型卧轴矩台平面磨床去磁效果差，应通过什么途径检查、排除？

7.3 Z3040 型摇臂钻床电气控制电路

提出问题

你对 Z3040 型摇臂钻床的机床结构、各部件功能以及工作原理掌握多少？钻床加工的切削参数设定、孔加工和攻螺纹等操作你了解多少？工件在摇臂钻床上的夹持和装夹技术你了解多少？

知识准备

钻床是一种用途广泛的孔加工设备。钻床主要是用钻头钻削精度要求不太高的孔，另外还可用来扩孔、铰孔、镗孔，以及刮平面、攻螺纹等。钻床的结构形式很多，有立式钻床、卧式钻床、深孔钻床及多轴钻床等。

摇臂钻床是一种立式钻床，它适用于单件或批量生产中带有多孔的大型零件的孔加工。本节介绍的 Z3040 型摇臂钻床，其型号各部分的含义为：Z 表示钻床，30 表示摇臂钻床，40 表示最大钻孔直径为 40mm。

Z3040 型摇臂钻床的
主要结构和运动形式

7.3.1 摇臂钻床的主要结构和运动形式

摇臂钻床一般由底座、内外立柱、摇臂、主轴箱和工作台等部分组成，如图 7.5 所示。摇臂钻床的内立柱固定在底座的一端，外立柱套在内立柱中，并可绕内立柱回转 360°。摇臂的一端为套筒，套在外立柱上，借助升降丝杠的正反向旋转摇臂可沿外立柱上下移动，但两者不能做相对转动，所以摇臂将与外立柱一起相对内立柱回转。主轴箱是一个复合部件，它具有主轴及主轴旋转部件和主轴进给的全部变速和操纵机构。主轴箱可沿着摇臂上的水平导轨做径向移动，进行加工时，利用其特殊的夹紧机构将外立柱紧固在内立柱上，摇臂紧固在外立柱上，主轴箱紧固在摇臂导轨上，之后进行钻削加工。

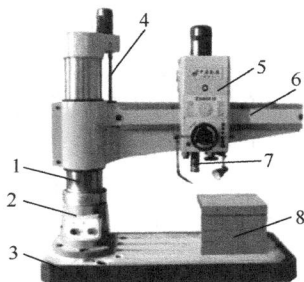

1—外立柱 2—内立柱 3—底座 4—摇臂升降丝杠 5—主轴箱 6—摇臂 7—主轴 8—工作台

图 7.5 摇臂钻床结构示意

钻削加工时，主运动为主轴的旋转运动；进给运动为主轴的垂直移动；辅助运动为摇臂在外立柱上的升降运动、摇臂与外立柱一起相对内立柱的转动及主轴箱在摇臂上的水平移动。

7.3.2 摇臂钻床的电力拖动特点与控制要求

1. 摇臂钻床的电力拖动特点

（1）由于摇臂钻床的运动部件较多，为简化传动装置，需使用多台电动机拖动，主轴电动机承担主钻削及进给任务，摇臂升降、夹紧放松和冷却泵各用一台电动机拖动。

（2）为满足多种加工方式的要求，主轴及进给应在较大范围内调速。但这些调速都是机械调速，用手柄操作变速器调速，对电动机无任何调速要求。主轴变速机构与进给变速机构在一个变速器内，由主轴电动机拖动。

（3）加工螺纹时要求主轴电动机能够正反转。摇臂钻床的正反转一般用机械方法实现，电动机只需单方向旋转。

2. 控制要求

（1）摇臂的升降由单独的一台电动机拖动，并要求能够实现正反转。

（2）摇臂的夹紧与放松以及立柱的夹紧与放松由一台异步电动机配合液压装置来完成。要求这台电动机能够正反转。摇臂的回转和主轴箱的径向移动在中小型摇臂钻床上通常都采用手动控制。

（3）钻削加工时，对刀具或工件进行冷却，需要一台冷却泵电动机拖动冷却泵输送冷却液。

（4）各部分电路之间应有必要的保护和联锁。

（5）摇臂钻床具有机床安全照明电路与信号指示电路。

7.3.3 Z3040 型摇臂钻床常见电气故障的诊断与检修

Z3040 型摇臂钻床控制电路的独特之处，在于其摇臂升降及摇臂、立柱和主轴箱松开与夹紧的电路部分，下面主要分析这部分电路的常见故障。

1. 摇臂不能松开

摇臂做升降运动的前提是摇臂必须完全松开。摇臂和主轴箱、立柱的松紧都是通过液压泵电动机 M_3（见图 7.6）的正反转来实现的，因此应先检查一下主轴箱和立柱的松紧是否正常。如果正常，则说明故障不在两者的公共电路中，而在摇臂松开的专用电路上：如时间继电器 KT 的线圈有无断线，其常开触点（1-17）、（13-14）在闭合时是否接触良好，行程开关 SQ_1 的触点（5-6）、（7-6）有无接触不良，等等。

如果主轴箱和立柱的松开也不正常，则故障多发生在接触器 KM_4 和液压泵电动机 M_3 这部分电路上。如 KM_4 线圈断线、主触点接触不良，KM_5 的常闭互锁触点（14-15）接触不良等。如果是 M_3 或 FR_2 出现故障，则摇臂、立柱和主轴箱既不能松开，也不能夹紧。

2. 摇臂不能升降

摇臂不能升降的原因有以下几点。

（1）行程开关 SQ_2 的动作不正常，这是常见的导致摇臂不能升降的故障。如 SQ_2 的安装位置移动，使得摇臂松开后，SQ_2 不能动作，或者是液压系统的故障导致摇臂放松不够，SQ_2 也不会动作，摇臂就无法升降。SQ_2 的位置应结合机械、液压系统进行调整，然后紧固。

（2）摇臂升降电动机 M_2 控制其正、反转的接触器 KM_2、KM_3，以及相关电路发生故障，都会造成摇臂不能升降。在排除了其他故障之后，应对此进行检查。

（3）如果摇臂上升正常而不能下降，或下降正常而不能上升，则应单独检查相关的电路及电气部件（如按钮开关、接触器、行程开关的有关触点等）。

3. 摇臂上升或下降到极限位置时，限位保护失灵

检查行程开关 SQ_1，通常是 SQ_1 损坏或是其安装位置移动导致的。

4. 摇臂升降到位后夹不紧

如果摇臂升降到位后夹不紧（而不是不能夹紧），通常是行程开关 SQ_3 的故障造成的。如果 SQ_3 移位或安装位置不当，使 SQ_3 在夹紧动作未完全结束时就提前吸合，M_3 提前停转，从而造成夹不紧。

5. 摇臂的松紧动作正常，但主轴箱和立柱的松紧动作不正常

这种情况应重点检查以下几项。

（1）检查控制按钮 SB_5、SB_6 的触点有无接触不良，或接线是否松动。

（2）检查液压系统是否出现故障。

工程实例

【摇臂钻床的电气原理图分析】

案例： 图 7.6 所示为 Z3040 型摇臂钻床的电气原理图，包括主电路和控制电路。图 7.6 中，M_1 是主轴电动机，M_2 为摇臂升降电动机，M_3 为液压泵电动机，M_4 是冷却泵电动机。主轴箱上装有 4 个按钮，其中 SB_2 是主轴电动机 M_1 的启动按钮，SB_1 是停止按钮，SB_3 是控制摇臂升降电动机 M_2 上升的按钮，SB_4 是控制其下降的按钮。主轴箱转盘上的 2 个按钮 SB_5 和 SB_6 分别为主轴箱及立柱松开按钮和夹紧按钮。转盘为主轴箱左、右移动手柄，操纵杆则操纵主轴的垂直移动，两者均为手动控制。主轴也可机动控制。试对 Z3040 摇臂钻床的电气原理图进行分析。

Z3040 型摇臂钻床的电气原理图分析

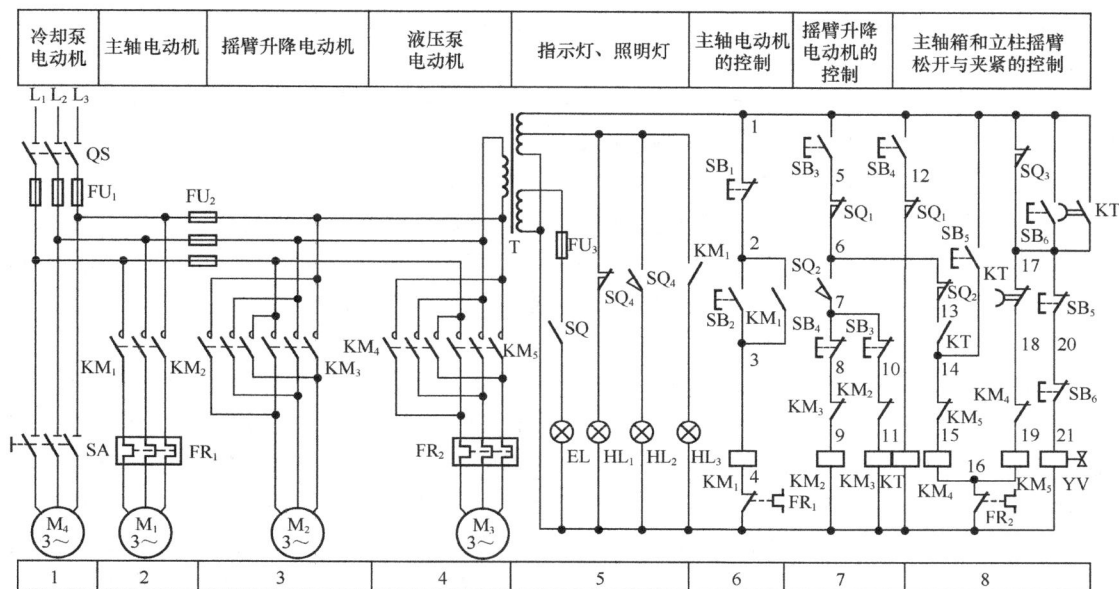

图 7.6　Z3040 型摇臂钻床的电气原理图

主电路分析：主轴电动机 M_1 单向运转，由接触器 KM_1 控制，主轴的正、反转则由机床液压系统操纵机构配合正、反转摩擦离合器实现，并由热继电器 FR_1 对电动机 M_1 进行长期过载保护。摇臂升降电动机 M_2 由正、反转接触器 KM_2 和 KM_3 控制。控制电路保证在操纵摇臂升降时，首先使液压泵电动机 M_3 启动旋转，送出压力油，经液压系统将摇臂松开，然后才使 M_2 启动，拖动摇臂上升或下降，当移动到位后，控制电路又保证 M_2 先停下，再自动通过液压系统将摇臂夹紧，最后液压泵电动机 M_3 才停转，M_2 为短时工作，不用设长期过载保护。接触器 KM_4 和 KM_5 用来实现对液压泵电动机 M_3 的正、反转控制，并由热继电器 FR_2 作为电动机 M_3 的长期过载保护。冷却泵电动机 M_4 的容量较小，仅为 0.125kW，所以由开关 SA 直接控制其通断。

控制电路分析：按下启动按钮 SB_2，接触器 KM_1 线圈得电，主触点闭合，M_1 启动运行，同时 7 区 KM_1 辅助常开触点闭合，形成 SB_2 的自锁，5-6 区 KM_1 辅助常开触点闭合，指示灯 HL_3 亮，表示主轴电动机在运转。需要主轴电动机停止时，按停止按钮 SB_1，则接触器 KM_1 释放，使主轴电动机 M_1 停止旋转，同时指示灯 HL_3 熄灭。

摇臂升降与夹紧控制：按下摇臂上升按钮 SB_3 不放开→SB_3 常闭触点断开，切断 KM_3 线圈支路；SB_3 常开触点（1-5）闭合→时间继电器 KT 线圈通电→KT 常开触点（13-14）闭合，KM_4 线圈通电，M_3 正转；KT 延时常开触点（1-17）闭合，电磁阀线圈 YV 通电，摇臂松开→行程开关 SQ_2 动作→SQ_2 常闭触点（6-13）断开，KM_4 线圈断电，M_3 停转；SQ_2 常开触点（6-7）闭合，KM_2 线圈通电，M_2 正转，摇臂上升→摇臂上升到位后松开 SB_3→KM_2 线圈断电，M_2 停转；KT 线圈断电→延时 $1\sim3$s，KT 延时常开触点（1-17）断开，YV 线圈通过 SQ_3 常闭触点使（1-17）仍然通电；KT 延时常闭触点（17-18）闭合，KM_5 线圈通电，M_3 反转，摇臂夹紧→摇臂夹紧后，压下行程开关 SQ_3，SQ_3 常闭触点（1-17）断开，YV 线圈断电；KM_5 线圈断电，M_3 停转。即摇臂一旦上升或下降到位，均应夹紧在外立柱上，摇臂上升与下降使8区摇臂夹紧信号开关 SQ_3 的常闭触点断开，KM_5 线圈失电，液压泵电动机 M_3 停转，摇臂夹紧完成。

摇臂上升的极限保护由组合行程开关 SQ_1 来实现，SQ_1 在7、8区有两对常闭触点，当摇臂上升或下降到极限位置时，相应触点被压断，切断了对应上升或下降接触器 KM_2 与 KM_3 的电源，使摇臂电动机 M_2 停止运转，摇臂停止移动，实现了极限位置的保护。

摇臂自动夹紧程度由行程开关 SQ_3 控制。若夹紧机构液压系统出现故障不能夹紧，将使8区 SQ_3 触点无法断开；或者由于 SQ_3 安装调整不当，摇臂夹紧后仍不能压下 SQ_3。上述情况下均会使液压泵电动机 M_3 长期过载，造成电动机烧毁。为此，液压泵电动机主电路采用热继电器 FR_2 进行过载保护。

主轴箱、立柱的松开与夹紧控制：主轴箱和立柱的松开与夹紧是同时进行的。SB_5 和 SB_6 分别为松开与夹紧控制按钮，由它们点动控制 KM_4、KM_5→控制 M_3 的正、反转，由于 SB_5、SB_6 的常闭触点（17-20-21）串联在 YV 线圈支路中，所以在操作 SB_5、SB_6 使 M_3 动作的过程中，电磁阀 YV 线圈不吸合，液压泵供出的压力油进入主轴箱和立柱的松开、夹紧油腔，推动松、紧机构实现主轴箱和立柱的松开、夹紧。当按下按钮 SB_5，接触器 KM_4 线圈得电，液压泵电动机 M_3 正转，拖动液压泵送出压力油。这时电磁阀 YV 线圈处于断电状态，压力油经二位六通阀，进入主轴箱与立柱松开油腔，推动活塞和菱形块，使主轴箱与立柱松开。由于 YV 线圈断电，压力油不会进入摇臂松开油腔，摇臂仍处于夹紧状态。当主轴箱与立柱松开时，行程开关 SQ_4 不受压，使得控制指示灯 HL_1 点亮发出信号，表示主轴箱与立柱已经松开。可以手动操作主轴箱在摇臂的水平导轨上移动，也可以推动摇臂使外立柱绕内立柱进行回转移动，当移动到位，按下夹紧按钮 SB_6，接触器 KM_5 线圈得电，M_3 反转，拖动液压泵送出压力油至夹紧油腔，使主轴箱与立柱夹紧。确认夹紧时，SQ_4 的常闭触点断开而常开触点闭合，指示灯 HL_1 灭、HL_2 亮，表示主轴箱与立柱已夹紧，可以进行钻削加工了。

冷却泵的控制：主轴电动机是单向旋转的，所以冷却泵电动机可直接由转换开关 SA 控制通断。

联锁与保护环节：行程开关 SQ_2 实现摇臂松开到位、开始升降的联锁。行程开关 SQ_3 实现摇臂完全夹紧，液压泵电动机 M_3 停止旋转的联锁。KT 时间继电器实现摇臂升降电动机 M_2 断开电源，待惯性旋转停止后再进行夹紧的联锁。摇臂升降电动机 M_2 正反转具有双重互锁。SB_5、SB_6 常闭触点接入电磁阀 YV 线圈，在进行主轴箱与立柱夹紧、松开操作时，电路实现压力油不进入摇臂夹紧油腔的联锁。FU_1 对总电路和电动机 M_1、M_4 进行短路保护。FU_2 对电动机 M_2、M_3 及控制变压器 T 的一次侧进行短路保护。FR_1、FR_2 对电动机 M_1、M_3 进行长期过载保护。SQ_1 组合开关为摇臂上升、下降的行程开关。FU_3 对照明电路进行短路保护。带自锁触点的启动按钮与相应接触器实现电动机的欠电压、失电压保护。

辅助电路分析：辅助电路包括照明和信号指示电路。照明电路的工作电压为36V，信号指示灯的工作电压为6V，均由控制变压器 T 提供。HL_1 为主轴箱、立柱松开指示灯，灯亮表示已松开，可以手动操作主轴箱沿摇臂移动或沿摇臂回转。HL_2 为主轴箱、立柱夹紧指示灯，灯亮表示已经夹紧，可以进行钻削加工。HL_3 为主轴旋转工作指示灯。照明灯 EL 经开关 SQ 操作，实现钻床局部照明。

1. 什么是 Z3040 型摇臂钻床的主运动？该钻床的进给运动是什么？
2. Z3040 型摇臂钻床的主电路中共有几台电动机？哪几台电动机要求具有正反转控制？
3. 如果 Z3040 型摇臂钻床的摇臂移动后夹不紧，通常是什么原因造成的？

7.4　X62W 型万能铣床电气控制电路

提出问题

你对 X62W 型万能铣床的机床结构、各部件功能以及主轴、工作台、进给系统掌握多少？铣床加工的切削参数设定、刀具的选择等你了解多少？工件在铣床上的夹持和装夹技术你了解多少？铣床的维护保养你掌握了吗？

知识准备

铣床是一种用途十分广泛的金属切削机床，其使用范围仅次于车床。铣床可用于加工平面、斜面和沟槽。在工作台平面装上分度头，可以铣削直齿齿轮和螺旋面；装上圆工作台，还可以铣切凸轮和弧形槽。因此，铣床在机械行业的机械设备中占有很大的比重。

铣床按结构形式的不同，可分为龙门铣床、升降台铣床、仿形铣床和各种专用铣床等。其中，卧式铣床的主轴是水平的，立式铣床的主轴是垂直的。

7.4.1　万能铣床的主要结构和运动形式

常用的万能铣床有 X62W 型卧式万能铣床和 X53K 型立式万能铣床等，电气控制电路经改进后两者通用，X62W 型万能铣床型号的含义为：X 表示铣床，6 表示卧式，2 表示 2 号铣床，W 表示万能。下面以 X62W 型万能铣床为例对铣床进行介绍。

X62W 型万能铣床的主要结构和运动形式

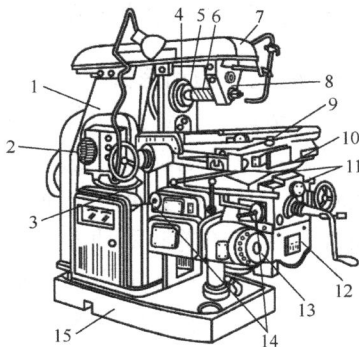

1. 铣床的主要结构

X62W 型万能铣床的主要结构如图 7.7 所示。

铣床的床身固定于底座上，用于安装和支承铣床的各部件，在床身内还装有主轴部件、主传动装置及变速操纵机构等。床身顶部的导轨上装有悬梁，悬梁上装有刀杆支架。铣刀则装在刀杆上，刀杆的一端装在主轴上，另一端装在刀杆支架上。刀杆支架可以在悬梁上水平移动，悬梁又可以在床身顶部的水平导轨上水平移动，因此可以适应各种不同长度的刀杆。铣床床身的前部有垂直导轨，升降台可以沿导

1—床身　2—主轴变速盘　3—主轴变速手柄　4—主轴
5—刀杆　6—铣刀　7—悬梁　8—刀杆支架　9—工作台
10—回转盘　11—滑座　12—升降台　13—进给变速
手柄与变速盘　14—进给操纵手柄　15—底座

图 7.7　X62W 型万能铣床的主要结构

轨上下移动，升降台内装有进给运动和快速移动的传动装置及操纵机构等。在升降台的水平导轨上装有滑座，可以沿导轨做平行于主轴轴线方向的横向移动；工作台又经过回转盘装在滑座的水平导轨上，可以沿导轨做垂直于主轴轴线方向的纵向移动。这样，紧固在工作台上的工件，通过工作台、回转盘、滑座和升降台，可以在相互垂直的3个方向上实现进给或调整运动。在工作台与滑座之间的回转盘还可以使工作台左、右转动45°，因此工作台在水平面上除了可以做横向和纵向进给外，还可以实现在不同角度的各个方向上的进给，用以铣削螺旋槽。

2. 铣床的运动形式

（1）主运动：主轴带动刀杆和铣刀的旋转运动。

（2）进给运动：工作台带动工件在水平的纵向、横向及垂直3个方向的运动。

（3）辅助运动：工作台在3个方向的快速移动。

图7.8所示为X62W型万能铣床几种主要的加工形式的主运动和进给运动示意。

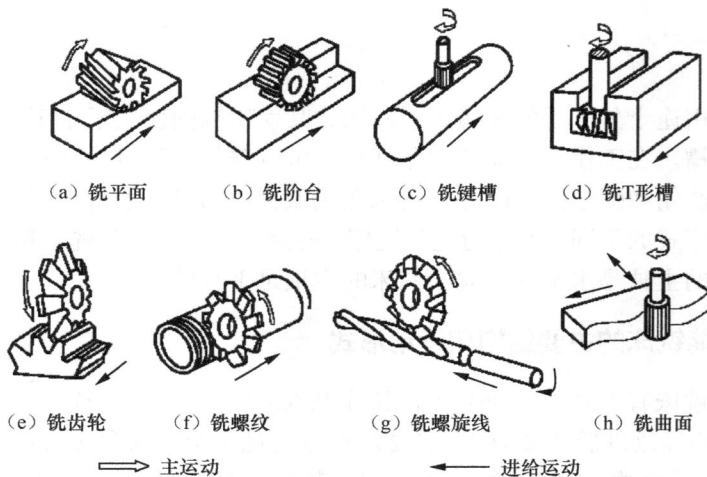

（a）铣平面　　（b）铣阶台　　（c）铣键槽　　（d）铣T形槽

（e）铣齿轮　　（f）铣螺纹　　（g）铣螺旋线　　（h）铣曲面

⟹ 主运动　　⟸ 进给运动

图7.8　X62W型万能铣床主要加工形式的主运动和进给运动示意

7.4.2　铣床的电力拖动形式和电气控制要求

1. 铣床的电力拖动形式

铣床的主运动和进给运动各由一台电动机拖动，这样铣床的电力拖动系统一般由3台电动机所组成：主轴电动机、进给电动机和冷却泵电动机。主轴电动机通过主轴变速器驱动主轴旋转，并由齿轮变速器变速，以适应铣削工艺对转速的要求，电动机则不需要调速。由于铣削分为顺铣和逆铣两种方式，分别使用顺铣刀和逆铣刀，所以要求主轴电动机能够正反转，但只要求预先选定主轴电动机的转向，在加工过程中则不需要主轴电动机反转。又由于铣削是多刀不连续的切削，负载不稳定，所以主轴上装有飞轮，以提高主轴旋转的均匀性，消除铣削加工时产生的振动，这样主轴传动系统的惯性较大，因此还要求主轴电动机在停机时有电气制动。进给电动机作为工作台进给运动及快速移动的动力来源，也要求能够正反转，以实现3个方向的正反向进给运动；通过进给变速器，进给电动机可获得不同的进给速度。为了使主轴和进给传动系统在变速时齿轮能够顺利地啮合，要求主轴电动机和进给电动机在变速时能够稍微转动一下，即带有变速冲动。

2．铣床的电气控制要求

铣床在电气控制方面有如下要求。

（1）铣床的主运动由一台鼠笼型异步电动机拖动，直接启动，能够正反转，并设有电气制动环节，能进行变速冲动。

（2）工作台的进给运动和快速移动均由同一台鼠笼型异步电动机拖动，直接启动，能够正反转，也要求有变速冲动环节。

（3）冷却泵电动机只要求能够单向旋转。

（4）3 台电动机之间有联锁控制，即主轴电动机启动之后，其余两台电动机才能启动运行。

7.4.3　X62W 型万能铣床常见电气故障的诊断与检修

X62W 型万能铣床电气控制线路（见图 7.9）较常见的故障主要是主轴电动机控制电路故障和工作台进给控制电路的故障。

1．主轴电动机控制电路故障

（1）M_1 不能启动。与前面已分析过的机床的同类故障一样，可从电源、QS_1、FU_1、KM_1 的主触点、FR 到换相开关 SA_3，从主电路到控制电路进行检查。因为 M_1 的容量较大，应注意检查 KM_1 的主触点、SA_3 的触点是否被熔化，有无接触不良。

此外，如果主轴换刀制动开关 SA_1 仍处在"换刀"位置，SA_{1-2} 断开；或者 SA_1 虽处于正常工作的位置，但 SA_{1-2} 接触不良，使控制电源未接通，M_1 也不能启动。

（2）M_1 停机时无制动。重点检查电磁离合器 YC_1，如 YC_1 线圈有无断线、接点有无接触不良，整流电路有无故障等。此外，还应检查控制按钮 SB_5 和 SB_6。

（3）主轴换刀时无制动。如果在 M_1 停车时主轴的制动正常，而在换刀时制动不正常，从电路分析可知应重点检查制动控制开关 SA_1。

（4）按下停机按钮后 M_1 不停。故障的主要原因可能是：KM_1 的主触点熔焊。如果在按下停机按钮后，KM_1 不释放，则可断定故障是由 KM_1 主触点熔焊引起的。应注意此时电磁离合器 YC_1 正在对主轴起制动作用，会造成 M_1 过载，并产生机械冲击。所以一旦出现这种情况，应马上松开停机按钮，进行检查，否则很容易烧坏电动机。

（5）主轴变速时无瞬时冲动。由于主轴变速行程开关 SQ_1 在频繁动作后，造成开关位置移动，甚至开关底座被撞碎或触点接触不良，因此都将造成主轴变速时无瞬时冲动。

2．工作台进给控制电路故障

铣床的工作台应能够进行前、后、左、右、上、下 6 个方向的常速和快速进给运动，其控制是由电气和机械系统配合进行的，所以在出现工作台进给运动的故障时，如果对机械、电气系统的部件逐个进行检查，是难以尽快查出故障所在的。所以可依次进行其他方向的常速进给、快速进给、进给变速冲动和圆工作台的进给控制试验，来逐步缩小故障范围，分析故障原因，然后在故障范围内对电气元件、触点、接线和接点逐个进行检查。在检查时，还应考虑机械磨损或移位使操纵失灵等非电气故障原因。这部分电路的故障较多，下面仅以一些较典型的故障为例进行分析。

（1）工作台不能纵向进给。此时应先对横向进给和垂直进给进行试验检查，如果正常，则说明进给电动机 M_2，主电路，接触器 KM_3、KM_4 及与纵向进给相关的公共支路都正常，就应重点检查行程开关 SQ_{2-1}、SQ_{3-2} 及 SQ_{4-2}，即接线端编号为（13-15-17-19）的支路，因为只要这 3 对常闭触点之中有一对不能闭合、接触不良或者接线松脱，纵向进给就不能进行。同时，可检查进给变速冲动是否正常，如果也正常，则故障范围已缩小到在 SQ_{2-1}、SQ_{5-1} 及 SQ_{6-1} 上了，一般情况下 SQ_{5-1}、SQ_{6-1} 两个行程开关的常开触点同时发生故障的可能性较小，而 SQ_{2-1}（13-15）由于在进给变速时，常常会因用力过猛而容易损坏，所以应先检查它。

（2）工作台不能向上进给。首先进行进给变速冲动试验，若进给变速冲动正常，则可排除与向上进给控制相关的支路（13-27-29-19）存在故障的可能性；再进行向左方向进给试验，若又正常，则又排除（19-21）和（31-33-12）支路存在故障的可能性。这样，故障点就已缩小到 21-31（SQ_{4-1}）的范围内。例如，可能是在多次操作后，行程开关 SQ_4 因安装螺钉松动而移位，造成操纵手柄虽已到位，但其触点 SQ_{4-1}（21-31）仍不能闭合，因此工作台不能向上进给。

（3）工作台各个方向都不能进给。此时可先进行进给变速冲动和圆工作台的进给控制试验，如果都正常，则故障可能出在圆工作台控制开关 SA_{2-3} 及其接线（19-21）上。但若变速冲动也不能进行，则要检查接触器 KM_3 能否吸合。如果 KM_3 不能吸合，除了 KM_3 本身的故障之外，还应检查控制电路中有关的电器、接点和接线，如接线端（2-4-6-8-10-12）、（7-13）等部分；如果 KM_3 能吸合，则应着重检查主电路，包括 M_2 的接线及绕组有无故障。

（4）工作台不能快速进给。如果工作台的常速进给运行正常，仅不能快速进给，则应检查 SB_3、SB_4 和 KM_2，如果这 3 个电器无故障，电磁离合器电路的电压也正常，则故障可能发生在 YC_3 本身，常见的有 YC_3 线圈损坏或机械卡死，离合器的动、静摩擦片间隙调整不当等。

💡 **工程实例**

【X62W 型万能铣床的电气原理图分析】

案例： X62W 型万能铣床的电气控制电路有多种，图 7.9 所示的电气原理图是经过改进的电路，为 X62W 型卧式和 X53K 型立式两种万能铣床所通用。

主电路分析： 三相电源由空气开关 QS_1 引入，熔断器 FU_1 进行全电路的短路保护。主轴电动机 M_1 的运行由接触器 KM_1 控制，由换向开关 SA_3 预选其转向。冷却泵电动机 M_3 由 QS_2 控制其单向旋转，但必须在 M_1 启动运行之后才能启动运行。进给电动机 M_2 由 KM_3、KM_4 实现正、反转控制。M_1、M_2 和 M_3 分别由热继电器 FR_1、FR_2、FR_3 提供过载保护。

控制电路分析： 由控制变压器 TC_1 提供 110V 工作电压，熔断器 FU_4 进行变压器二次侧的短路保护。该电路的主轴制动、工作台常速进给和快速进给分别由控制电磁离合器 YC_1、YC_2、YC_3 实现，电磁离合器需要的直流工作电压由整流变压器 TC_2 降压后经桥式整流器 VC 提供，FU_2、FU_3 分别进行交、直流侧的短路保护。

主轴电动机 M_1 的控制： M_1 由交流接触器 KM_1 控制，为操作方便，在机床的不同位置各安装了一套启动和停机按钮：SB_2 和 SB_6 安装在床身上，SB_1 和 SB_5 安装在升降台上。交流接触器 KM_1 对 M_1 的控制包括主轴的启动、停机制动、换刀制动和变速冲动。

X62W 型万能铣床的电气原理图分析

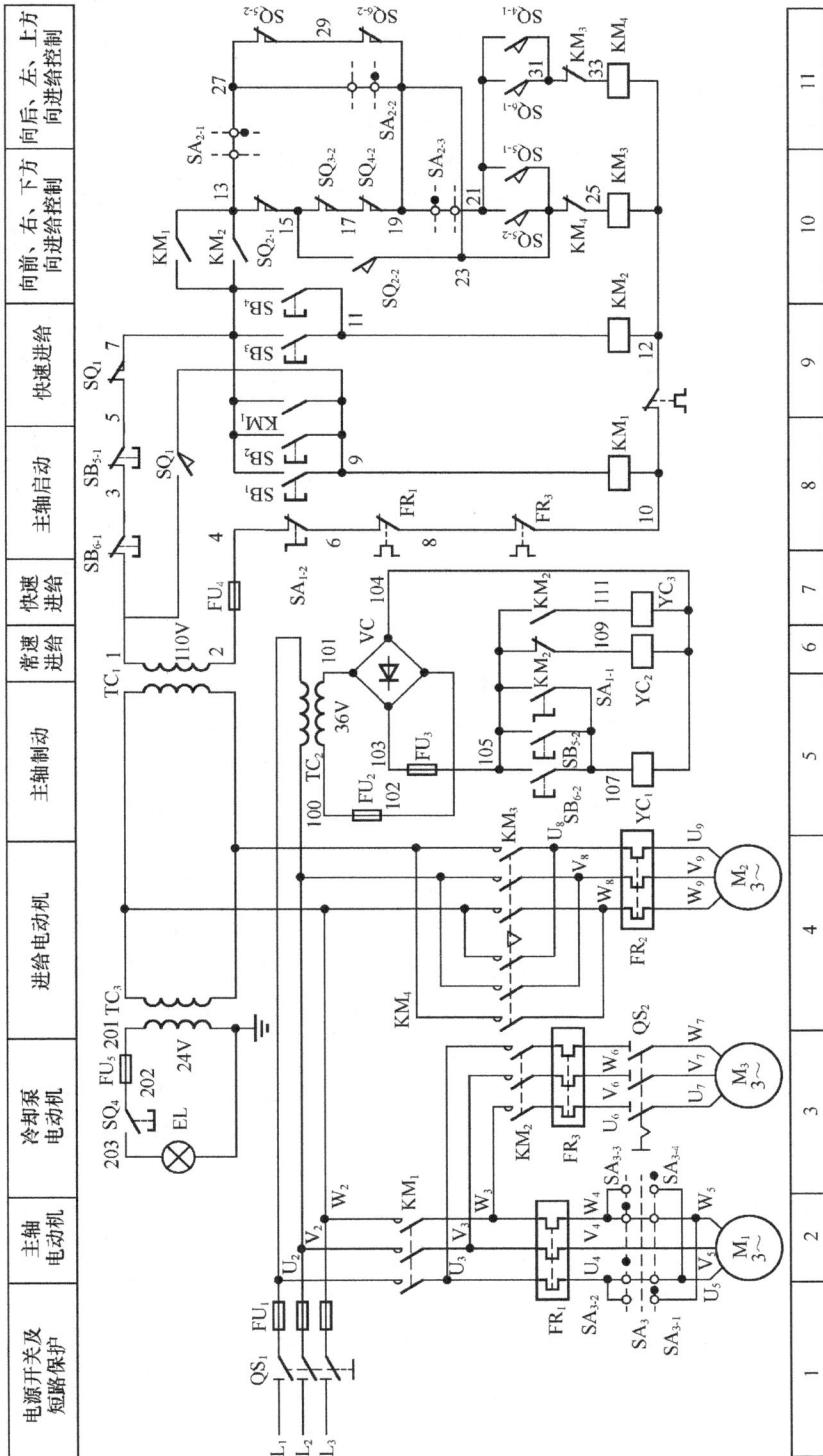

图 7.9　X62W 型万能铣床的电气原理图

启动控制：在启动前先按照顺铣或逆铣的工艺要求，用组合开关 SA$_3$ 预先确定 M$_1$ 的转向。按下 SB$_1$ 或 SB$_2$→KM$_1$ 线圈通电→M$_1$ 启动运行，同时 KM$_1$ 辅助常开触点（7-13）闭合，为 KM$_3$、KM$_4$ 线圈支路接通做好准备。

停机与制动：按下 SB$_5$ 或 SB$_6$→SB$_5$ 或 SB$_6$ 常闭触点（3-5 或 1-3）断开→KM$_1$ 线圈断电，M$_1$ 停机→SB$_5$ 或 SB$_6$ 常开触点（105-107）闭合，制动电磁离合器 YC$_1$ 线圈通电→M$_1$ 制动。

制动电磁离合器 YC$_1$ 装在主轴传动系统与 M$_1$ 转轴相连的第一根传动轴上，当 YC$_1$ 通电吸合时，将摩擦片压紧，对 M$_1$ 进行制动。停转时，应按住 SB$_5$ 或 SB$_6$ 直至主轴停转才能松开，一般主轴的制动时间不超过 0.5s。

主轴的变速冲动：主轴的变速是通过改变齿轮的传动比实现的。在需要变速时，将变速手柄拉出，转动变速盘至所需的转速，然后将变速手柄复位。手柄在复位的过程中，也瞬间压动了行程开关 SQ$_1$，手柄复位后，SQ$_1$ 也随之复位。在 SQ$_1$ 动作的瞬间，SQ$_1$ 的常闭触点（5-7）先断开其他支路，然后常开触点（1-9）闭合，点动控制 KM$_1$，使 M$_1$ 产生瞬间的冲动，利于齿轮的啮合。如果点动一次齿轮还不能啮合，可重复进行上述动作。

主轴换刀控制：在上刀或换刀时，主轴应处于制动状态，以避免发生事故。只要将换刀制动开关 SA$_1$ 拨至"接通"位置，其常闭触点 SA$_{1-2}$（4-6）断开控制电路，保证在换刀时机床没有任何动作；其常开触点 SA$_{1-1}$（105-107）接通 YC$_1$，使主轴处于制动状态。换刀结束后，要记住将 SA$_1$ 扳回"断开"位置。

进给运动控制：工作台的进给运动分为常速（工作）进给和快速进给，常速进给必须在 M$_1$ 启动运行后才能进行，而快速进给属于辅助运动，可以在 M$_1$ 不启动的情况下进行。工作台在 6 个方向上的进给运动是由机械操作手柄带动相关的行程开关 SQ$_3$～SQ$_6$，通过控制接触器 KM$_3$、KM$_4$ 来控制进给电动机 M$_2$ 正、反转来实现的。行程开关 SQ$_5$ 和 SQ$_6$ 分别控制工作台向右和向左运动，而 SQ$_3$ 和 SQ$_4$ 则分别控制工作台的向前、向下和向后、向上运动。

进给拖动系统使用的两个电磁离合器 YC$_2$ 和 YC$_3$ 都安装在进给传动链中的第 4 根传动轴上。当 YC$_2$ 吸合而 YC$_3$ 断开时，为常速进给；当 YC$_3$ 吸合而 YC$_2$ 断开时，为快速进给。

工作台的纵向进给运动：将纵向进给操作手柄扳向右边→行程开关 SQ$_5$ 动作→其常闭触点 SQ$_{5-2}$（27-29）先断开，常开触点 SQ$_{5-1}$（21-23）后闭合→KM$_3$ 线圈通过（13-15-17-19-21-23-25）路径通电→M$_2$ 正转→工作台向右运动。

若将纵向进给操作手柄扳向左边，则 SQ$_6$ 动作→KM$_4$ 线圈通电→M$_2$ 反转→工作台向左运动。

SA$_2$ 为圆工作台控制开关，此时应处于"断开"位置，其 3 组触点状态为：SA$_{2-1}$、SA$_{2-3}$ 接通，SA$_{2-2}$ 断开。

工作台的垂直与横向进给运动：工作台垂直与横向进给运动由一个十字形手柄操纵，十字形手柄有上、下、前、后和中间 5 个位置，将手柄扳至"向下"或"向上"位置时，分别压动行程开关 SQ$_3$ 或 SQ$_4$，控制 M$_2$ 正转或反转，并通过机械传动机构使工作台分别向下或向上运动；而当手柄扳至"向前"或"向后"位置时，虽然同样是压动行程开关 SQ$_3$ 和 SQ$_4$，但此时机械传动机构则使工作台分别向前或向后运动。当手柄在中间位置时，SQ$_3$ 和 SQ$_4$ 均不动作。下面就以向上运动的操作为例分析电路的工作情况，其余的工作情况由学习者自行分析。

将十字形手柄扳至"向上"位置，SQ$_4$ 的常闭触点 SQ$_{4-2}$ 先断开，常开触点 SQ$_{4-1}$ 后闭合→KM$_4$ 线圈通过（13-27-29-19-21-31-33）路径通电→M$_2$ 反转→工作台向上运动。

进给变速冲动：与主轴变速时一样，进给变速时也需要使 M_2 瞬间点动一下，使齿轮易于啮合。进给变速冲动由行程开关 SQ_2 控制，在操纵进给变速手柄和变速盘时，瞬间压动了行程开关 SQ_2，在 SQ_2 通电的瞬间，其常闭触点 SQ_{2-1}（13-15）先断开，而后常开触点 SQ_{2-2}（15-23）闭合，使 KM_3 线圈通过（13-27-29-19-17-15-23-25）路径通电，M_2 正向点动。由 KM_3 的通电路径可见：只有在进给操作手柄均处于零位（即 SQ_3～SQ_6 均不动作）时，才能进行进给变速冲动。

工作台快速进给的操作：要使工作台在 6 个方向上快速进给，在按常速进给的操作方法操纵进给控制手柄的同时，还要按下快速进给按钮开关 SB_3 或 SB_4（两地控制），使 KM_2 线圈通电，其常闭触点（105-109）切断 YC_2 线圈支路，常开触点（105-111）接通 YC_3 线圈支路，使机械传动机构改变传动比，实现快速进给。由于 KM_1 的常开触点（7-13）并联了 KM_2 的一个常开触点，所以在 M_1 不启动的情况下，也可以进行快速进给。

圆工作台的控制：在需要加工弧形槽、弧形面和螺旋槽时，可在工作台上加装圆工作台。圆工作台的回转运动也是由进给电动机 M_2 拖动的。在使用圆工作台时，将控制开关 SA_2 扳至"接通"的位置，此时 SA_{2-2} 接通，而 SA_{2-1}、SA_{2-3} 断开。在主轴电动机 M_1 启动的同时，KM_3 线圈通过（13-15-17-19-29-27-23-25）路径通电，使 M_2 正转，带动圆工作台旋转运动（圆工作台只需要单向旋转）。由 KM_3 线圈的通电路径可知，只要扳动工作台进给操作的任何一个手柄，SQ_3～SQ_6 其中一个行程开关的常闭触点断开，都会切断 KM_3 线圈支路，使圆工作台停止运动，从而保证了工作台的进给运动和圆工作台的旋转运动不会同时进行。

照明电路的控制：万能铣床的照明灯 EL 由照明变压器 TC_3 提供 24V 的工作电压，SQ_4 为灯开关，熔断器 FU_5 对照明电路进行短路保护。

思考与问题

1. 试述 X62W 型万能铣床型号各部分的意义。说一说万能铣床的主运动是什么。
2. X62W 型万能铣床的进给运动包括哪些？
3. X62W 型万能铣床对主轴电动机 M_1 都有哪些控制要求？

拓展阅读

随着我国工业自动化水平不断提升，电气控制技术在工业生产中的应用越来越广泛，电气控制技术的发展又促进了制造业向智能化、柔性化的方向转变，在可编程控制器和分布式控制系统等方面均取得了重要突破。

随着对环境保护的重视程度加深和对可再生能源的需求增加，我国在电气控制领域加大了对新能源和清洁能源的研发和应用，在已有太阳能、风能、水能等新能源领域的应用基础之上将进一步推动对清洁能源的开发和利用。

我国积极推动物联网技术在各行业的应用，将电气控制技术与物联网技术相结合，实现设备之间的互联互通和数据的实时共享，极大地提升了生产效率和管理水平。

我国还积极地探索人工智能在电气控制领域的应用。通过机器学习、深度学习等技术，实现对大数据的处理和分析，提高电气控制系统的智能化水平，进一步提高了生产效率和质量。

总之，我国在电气控制技术领域已经取得了显著的进展，并且未来的发展前景十分广阔。

应用实践

XA6132 型卧式万能铣床电气原理与故障分析

一、实验目的

1. 了解 XA6132 型卧式万能铣床电气控制电路的特点。

2. 了解 XA6132 型卧式万能铣床电气控制电路板中各电器位置的合理布置及配线方式。熟悉所用电器的规格、型号、用途及动作原理。

3. 学习 XA6132 型卧式万能铣床电气控制电路板的接线规则和方法，了解 XA6132 型卧式万能铣床电气控制电路的线号标注规则及导线、按钮规定使用的颜色。

4. 能正确使用仪表、工具等对机床电气控制电路进行有针对性的检查、测试和维修。学会根据电气原理图分析和排除故障，初步掌握一般机床电气设备的调试、故障分析和排除故障的方法，具有一定的维修能力。

5. 进一步牢固地掌握继电器-接触器控制电路在 XA6132 型铣床电气控制电路中的控制作用，初步具备改造和安装生产机械电气设备控制电路的能力。

二、实训仪器和设备

1. 三相交流异步电动机（其中 1 台连有速度继电器）　　　3 台
2. XA6132 型卧式万能铣床电气控制电路板 （自制）　　　1 块
3. 万用表、兆欧表　　　各 1 只
4. 常用电工工具　　　1 套
5. 连接电源和电动机的三芯橡胶电缆　　　若干

三、实训内容和步骤

1. 分析 XA6132 型卧式万能铣床的控制特点。
（1）主轴旋转运动的控制；
（2）工作台的进给控制。
2. 检查与观察电气元件
（1）对电气元件进行外观检查；
（2）写出元件的规格型号；
（3）检查进给行程开关状态。
3. 检查线号及端子接线。
4. 检查电路接线。
5. 检查行程开关。
6. 通电实验。

四、电气原理图

XA6132 型卧式万能铣床电气原理图如图 7.10 所示。

五、实训总结

1. 在 XA6132 型卧式万能铣床电气控制电路中，设有哪些联锁与保护？

2. 实验板的电气设备及其接线要做哪几项检查？主回路和控制回路线号标注的原则是什么？

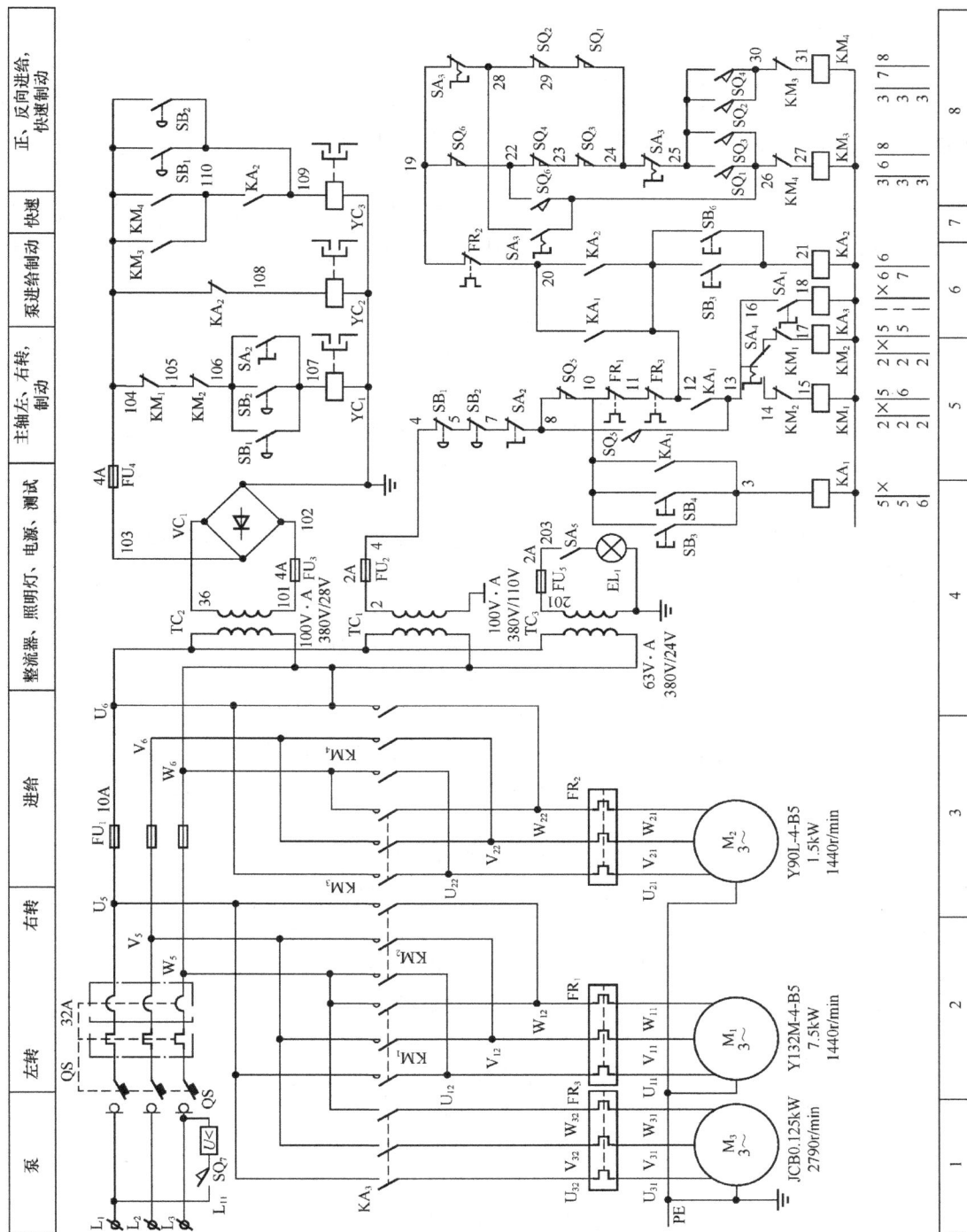

图 7.10　XA6132 型卧式万能铣床电气原理图

模块 7 自测题

一、填空题

1. 金属切削机床的机械运动可分为_____运动和_____运动两大类，分别为_____运动、_____运动和_____运动。

2. Z3040 型摇臂钻床由于摇臂升降电动机 M_2 采用的是_____工作制，因此不需要用热继电器进行过载保护；Z3040 型摇臂钻床的冷却泵电动机 M_4 则是因其_____不会过载而不采用热继电器进行过载保护。

3. M7130 型卧轴矩台平面磨床电气原理图中控制电路中的电阻_____的作用是限制去磁电流，电阻_____的作用是对电磁吸盘线圈进行过电压保护，电阻_____的作用是对整流器进行过电压保护。

4. X62W 型万能铣床的主轴电动机采用的是_____制动。

5. X62W 型万能铣床工作台的进给运动包括_____进给和_____进给两种形式，其中_____进给必须在主轴电动机 M_1 启动运行后才能进行。

6. M7130 型卧轴矩台平面磨床的电气控制线路中有 3 个电阻 R_1、R_2 和 R_3，其中 R_1 在控制电路中的作用是_____的过电压保护，R_2 的作用是_____的过电压保护，R_3 的作用是_____的过电流保护。

7. 钻床的运动形式有_____运动、_____运动、_____运动和工作台_____，先进的钻床还具备_____运动。

二、判断题

1. 磨床的电磁吸盘可以使用直流电，也可以使用交流电。（　　　）
2. 在切削加工过程中，铣床的主轴电动机可以正转或反转。（　　　）
3. X62W 型万能铣床主轴电动机的制动采用的是反接制动。（　　　）
4. 机床照明控制电路中的照明变压器通常要求其二次侧可靠接地。（　　　）
5. M7130 型卧轴矩台平面磨床的主运动是主轴电动机带动卡盘和工件的旋转运动。（　　　）
6. M7130 型卧轴矩台平面磨床的电磁吸盘中通入的是脉动直流电。（　　　）
7. Z3040 型摇臂钻床的 4 台拖动电动机均采用直接启动方式。（　　　）

三、单项选择题

1. M7130 型卧轴矩台平面磨床电磁吸盘线圈的电流是（　　　）。
   A. 交流　　　　　　　　　　　B. 直流
   C. 单向脉动直流　　　　　　　D. 锯齿形电流
2. Z3040 型摇臂钻床的摇臂回转，是靠（　　　）实现的。
   A. 电动机拖动
   B. 人工推转
   C. 机械传动
   D. 摇臂松开—人工推转—摇臂夹紧的自动控制

3. 主轴电动机只做旋转主运动而没有直线进给运动的机床是（　　　）。

    A. T68 型卧式镗床　　　　　　　　　B. X62W 型万能铣床

    C. Z3040 型摇臂钻床　　　　　　　　D. 不存在

4. M7130 平面磨床控制电路中，对整流器起过电压保护的是（　　　）。

    A. 电阻 R_1　　　　B. 电阻 R_2　　　　C. 电阻 R_3　　　　D. 不存在

5. 机床控制电路中，在反接制动过程中的控制继电器是（　　　）。

    A. 电流继电器　　　　　　　　　　　B. 电压继电器

    C. 速度继电器　　　　　　　　　　　D. 交流接触器

6. X62W 型万能铣床控制电路中，控制常速进给的电磁离合器是（　　　）。

    A. YC_1　　　　B. YC_2　　　　C. YC_3　　　　D. 不存在

7. 若 X62W 型万能铣床的主轴未启动，则工作台（　　　）。

    A. 不能有任何进给　　　　　　　　　B. 可以常速进给

    C. 可以快速进给　　　　　　　　　　D. 常速加快速进给

8. Z3040 型摇臂钻床的驱动电动机中，设置过载保护的是（　　　）。

    A. 主轴电动机 M_1　　　　　　　　B. 摇臂升降电动机 M_2

    C. 液压泵电动机 M_3　　　　　　　D. M_1 和 M_2 两台电动机

9. Z3040 型摇臂钻床电路中，控制摇臂上升的接触器是（　　　）。

    A. KM_1　　　　B. KM_2　　　　C. KM_3　　　　D. KM_4

10. X62W 型万能铣床电路中，控制冷却泵启停的开关是　（　　　）。

    A. SA_1　　　　B. SA_2　　　　C. SA_3　　　　D. SA_4

四、简答题

1. 在各种机床控制电路中，为什么冷却泵电动机一般都受主电动机的联锁控制，在主轴电动机启动后才能启动，一旦主轴电动机停转，冷却泵电动机也同步停转？

2. 磨床采用电磁吸盘来夹持工件有什么好处？M7130 型卧轴矩台平面磨床的控制电路具有哪些保护环节？

3. X62W 型万能铣床进给变速能否在运动中进行？为什么？

4. X62W 型万能铣床的变速冲动有什么特点？

附录 A 电气控制系统设计的原则和基本内容

一、电气控制系统设计的基本原则

电气控制系统设计的基本原则包括以下几点。

1. 可靠性：电气控制系统设计应保证系统具有高可靠性，能够稳定可靠地工作，确保生产过程的连续性和安全性。

2. 安全性：确保电气控制系统设计符合相关安全标准和规定，防止因系统故障引发事故。

3. 灵活性：电气控制系统设计应具有一定的灵活性，能够满足不同工况下的控制需求，并且易于维护和升级。

4. 经济性：在保证系统性能的前提下，尽可能降低设计成本，提高系统的经济效益。

5. 易操作性：电气控制系统设计应考虑操作人员的使用习惯和便捷性，设计合理的人机界面，使操作简单方便。

6. 节能性：设计应考虑节能减排，通过合理的控制策略和设备选型，尽量减少能源消耗。

7. 可维护性：电气控制系统设计应考虑到系统的维护和保养，在设计阶段就应考虑到维护方便性，减少维护成本。

上述电气控制系统设计的基本原则，是实际工作中设计人员应结合具体情况综合考虑的原则性问题，以确保设计的系统能够满足工程需求并具有良好的性能。

二、电气控制系统设计的基本内容

电气控制系统设计的基本内容包括以下几个方面。

1. 系统需求分析：首先需要明确系统的功能需求和性能指标，包括控制对象、控制要求、操作方式等，为后续设计奠定基础。

2. 系统框图设计：根据需求分析，设计电气控制系统的整体框图，包括各个控制部分的连接关系、信号流向等。

3. 控制设备选型：根据系统需求选择合适的控制设备，包括传感器、执行器、控制器等，确保其性能符合系统要求。

4. 电气元件选型：选择符合系统电气特性的元件，如开关、断路器、保护装置等，保证系统的安全性和稳定性。

5. 接线图设计：设计电气接线图，包括各个元件之间的连接方式、电气连线方式，确保系统连接正确、稳定。

6. 控制逻辑设计：确定系统的控制逻辑，包括各个控制元件之间的逻辑关系、控制策略等，确保系统能够按照设计要求工作。

7. 软件程序设计：对需要进行编程控制的部分，编写相应的软件程序，实现系统的自动化控制功能。

8. 安全保护设计：考虑系统的安全保护措施，包括过载保护、短路保护、漏电保护等，确保系统在异常情况下能够及时停机并保护设备和人员安全。

9. 系统调试与优化：完成系统硬件和软件的安装调试工作，对系统进行功能测试和性能优化，确保系统正常运行。

10. 工艺设计说明：工艺设计主要是为了便于组织电气控制系统的制造，从而实现原理图设计提出的各项技术指标，并为设备的调试、维护与使用提供相关的图样资料。

工艺设计的主要内容有以下几点。

（1）设计电气总布置图、总安装图与总接线图。

（2）设计组件布置图、安装图和接线图。

（3）设计电气箱、操作台及非标准元件。

（4）列出元器件清单。

（5）编写使用维护说明书。

综合以上内容，电气控制系统设计需要综合考虑硬件和软件两方面，确保系统能够稳定可靠地工作，满足用户需求。

附录 B 电气原理图的设计方法及步骤

电气原理图设计是原理图设计的核心内容，各项设计指标通过它来实现，它又是工艺设计和各种技术资料的依据。

一、电气原理图设计的基本方法

1. 确定系统需求：首先需要明确电气控制系统的功能需求和性能指标，包括控制对象、控制要求、操作方式等。

2. 绘制系统框图：根据系统需求，在纸上或使用电气设计软件绘制电气控制系统的整体框图。将系统中的各个控制元件、传感器、执行器等进行符号化表示，并标注其连接关系和信号流向。

3. 电气元件选型：根据系统需求和控制逻辑，选择合适的电气元件，如接触器、继电器、开关、断路器等。在原理图上标注元件的型号、电气参数等信息。

4. 进行连线连接：根据系统需求和控制逻辑，在原理图上进行连线连接。按照信号流向，将各个元件之间用导线进行连接，并标注连接处的引脚号或连接符号。

5. 设计控制逻辑：根据系统需求和功能要求，确定系统的控制逻辑。使用符号化的逻辑门、触发器等表示各个元件之间的逻辑关系，标注输入输出信号。

6. 添加标注和注释：在原理图上添加必要的标注和注释，包括元件的功能说明、电气参数、信号名称等，以便于后续的理解和维护。

7. 完善细节设计：根据实际情况，对原理图进行细节设计。包括添加保护装置、电源电路、接地线路等，并确保原理图符合相关的电气安全规范和标准。

8. 核对和验证：核对原理图上的元件连接和控制逻辑，确保图纸的准确性和完整性。在完成原理图设计后，进行验证和审查，以确保设计的正确性。

9. 输出设计文档：将设计好的电气原理图进行归档，并输出成相应的设计文档，便于后续的生产制造、安装调试和维护。

基于上述电气原理图设计的基本方法，设计人员可以根据具体项目需求和工作习惯进行相应的调整和优化。

二、电气原理图设计的一般要求

电气原理图设计的一般要求包括以下几个方面。

1. 清晰明了：原理图设计应该清晰明了，符号标识准确，线路连接简洁明了，方便他人的理解和查看。

2. 符合标准：电气原理图的设计应符合相关的电气标准和规范，如国家标准、行业标准等，确保设计的安全性和可靠性。

3. 准确性：设计的电气原理图应准确无误，元件连接正确，符号使用规范，逻辑清晰，避免因错误导致的系统故障。

4. 完整性：电气原理图应该完整展现整个电气控制系统的结构和功能，包括全部元件、连接线路、控制逻辑等内容。

5. 规范性：设计应符合电气工程设计的相关规范和要求，包括线路布置要求、接地要求、绝缘要求等，确保系统正常运行。

6. 易于维护：设计应考虑到后期的维护需求，标注清楚各元件的型号、参数，方便维修人员查找和更换元件。

7. 美观性：电气原理图的设计应具有一定的美观性，布局合理，信息分布均匀，不拥挤，给人以整洁的视觉感受。

8. 文化性：设计应当进行文件化管理，包括保存原始设计文件、输出设计文档、备份等，以方便日后查阅和修改。

电气原理图设计的一般要求，设计人员在进行设计时应该严格遵守，以确保设计的质量和可靠性。

参考文献

[1]　曾令琴. 电工技术基础（微课版）[M]. 4版. 北京：人民邮电出版社，2019.

[2]　曾令琴. 电机与电气控制技术[M]. 2版. 北京：人民邮电出版社，2020.

[3]　刘小春，张蕾. 电机与拖动（微课版）[M]. 4版. 北京：人民邮电出版社，2022.

[4]　郭艳萍，冯凯. 电气控制与PLC应用（活页式）（微课版）[M]. 4版. 北京：人民邮电出版社，2023.